Inés María Monreal Guerrero

Uso e integración curricular de la pizarra digital interactiva (PDI)

Inés María Monreal Guerrero

Uso e integración curricular de la pizarra digital interactiva (PDI)

Un estudio de casos dentro del área de educación musical en primaria en un CEIP la provincia de Segovia

PUBLICIA

Impressum / Aviso legal
Bibliografische Information der Deutschen Nationalbibliothek: Die Deutsche Nationalbibliothek verzeichnet diese Publikation in der Deutschen Nationalbibliografie; detaillierte bibliografische Daten sind im Internet über http://dnb.d-nb.de abrufbar.

Información bibliográfica de la Deutsche Nationalbibliothek: La Deutsche Nationalbibliothek clasifica esta publicación en la Deutsche Nationalbibliografie; los datos bibliográficos detallados están disponibles en internet en http://dnb.d-nb.de.

Coverbild / Imagen de portada: www.ingimage.com

Verlag / Editorial:
PUBLICIA
ist ein Imprint der / es una marca de
OmniScriptum GmbH & Co. KG
Heinrich-Böcking-Str. 6-8, 66121 Saarbrücken, Deutschland / Alemania
Email / Correo Electrónico: info@editorial-publicia.com

Herstellung: siehe letzte Seite /
Publicado en: consulte la última página
ISBN: 978-3-639-64939-0

Zugl. / Aprobado por: Segovia, Universidad de Valladolid, Tesis Doctoral, 2013

USO E INTEGRACIÓN CURRICULAR DE LA PIZARRA DIGITAL INTERACTIVA (PDI) EN EL AULA DE MÚSICA DE PRIMARIA.
UN ESTUDIO DE CASOS EN LA PROVINCIA DE SEGOVIA

Inés María Monreal Guerrero

A Javier, Daniel y Lucía

AGRADECIMIENTOS

Este trabajo de investigación no hubiera sido posible sin el aliento incondicional de personas de mi entorno familiar y profesional que me han ayudado y apoyado. Aunque suene a tópico, mi marido, Javier Velayos y mis hijos, Daniel y Lucía, son los que más han padecido mis desvelos y mis horas de entrega al estudio, sin ellos, francamente, no hubiera concluido la elaboración del presente trabajo. Gracias por su paciencia y saber esperar, por su entrega y saber estar en cada momento cuando les he necesitado. A ellos van dedicados mis primeros agradecimientos.

A mis directores de tesis, Dra. Andrea Giráldez Hayes y Dr. Alfonso Gutiérrez Martín, mi más profundo agradecimiento por la dedicación que han mostrado a mi investigación, por su profesionalidad y minuciosidad en las correcciones, en las orientaciones recibidas y su cercanía en los momentos de ánimos bajos.

No puedo dejar de mencionar al maestro especialista en educación musical de CEIP rural, informante principal de mi estudio de casos único y a sus veintisiete alumnos de cuarto de primaria que colaboraron en la cumplimentación de los cuestionarios. Sin su colaboración no habría sido posible este trabajo de investigación. A ellos, mi más sincero agradecimiento.

A mi familia, empezando por mi madre, que ha sido la que ha hecho posible que hoy esté escribiendo estas líneas. Ha sabido entender mis inquietudes profesionales y ha querido ayudarme en todo momento; para ella, mi agradecimiento más sincero y profundo. A mi padre, por creer en mí y en mis posibilidades y a mi hermano, que me ha mostrado su profesionalidad, respeto y cercanía. No puedo cerrar el apartado de agradecimientos familiares sin mencionar a mis suegros, a mi cuñada Marta y al resto de cuñados y familiares por su compañía en el proceso.

A Mao Cortón, simplemente por existir en mi vida y entenderme siempre pero, sobre todo, en los malos momentos, por esa empatía perfecta de alguien profundamente trabajador, digno de admiración, que ha vivido ya el proceso de elaboración de una tesis doctoral y entiende a la perfección mis

sentimientos, nervios, emociones y sensaciones. El camino hubiera sido más oscuro si ella no hubiera estado a mi lado.
A Juan Carlos Cinos, por ser de mis mejores amigos, le agradezco profundamente su apoyo incondicional y sincero en todo este largo y difícil proceso.
A Luis Torrego Egido, por ser alguien especial y único, con una sensibilidad y sencillez capaz de hacer fácil lo difícil, por ser la persona que hace cinco años me dijo: Inés, tú tienes que hacer el doctorado y llegar a ser doctora. Mi más profundo y sincero agradecimiento; si él no hubiera confiado en mí, yo en estos momentos no estaría escribiendo estas líneas.
A Cristina Vallés y Carlos, grandes amigos, por tantos momentos que han sabido entender y por apoyarme siempre.
A mis compañeros de la Escuela de Magisterio de Segovia, algunos ya nombrados y otros que debo nombrar, sin olvidar a David Carabias, gran amigo y compañero de departamento, por tener siempre palabras de ánimo y de apoyo; a José Juan Barba, gran amigo, por su paz interior, su generosidad sin límites, su ayuda incondicional en todo el proceso y su capacidad innata de trabajo, digna de mi admiración; a Juan Carlos Manrique, por sus ánimos y su buen hacer; a Víctor López, otra de las personas para mí fundamentales en todo mi proceso hasta llegar a ser investigadora, por creer en mí, por darme la posibilidad de abrir las puertas a proyectos que sin su ayuda hubiera sido imposible acceder y por valorar mis sacrificios; a Andrés Palacios, por su simpatía, profesionalidad y carisma, además de por ser la persona que me ayudó en todo el proceso de cuestionario a los alumnos; a Roberto Monjas, por sus buenos consejos; a Marian, a Asun y Antonieta, por tener siempre una palabra de ánimo cuando más lo necesitaba; a Isabel Lecanda e Isabel Gaviero, por su ayuda incondicional. Y a todo el resto de compañeros de la Escuela de Magisterio por estar siempre ahí.
No puedo acabar el apartado de agradecimientos de docentes universitarios sin nombrar a profesores que me impartieron docencia en la Licenciatura de Musicología, es el caso de Mª Antonia Virgili, Enrique Cámara y Carlos Villar porque, aunque son personas eminentemente ocupadas, siempre han estado pendientes de mi proceso y mis avances.

A mis amigos, Paula Barral, por su esfuerzo, ayuda y dedicación, Leticia de Cos, que ha dado un especial sentido a mi tesis; a Sara Abad por su bondad, positivismo, alegría y energía contagiosa, a María Garrido, Virginia Trueba, Nuria Díaz, Charo Alonso, Beatriz Garcimartín, Beatriz del Río, Mª del Mar Falagán, Diego Sobrino, Luis Torres, Elvira, Mar y Julio Miñambres. Gracias a todos por confiar en mí.
Un sentido agradecimiento a Montse Rodríguez, mi gran amiga y antigua profesora de instituto de inglés, que siempre ha estado pendiente de mi trayectoria profesional. Gracias por creer en mí.

Mi agradecimiento a todos mis compañeros y amigos del Centro de Formación e Innovación educativa de Segovia, desde mi directora, Mª

Ángeles Gilarranz hasta el resto de asesores como Juan Carlos Cinos, Viky Serrano, Mamen Salgado, Berna Huerta, Jesús Sáez, María García, Rosa Aparicio, Lola Sánchez y Maricruz Muñoz.

Y por último, agradecer a los miembros del tribunal que han dedicado parte de su tiempo a la lectura de este humilde trabajo, honrándome con su presencia.

A todos, mi reconocimiento y gratitud.

ÍNDICE

ÍNDICE DE ANEXOS (incluidos en el CD)

ÍNDICE DE GRÁFICAS

ÍNDICE DE TABLAS

Capítulo II

Capítulo III

Capítulo IV

Capítulo V

ÍNDICE DE FIGURAS

ÍNDICE DE IMÁGENES

Capítulo V

INTRODUCCIÓN

La elaboración de la presente tesis doctoral ha llevado un proceso largo y meticuloso de investigación y reflexión, de lectura comprensiva, de observación y de análisis de datos, hasta llegar a la concreción de un trabajo original de investigación, en nuestro caso, de índole cualitativo. El proceso de desarrollo del presente estudio ha posibilitado que valores tales como el esfuerzo, la dedicación, la exigencia, el rigor y la disciplina, hayan aflorado y permanecido, en la mente y conducta académica de la investigadora, en cada tramo y capítulo del mismo. Además, ha permitido vivir una experiencia personal y profesional muy formativa, a la que han contribuido, de manera fundamental, los directores de mi tesis, la Dra. Andrea Giráldez y el Dr. Alfonso Gutiérrez, y el maestro y alumnos a cuya aula he podido acceder para llevar a cabo el estudio de casos único.

En esta introducción realizaré una breve reseña en la que se reflejen los planteamientos generales acerca de los objetivos que se pretenden conseguir con la investigación. Además, se resumirá brevemente el contenido de cada uno de los capítulos que la conforman, es decir, su estructura. Antes de pasar a reflejar los objetivos de la investigación y la estructura de la tesis, daremos unas pinceladas sobre los inicios de este trabajo de investigación.

Esta tesis deriva de mis comienzos como doctoranda, accediendo como alumna del programa de Doctorado "*diversidad y desarrollo socioeducativo*" del Departamento de Pedagogía de la Universidad de Valladolid, en el curso 2008 – 2009. Si tengo que analizar cuáles fueron los motivos por los que quise emprender una aventura intelectual de tales dimensiones, debo buscarlos en mi labor profesional, tanto actual como pasada. Desde que era una niña, mi vida ha estado relacionada íntimamente con la música; de familia materna de compositores e intérpretes, siempre tuve inquietud de aprender a tocar un instrumento musical, el piano, y de investigar, desde dentro, la praxis interpretativa de las composiciones de música académica y la historia de la música. Todo ello fue posible gracias a la realización de la licenciatura en Musicología en la Universidad de Valladolid. Tras mi formación académica, fui profesora de música en centros de Educación Secundaria durante diez años, en los que pude conocer en primera persona la labor fundamental del profesor de música como potenciador de la creatividad de los alumnos, ayudándoles a vivenciar y sentir la música desde la praxis interpretativa y la audición, y también tuve la fortuna de impartir docencia, durante cuatro años, en el Departamento de Expresión Musical de la Escuela Universitaria de Magisterio de Segovia. Tanto mi docencia en el ámbito universitario, como en el ámbito no universitario, me han permitido acercarme a los aparatos tecnológicos relacionados con el ámbito educativo, también conocer la integración curricular, si la hubiere, de los mismos, y el buen o mal uso que se hace de ellos en el aula en diferentes niveles educativos.

En la revisión de las investigaciones, tanto internacionales como nacionales, necesarias, tanto para la elección del tema como para el desarrollo de la tesis, pude comprobar que en nuestro país había casi una total ausencia de publicaciones científicas que abordaran investigaciones relativas al uso e integración curricular de la Pizarra Digital Interactiva, (a partir de ahora PDI), en el área de música. Consideré necesario que se estudiara y analizara el papel del profesor de música en relación a las TIC, Tecnologías de la Información y Comunicación, y la formación permanente en TIC recibida, en concreto de la PDI, para afrontar, por un lado, la integración y el uso que se hacía de la herramienta y, por otro, los resultados que se derivaban de la misma en el aprendizaje del alumnado. Por ello, decidí iniciar este estudio con el fin de comprobar si, realmente, el discurso dominante de índole positivo de la Administración Educativa en pro de la utilización de la PDI como recurso didáctico y herramienta facilitadora del desarrollo integral del alumno, es cierto o es una justificación para "justificar" los gastos económicos que ha supuesto la integración de las PDI en las aulas de los centros educativos españoles. Pienso que podría ser interesante para la comunidad educativa, conocer los usos reales que se están haciendo de la herramienta, fundamentalmente, a nivel didáctico y metodológico, dado que es una herramienta ya instaurada en centros españoles de Educación Infantil y Primaria, y así analizar si el esperado cambio metodológico es efectivo y real. Se hace necesario un estudio reflexivo y crítico sobre la PDI y su uso como recurso didáctico dentro del aula de Música de Primaria.

Todas estas premisas dieron lugar a la elección del tema, las preguntas de investigación y el diseño de la investigación, utilizando, dentro de la metodología cualitativa, el estudio de casos único.

Así, gracias al apoyo continuo de los directores de esta tesis, Andrea Giráldez y Alfonso Gutiérrez, ambos con una gran trayectoria académica y larga experiencia, tanto a nivel docente como investigador, en el ámbito de las TIC dentro de las áreas de Didáctica de la Expresión Musical y de Didáctica y Organización Escolar, respectivamente, inicié la presente investigación.

LOS OBJETIVOS DE LA INVESTIGACIÓN

Esta investigación no se ha llevado a cabo a partir de una formulación de hipótesis, sino que se ha basado en una pregunta (Bisquerra, 2004) que ha servido de eje mediador y vertebrador para todo el proceso de la investigación.

> **¿Cuál ha sido el uso y la integración curricular de la PDI en el aula de música de Primaria según el caso estudiado?**
>
> De esta pregunta fundamental arrancan otras preguntas o interrogantes (Rodríguez, G., Gil, J. y García, E., 1996) a los que también intentaremos dar respuesta en el presente estudio empírico:
>
> *¿Cuál es el uso y el manejo de la PDI por parte del alumnado?
>
> *¿Cuál es el grado de utilización que se hace de la PDI como recurso didáctico en el aula?
>
> *¿Qué grado de integración curricular posee dicha herramienta en la asignatura de Música a lo largo de todo el curso académico?
>
> *¿Se produce un cambio de metodología por el hecho de usar en el aula la PDI?
>
> *¿Cuáles son las ventajas y los inconvenientes de usar la PDI en el aula?

En este marco, nos hemos propuesto los siguientes objetivos generales:

> *Conocer el clima del aula cuando se utiliza la PDI y el grado de motivación e interés del alumnado.
>
> *Detectar el grado de adquisición de la competencia digital del profesor de música de un CEIP rural.
>
> *Conocer el uso y grado de integración curricular de la pizarra digital interactiva en el aula donde se imparte música en un centro educativo de infantil y primaria perteneciente al ámbito rural.
>
> *Detectar ventajas e inconvenientes del uso de la PDI en el área de música en cuarto de primaria
>
> *Analizar la metodología aplicada en la enseñanza de la Música a través de la PDI.

*Conocer el grado de competencia digital y la implicación de los alumnos de 4º primaria ante la utilización de la PDI en el aula.

Para obtener respuesta a la pregunta principal de investigación y a los interrogantes que se han formulado, hemos creído aconsejable determinar ocho macrocategorías, que pasamos a presentar en la siguiente tabla y que se desarrollan en el capítulo relativo a metodología y en el capítulo relativo al estudio de casos.

1.- El clima del aula en relación con el uso de la PDI
2.- El interés del alumnado por los contenidos tratados cuando se usa la PDI
3.- La integración curricular de la PDI como herramienta principal en las sesiones
4.- La integración curricular de la PDI como herramienta secundaria en las sesiones
5.- El desarrollo de las sesiones sin el uso de la PDI
6.- Ventajas e inconvenientes del uso de la PDI en el proceso de enseñanza y aprendizaje de los alumnos
7.- Del proceso metodológico conductista al constructivista integrando la PDI en cada sesión
8.- La adquisición de la competencia digital en el alumnado

La búsqueda de respuestas para la pregunta principal y los interrogantes propuestos, así como la realización de esta tesis doctoral, han supuesto un ejercicio de reflexión profundo sobre los usos reales que ha dado el maestro especialista de música investigado en el aula de 4º de primaria a las herramientas tecnológicas, en concreto a la PDI, en el ámbito de la educación primaria.

ESTRUCTURA DE LA TESIS

Figura 1
Estructura general de la investigación

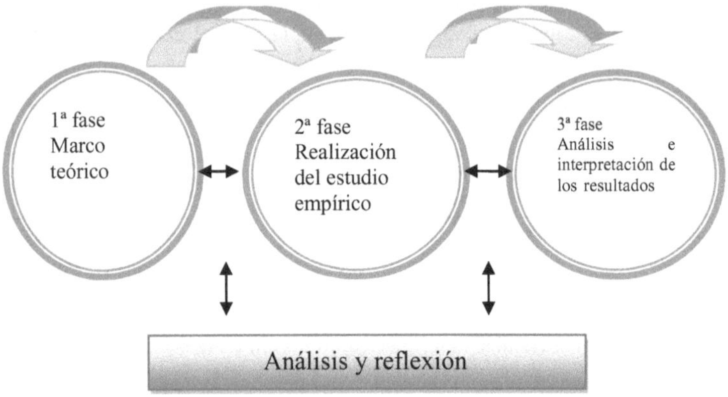

Para dar respuesta a los objetivos de la investigación anteriormente enunciados, hemos organizado la tesis en seis capítulos y tres fases diferenciadas (figura 1): la primera fase engloba los tres primeros capítulos, dedicados a establecer un marco teórico-conceptual con los temas principales que han servido de referencia para la investigación; la segunda y tercera fase, compuestas por cada uno de los dos capítulos siguientes, son las destinadas al estudio empírico. A todo ello, consideramos necesario añadir la presente introducción y un último capítulo, el sexto, dedicado a las conclusiones, así como la bibliografía y, por último, los anexos.

A continuación, se ofrece un breve apunte del contenido de cada uno de los capítulos:

Capítulo I. *Las TIC en la sociedad.*

El capítulo primero trata, fundamentalmente, sobre el cambio social que se está produciendo en las últimas décadas y la influencia que han tenido las TIC en el mismo. Se analiza la importancia de las TIC, derivada de las aportaciones y consecuencias de las mismas en la Sociedad de la Información (a partir de ahora, SI). En el capítulo se hace una aproximación al término "alfabetización digital". En definitiva, este capítulo nos ayuda a ver en qué postulados radica la importancia de las TIC en la sociedad, para, en el capítulo siguiente, analizar el papel de las TIC en la escuela.

Capítulo II. *Las TIC en el ámbito educativo.*

Este segundo capítulo aborda, inicialmente, el impacto de las TIC en el sistema educativo, cómo la revolución digital está ligada a la educación, con la introducción de recursos multimedia y la utilización de nuevos medios de comunicación. Se trata el concepto de innovación educativa y su presencia o ausencia ligada al uso de las TIC en las aulas. Pero, fundamentalmente, los dos pilares sobre los que se sustenta el capítulo son, por un lado, el relativo a la integración curricular de las TIC, que se aborda en el marco de un proyecto educativo de centro, desde el prisma del docente y como recurso educativo; y por otro, el relativo a la formación permanente en TIC del profesorado, donde se explicarán los postulados sobre los que se sustenta el programa gubernamental RED XXI *Educacyldigital*, de la Junta de Castilla y León.

Capítulo III. *La Pizarra digital interactiva (PDI)*

El capítulo tercero está dividido en seis apartados. El primero y segundo están dedicados a exponer el concepto de PDI y los tipos que se pueden encontrar en las escuelas. El tercero nos acerca a las investigaciones científicas que se han llevado a cabo sobre la PDI, y en él se puede encontrar una revisión bibliográfica a nivel nacional e internacional. Es fundamental este apartado para poder conocer el estado de la cuestión de nuestro objeto de estudio. Pasando el ecuador del capítulo, abordamos la formación permanente del profesorado en el uso de la PDI en la provincia de Segovia – provincia en la que se desarrolla el presente estudio de casos único-. El quinto apartado es el relativo al equipamiento de PDI en los centros, derivado del proyecto *Red XXI educacyldigital,* para poder obtener información del grado de integración tecnológica que tiene la PDI dentro de los centros educativos españoles y, en concreto, en los centros segovianos. El último apartado, con el que finaliza el capítulo, es exclusivo de la PDI en el área de música, por ello se abordan los estudios de investigación referidos a la utilización de la PDI en el aula de música y dejan en evidencia la poca literatura impresa al respecto, quedando de manifiesto la limitada e insuficiente investigación que se ha llevado a cabo, hasta la fecha, en el ámbito de la integración curricular de la PDI entre el profesorado de música. Este apartado también resulta interesante porque se tratan las posibilidades que ofrece la PDI dentro del área de música, y podemos encontrar enlaces a páginas web de recursos en la red para este área, además de un sub apartado relativo a la creación de contenidos didácticos.

Capítulo IV. *Diseño y metodología del estudio de investigación*

Una vez abordado el marco teórico de la tesis, con el capítulo cuarto comienza el estudio empírico. En el mismo se exponen y justifican las opciones metodológicas tomadas para la elaboración del estudio de casos, por tanto, se hace referencia a la metodología seguida en la investigación con los argumentos que justifican la pertinencia del enfoque y el diseño metodológico elegido. Se describen, tanto el problema objeto de estudio como las preguntas de investigación y el tipo de diseño: estudio de casos. Se analizan los instrumentos y metodología para la obtención de datos, así como la metodología para el análisis de los mismos. Se muestra la cronología del proceso de investigación, tanto de la fase creativa como de la fase interactiva.

Este capítulo dedicado a metodología se cierra con un análisis de los datos a través de la triangulación metodológica; por tanto, abordamos la credibilidad del estudio desde una aproximación teórica a los criterios de calidad en la investigación cualitativa hasta la realidad.

Capítulo V. *Estudio de casos*

En el quinto capítulo se analizan e interpretan los resultados obtenidos a través de todos los instrumentos de obtención de datos analizados en el capítulo anterior. Se abordan las características del centro, del informante principal y del aula donde se lleva a cabo la investigación. A través de las categorías determinadas, se procede el estudio de cada una de ellas mediante la observación participante. Se analiza el clima del aula en relación con el uso de la PDI y, fundamentalmente, la integración curricular de la PDI tanto en el bloque de contenidos III, relativo a la escucha, como en el bloque de contenidos IV, relativo a la interpretación y creación musical del currículo de Educación Artística: Música en Educación Primaria.

Capítulo VI. *Conclusiones*

En este capítulo se describen, basándonos en Rodríguez, Gil y García, (1996) "las proposiciones en las que se recogen los conocimientos adquiridos por el investigador en relación al problema estudiado" (p.214), es decir, las conclusiones finales de la investigación tras el análisis de los resultados. Estas conclusiones responden al problema principal de la investigación y a los interrogantes planteados.

Asimismo, se hace referencia a las limitaciones reales que presenta esta tesis y se plantean propuestas de futuro para posteriores estudios.

Anexos

El conjunto de todos los anexos referenciados a lo largo de la tesis se hallan recogidos en un CD.

CAPÍTULO I. LAS TIC EN LA SOCIEDAD

I. 1. La importancia y la presencia de las Tecnologías de la Información y Comunicación (TIC) en la Sociedad de la Información (SI)

Aunque no pretendemos en el primer apartado hacer un análisis exhaustivo de las características que posee nuestra sociedad actual en relación a las Tecnologías de la Información y Comunicación, a partir de ahora TIC, sí se hace necesario dar unas pinceladas sobre el cambio social que se ha venido produciendo en las últimas décadas y sobre la influencia que han tenido las TIC en el mismo. Dicho cambio revierte, necesariamente, en el entorno educativo y en todos los agentes que lo conforman. Pero no sólo la transformación social, que es a día de hoy una realidad, sino también la transformación en el campo económico, para algunos autores (Feito, 2001) de parecida intensidad a la que supuso el paso de la economía agraria a la industrial. Para Area (2004) la Sociedad de la Información, a partir de ahora SI, es considerada como la tercera revolución industrial del modo de producción capitalista, una sociedad que utiliza la información como recurso frente a la globalización de la economía, y usa la tecnología para la gestión y desarrollo de la misma.

Antes de continuar vamos a exponer brevemente, a través de un cuadro, a qué solemos referirnos cuando utilizamos el término TIC.

Figura I.1. Las TIC

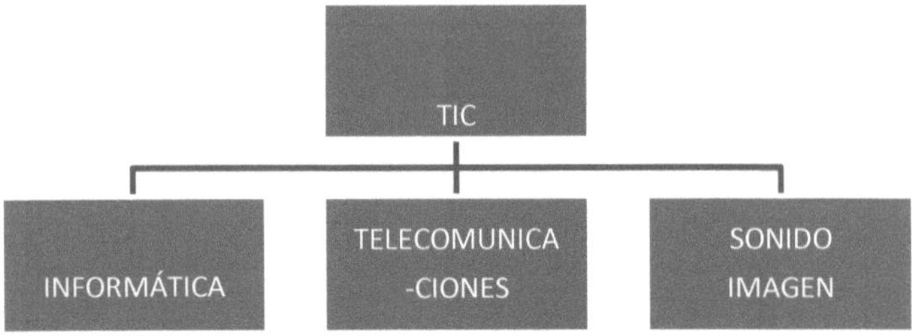

Fuente: Elaboración propia

El término TIC lleva de manera explícita dos términos clave para entender el cambio que se está produciendo en la sociedad, que son la información y la comunicación. Es para todos obvio que la información ha existido desde el momento que se generó la humanidad, pero tal como apunta Lau y Cortés (2009), es uno de los recursos para el desarrollo del ciudadano, de manera que tanto su distribución como su aprovechamiento constituyen una "prioridad social". Por otro lado, la comunicación, entendida como el germen de la evolución del individuo, dado que el ser humano se ha comunicado desde tiempo inmemorial de diversas maneras y formas- desde la comunicación no verbal hasta la comunicación oral y escrita-, en el siglo actual ha traspasado fronteras y ha posibilitado una comunicación en diferentes registros, una comunicación online, no presencial, con una mayor facilidad de acceso al otro sujeto o comunidad, dentro del concepto de globalización; consideramos que todo ello ha venido derivado del desarrollo tecnológico que afecta a nuestro entorno cercano, cotidiano, pero también al entorno de la escuela. Tal como apunta Peña (2011) en las TIC no sólo encontramos la informática unida a la telemática y multimedia, sino los medios de comunicación social, lo que denominamos "mass media" y los medios de comunicación personal, tales como el teléfono móvil, que tan vertiginosa evolución está sufriendo. Por tanto, se trata de un concepto amplio, versátil y en el que se dan cabida muchos parámetros interrelacionados y complementarios.

Más allá del concepto de las TIC propiamente dicho, consideramos que no se puede olvidar las relaciones existentes entre los medios, cultura y conocimiento, relaciones que tienen en la información uno de los puntos de inflexión. Una declaración de la UNESCO (2002), apunta sobre la importancia de la información en la sociedad, la revolución que se ha generado en torno al concepto de información y cómo ha afectado y está afectando tanto a los medios como a los distintos entornos culturales. Como apuntaba Pablos ya en 1996, la penetración de las TIC en el ámbito cotidiano es perceptible y su impacto se deja ver en todos los sectores, permitiendo acceder cualitativamente mejor a la información y percibiendo la realidad de manera distinta. Lo cierto es que cada vez son más los usuarios que utilizan las tecnologías en los diferentes sectores y ámbitos, yendo desde el uso en la vida cotidiana a la investigación científica avanzada.

Opinamos que sería un tema muy interesante para tratar, pero es un campo más amplio que no es el objeto de nuestro estudio de investigación, aunque debemos tenerlo en cuenta. Por ello, creemos que más allá de lo que supone la incorporación de las TIC a la sociedad, debemos detenernos en qué suponen las TIC en la educación informal y formal, para desembocar, finalmente, en las TIC en el ámbito educativo. En este último aspecto, debemos detenernos en cómo se produce la integración curricular de las TIC en el centro educativo y en las materias curriculares, cuestionarnos si realmente es efectiva, si los medios tecnológicos facilitan y potencian el aprendizaje o son un estorbo para los docentes y los discentes, si realmente existe una innovación pedagógica de la práctica docente, tanto en el planteamiento como en el método de enseñanza desarrollado, o si, por el contrario, los docentes no utilizan las TIC por falta de formación específica por falta de motivación o por otras causas relacionadas o ajenas a la educación.

Nos encontramos ante una sociedad altamente tecnológica que requiere de una adaptación de los diferentes sectores que influyen y conforman la misma, empezando por el sector económico y siguiendo por el cultural hasta llegar al sector educativo, de ellos hablaremos más adelante en la investigación. **Consideramos que se hace necesaria una transformación de la escuela para adaptarse a esta sociedad tecnológica que no puede resultarle ajena.**

Centrándonos en este apartado, se hace necesario reflexionar sobre la importancia y la presencia de las TIC en la vida cotidiana y sobre el papel que juegan las mismas en el desarrollo y configuración de la SI. Somos conocedores de que nuestra sociedad ha experimentado en los últimos años una transformación radical derivada del rápido y continuo desarrollo y universalización que han tenido las Tecnologías de la Información y la Comunicación (TIC). Este cambio ha dado lugar a nuevos lenguajes, formas y entornos de comunicación (Gutiérrez, 2003). Tanto Gutiérrez como Area (2004), consideran que estamos asistiendo a la denominada **revolución informacional**, un término que, según Castells (2009), viene a caracterizar "una forma específica de organización social en la que la generación, el procesamiento y la transmisión de la información se convierten en las fuentes fundamentales de la productividad y el poder, debido a las nuevas condiciones tecnológicas" (Castells, 2009, p.47).

Esta revolución informacional también está reflejada en los Medios de Comunicación Social (MCS), fundamentalmente prensa, radio y televisión, los cuales están presentes en nuestra realidad más cercana y en nuestro quehacer cotidiano.

Consideramos que la revolución informacional hace imprescindible un cambio en el modelo de alfabetización.

Figura I.2. Revolución de la información versus SI

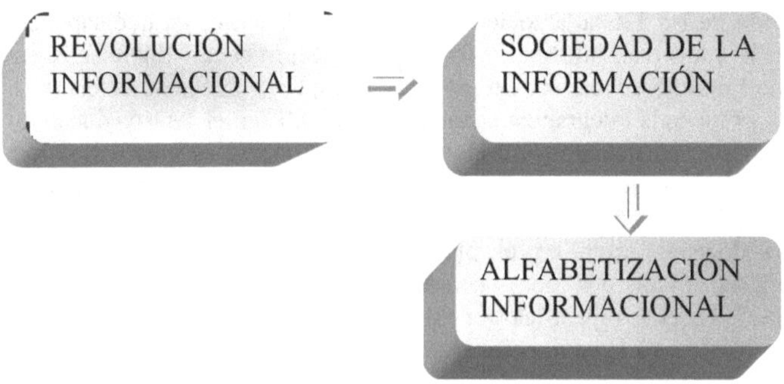

Fuente: elaboración propia

Esa transformación social lleva necesariamente un cambio en el modelo de información que deberá adquirir el ciudadano para poder estar plenamente integrado en la sociedad, y desarrollar un espíritu crítico ante los medios de comunicación sociales que le permita manejar la excesiva influencia que estos tienen en la sociedad. Se torna evidente la necesidad de una alfabetización múltiple que abarque el aspecto informacional. En el presente capítulo hablaremos de los agentes sociales que les afectan, y abordaremos la alfabetización digital como parte de la integración y capacitación del individuo ante la SI. Pero, primeramente, vemos necesario preguntarnos cuáles son las consecuencias de la aparición e instauración de las TIC en la sociedad actual y sus aportaciones a la misma, además de hablar de la influencia de las TIC en distintos sectores, entre ellos la educación. En este apartado también haremos hincapié en la educación informal.

I.1.1 Importancia de las Tecnologías de la Información y Comunicación (TIC) derivada de las aportaciones y consecuencias de las mismas en la Sociedad de la Información (SI)

Encontramos mucha literatura escrita sobre el papel que juegan las TIC en el desarrollo y configuración de las características de la SI. También hay numerosas investigaciones científicas sobre la SI en sí misma, por citar algunas, encontramos estudios de Area (2001, 2004, 2005), Gutiérrez (2003),

Echevarría (2000, 2004), Sancho (2001a, 2001b), Vivancos (2008) y Marqués (2010).

Muchos autores también denominan la SI como la sociedad del conocimiento, aquella sociedad que ofrece una mayor facilidad de acceso a la información, gracias, en parte, a los recursos tecnológicos y al acceso a Internet como la fuente de consulta más utilizada en la actualidad; luego veremos qué problemas puede acarrear dicho hecho.

Son muchas y considerables las aportaciones y las consecuencias de la aparición y consolidación, tanto en la sociedad como en la educación, de las TIC. Aunque nuestro objeto de estudio se centra fundamentalmente en la Pizarra Digital Interactiva (PDI), es necesario hacer unas breves consideraciones que ayuden a argumentar la incidencia y presencia de la PDI en las aulas, cómo se ha llegado a la incorporación de la misma en la escuela y todos los procesos de cambio anteriores que han posibilitado dicha incorporación e integración.

En el sector de la educación propiamente dicho, consideramos fundamental crear una escuela en sintonía con la sociedad actual, porque solo así se conseguirá el equilibrio entre el aprendizaje formal e informal del alumnado. Como hemos apuntado, es necesaria una adaptación de la escuela a la tecnología, no únicamente desde un punto de vista meramente instrumental, técnico por así decirlo, sino desde un punto de vista integrador, metodológico y didáctico, es decir, que la escuela tenga en consideración todo el aprendizaje fuera de la escuela como aprendizaje informal que ayuda a conseguir el desarrollo integral del alumno, al igual que también ayuda el aprendizaje formal que viene fundamentalmente del ámbito escolar. Es obvio que del uso y la enseñanza de las TIC debe ocuparse ineludiblemente la escuela para conseguir niños y niñas perfectamente integrados en la sociedad del conocimiento, pero también deben ocuparse los medios de comunicación, y, en definitiva, todos los medios de información y difusión de la sociedad, para que no haya una escisión clara entre el aprendizaje informal y el aprendizaje formal. Reconociéndole al aprendizaje informal un potencial importante como aprendizaje de vida del individuo. Como apuntan Machado y Pohl: "la conexión del aprendizaje informal con la vida cotidiana del individuo, con su pragmatismo y su significado subjetivo, constituye una clave potencial para la motivación de los jóvenes"(Machado y Pohl, 2004, p. 83).

Para las personas que se quedan al margen de las TIC (posteriormente hablaremos de la brecha digital), **creemos conveniente e importante un cambio cultural, profundo y trascendente para que la incorporación sea efectiva y podamos convivir y usar las TIC, hacer un buen uso de las mismas e integrarlas en nuestras vidas como un recurso más para desarrollarnos como personas.**

Consideramos necesaria una reflexión profunda y con detenimiento en la que se sienten las bases de qué queremos hacer en la escuela con respecto a las TIC. En el próximo capítulo veremos cómo ha sido la integración curricular de las mismas en el ámbito educativo.

Desde la incorporación del primer ordenador en el domicilio a la cantidad de aparatos tecnológicos que podemos tener en la actualidad, han pasado décadas, en las cuales se ha producido una importante revolución a nivel tecnológico, una revolución que, según algunos, ha propiciado un cambio social, tanto en incorporación de equipamiento tecnológico dentro de la vida cotidiana, como de hábitos en el uso del mismo, hasta el cambio de metodología de utilización.

En esta primera parte del capítulo nos encontraremos con el marco introductorio referido a las TIC en la sociedad, sin olvidar que, a nivel tecnológico, sociedad y educación están íntimamente ligadas y "obligadas al entendimiento", en este caso en cuanto a la integración de las TIC y entendiendo que la integración de las TIC en la sociedad necesariamente precisa de una integración de las TIC en las aulas. La escuela no puede quedar ajena a la revolución tecnológica, consideramos que a la escuela le corresponde integrar las TIC a nivel formativo, curricular y metodológico y ello lo abordaremos en la segunda parte del capítulo.

No podemos omitir el papel que juega la información en la importancia y la presencia de las TIC en la Sociedad de la Información (SI).

1) La Información

Una de las aportaciones que afecta a todos los sectores de la sociedad, que también consideramos consecuencia de las TIC en la SI, es claramente el acceso a una mayor cantidad de información, la velocidad de procesamiento, distribución y almacenamiento de la misma. Autores como Gutiérrez (2003), Reig (2005), Bacallao (2005), Burbules (2001), Feito (2001), Lau y Cortés (2009), Area (2004) y Marqués (2010) analizan en sus investigaciones dicho tema. La contrapartida negativa es que al ciudadano le puede generar dificultad determinar, con cierto grado de claridad, cuál es la información que posee mayor calidad. No toda la información que aparece o se puede encontrar en la red es fiable ni correcta (Henao y Adriana, 2008). Consideramos importante que el ciudadano adquiera capacidad crítica para diferenciar los documentos fiables de aquellos otros que contienen incorrecciones, falsedades, resultan incompletos y que deben ser considerados por ello como inútiles o desechables.

Se varía y amplía la manera de encontrar la información. Han cambiado los formatos de búsqueda de la misma en la SI y todo ello conlleva un cambio.

Consideramos que la inmediatez informativa que proporciona la Red y el fácil acceso a la misma, la convierte en una herramienta indispensable a nivel profesional para casi cualquier ciudadano. Este punto está íntimamente ligado a la necesidad de adquirir por parte del individuo la competencia digital[1] (que abordaremos ampliamente en el siguiente capítulo) que le posibilite usar estos medios. En la actualidad, somos conocedores de que mucha información se obtiene a través de Internet, pero la Red es mucho más que una fuente de información, no deberíamos quedarnos solo en el concepto de Internet[2] como herramienta para acceder a la información, como una fuente casi ilimitada de contenido, sino como un entorno para la alfabetización múltiple. La revolución informacional de la que hablaban Gutiérrez (2003) y otros autores, sigue en vigor en el 2011con la *Red de Redes.*

Según Wolton (2000), existen "cuatro tipos de informaciones que se encuentran en la Red:

- Informaciones – servicio.
- Informaciones – ocio.
- Informaciones – conocimiento.
- Informaciones – noticia" (p.78).

No somos partidarios de la denominación "informaciones – conocimiento", puesto que no son conceptos sinónimos, dado que la información no es lo mismo que el conocimiento, sino que con la información se construye el conocimiento. Este último se genera sobre la reflexión que haga el propio individuo a partir de la información, y si no existe tal reflexión no existe conocimiento propiamente dicho. Para teóricos como Pantzar (2000), el ser humano debe aprovechar la información para generar conocimiento útil que le ayude a resolver problemas cotidianos y de otras índoles.

Para compartir y recibir información que pueda ser de utilidad a nivel personal o profesional, cada vez son más los individuos que se introducen en redes sociales[3], lo cual provoca cambios de hábitos sociales: en ellas

---

[1] Tratamiento de la información y competencia digital, según aparece tipificado en la LOE "disponer de habilidades para buscar, obtener, procesar y comunicar información y para transformarla en conocimiento. Incorpora diferentes habilidades que van desde el acceso a la información hasta su transmisión en distintos soportes una vez tratada, incluyendo la utilización de las TIC como elemento esencial para informarse, aprender y comunicarse".

[2] Pérez de Silva, J. (2000). Internet significa interactividad, multilingüismo, ubicuidad, personalización y convergencia multimedia. Es el primer medio capaz de expresarse mediante textos enlazados hasta el infinito unos con otros, videos, gráficos animados, audios o fotos y el primer medio accesible desde los más variados soportes, especialmente teléfonos móviles, agendas y libros electrónicos.

[3] Son sistemas de comunicación básicos. En el ámbito de Internet una serie de páginas web que posibilitan la comunicación e intercambio de información entre personas con parecidos intereses. Encontramos redes sociales de amigos, de intereses profesionales…

comparten información, documentos, etc. Cada vez son más prolíficos los blogs, wikis y otras herramientas virtuales que sirven para intercambiar información y estar, en definitiva, informados, herramientas de la web 2.0[4]. En la actualidad hemos pasado de utilizar la red de lectura web 1.0 a la web de lectura y escritura web 2.0 (Castaño, Maíz, Palacio y Domingo, 2008).

Hay que tener en cuenta que el uso del ordenador se ha generalizado y las posibilidades de acceso a Internet son ahora mayores que hace pocos años. La expansión global de las TIC ha provocado una emergente conciencia de la importancia que está tomando la información a través de estos medios.

Como contrapartida a esta facilidad de acceso a la información, es imprescindible destacar la dificultad para realizar un proceso de búsqueda de datos totalmente fiable. La Red cuenta con una sobreabundancia de información que en parte dificulta el conocimiento, puesto que esta información no siempre es científicamente correcta ni susceptible de utilización en un sentido formativo y es necesaria una alfabetización crítico – reflexiva previa para discernir entre la información fiable y la que no lo es.. Compartimos con Giráldez (2005), que "no todo lo de la Red es válido, fiable, la ausencia de filtros lleva a la imposibilidad de contrastar la credibilidad de las fuentes o la rigurosidad de la información"(Giráldez, 2005, p.27).

Es preciso saber seleccionar la documentación encontrada de la manera más objetiva e imparcial, atendiendo a unos criterios de fiabilidad que requieren una formación cultural mucho más amplia y profunda que la que estrictamente proporcionan las TIC. En este sentido, consideramos que las TIC constituyen un instrumento de indudable utilidad pero debe ser culturalmente orientado para que rinda un verdadero beneficio formativo. Muchos usuarios no tienen la capacidad suficiente para desenvolverse con un exceso de información que no siempre se ajusta a sus necesidades reales (Vivancos, 2008). Requiere del sujeto unas competencias y estrategias para poder seleccionar con criterio los materiales más fiables, optimizar su tiempo y saber navegar en la red.

<u>Nuevos sistemas de almacenamiento de información.</u>

Las TIC nos ofrecen la posibilidad de almacenar datos particulares y profesionales en un espacio virtual que vuelve inútiles y obsoletos los documentos en papel impreso o manuscrito y los métodos tradicionales, en lo que a almacenaje de datos se refiere. La consecuencia más destacable es la

[4] Castaño, Maíz, Palacio; Domingo 2008. Se trata de una web abierta y participativa, su expresión nació en el año 2004. Una web donde los protagonistas son los usuarios. Nace como contraposición a los usos tradicionales de Internet.

posibilidad de organizar la información de un modo más efectivo, y la menos desdeñable en términos económicos y medioambientales, el consecuente ahorro de papel.

El hecho de que se hayan desarrollado las TIC, también influye en la aparición de nuevos lenguajes de comunicación y nuevas formas de comunicación.

2) Nuevos lenguajes de comunicación.

No nos queremos extender en este epígrafe en el que vamos a hacer referencia a los lenguajes multimedia. Estos nuevos lenguajes están relacionados con los mecanismos de difusión. Cada vez son más los sectores de la sociedad que abogan por el uso de nuevos lenguajes que posibiliten una mayor comunicación. Creemos que el lado negativo radica en que sin una alfabetización digital es difícil conseguirlo, y eso puede llegar a provocar desigualdad y exclusión. La idea es que estos lenguajes potencien la comunicación entre personas diversas, favoreciendo la globalización y el multiculturalismo, dado que la multiculturalidad permite también la diversidad de información y expansión de la misma.

Algunos documentos que se adaptan a estos nuevos lenguajes de comunicación son el hipertexto, que ofrece interactuación con la información y es un documento no lineal -importante el paso de la linealidad del texto al hipertexto-; y los hipermedios, documentos en formato hipertextual que ofrecen al individuo un nuevo entorno de lectura. Si nos remontamos a la era de la aparición de la imprenta, sabemos que en el siglo XV fue todo un avance el hecho de tener la posibilidad de no utilizar copistas como en el Medievo para duplicar documentos y difundirlos; se abría así un gran campo para la difusión de la información de una manera más rápida y efectiva. La imprenta fue solo el inicio de algo que ahora, en nuestros días, está siendo una gran revolución, la **revolución en la difusión de la información**.

En lo que respecta a las aportaciones, algunas de ellas coinciden con las consecuencias, dado que están dentro del mismo proceso. Comenzaremos con una cita de Rando (1999), trasladándonos temporalmente más de una década atrás, "ciertamente las TIC no han aportado nada nuevo respecto al acervo que el ser humano ha acumulado en lo referente al conocimiento de la naturaleza y de sí mismo" (Rando, 1999, pp. 22-23).

La cita se centra en el conocimiento del ser humano, no en la manera de adquirir dicho conocimiento. Por ello, no se puede negar que las TIC han sido revolucionarias en tanto en cuanto se han utilizado, entre otras cosas, para la difusión de la información provocada por el desarrollo de la conectividad global.

Hablando de **conectividad global,** esto nos lleva a hablar de aldea global (Gutiérrez, 2003) y de sociedad global (Rando, 1999). En esta aldea o sociedad global, se desdibujan los límites geográficos entre ciudades, comarcas, regiones, países y continentes; la aldea posee una estructura abierta y flexible y con ella aparecen lo que entendemos por comunidades virtuales.

La importancia y la presencia de las TIC en la sociedad tiene también su reflejo en el crecimiento del espacio de comunicación, lo que ha pasado a denominarse **ciberespacio**.

3).- Ampliación del espacio de comunicación. El ciberespacio

Compartimos con Marín y Loscertales (2001) la siguiente afirmación: "la calidad social del hombre se basa en su competencia para establecer relaciones comunicativas, de tal forma que un grupo de personas, un pueblo o nación, constituyen un sistema de comunicaciones interrelacionado". (Marín y Loscertales, 2001, p. 35).

Efectivamente, la presencia de las TIC en la sociedad ha posibilitado desarrollar los canales de comunicación de una manera exponencial reseñable. Se ayuda a adquirir la competencia inter e intrapersonal abriendo nuevos cauces de comunicación, los derivados de las TIC, que posibilitan la interrelación virtual. Veremos el ejemplo de las comunidades virtuales.

Realmente la ampliación del espacio de comunicación es una de las grandes aportaciones de las TIC en todos los niveles sociales.
La posibilidad de compartir información con otros usuarios de cualquier parte del mundo, haciendo posible las relaciones a distancia, abre un espacio de comunicación e intercambio en un sentido personal y profesional impensable tan solo dos décadas atrás. Lo que ha pasado a denominarse **ciberespacio** o **tercer entorno**, este nuevo espacio social, se convierte, por ende, en un nuevo espacio educativo (Echevarría, 2001).

El término tiene su origen en el libro de William Gibson *Neuromancer,* y comprende lo que entendemos como espacio virtual. Burbules y Torres (2000), hace una década, se preguntaban si existía un ciberlugar dentro del ciberespacio. Ya en el siglo XXI es una realidad la existencia del ciberlugar, entendido como espacio online utilizado por aquellos individuos que posean un cierto grado de experiencia en el uso de las TIC para comunicarse. Para acceder al ciberespacio es necesario estar conectado a redes. No es un espacio excluyente con respecto al resto de espacios sociales, sino un espacio complementario.
Pese al vertiginoso avance de utilización del ciberespacio por distintas franjas de edad, no es un reflejo exacto del concepto de dimensión espacio/lugar. El concepto de "estar online" es, para entendernos, una manera de definirnos por

"estar en espacio virtual". Como apuntaba Rheingold (2000), crítico y ensayista estadounidense, haciendo referencia al concepto de navegación por la Red, el estar online supone hipotéticamente que nuestros cuerpos quedan atrás para pasar a otra dimensión espacio – tiempo; no hay barreras físicas, sino que el ciberespacio permite estar online entendido como proceso, no tanto como lugar, porque no es estar en un lugar físico.

Debemos tener una visión distinta de Internet, pensar que no solo se utiliza como un depósito de información, sino fundamentalmente como un espacio electrónico que abre la posibilidad de una acción a distancia y en la red. Es necesario aprender a presentarse en dicho espacio, a componer productos multimedia y a intervenir en redes sociales.
Las claves de una buena alfabetización online están en:
-Saber elaborar productos electrónicos en la e-casa (ordenador y periféricos).
-Saber presentarlos en el espacio electrónico.
-Saber interactuar con otras personas, que previamente han aprendido las reglas de esta nueva comunicación, para trabajar cooperativamente.
Actuar cooperativamente es distinto a acceder a la cultura digital.
Este ciberespacio y el estar en contacto con la red y desarrollar lazos comunicativos de manera online ha hecho que apareciesen las denominadas **comunidades virtuales**.
Las comunidades virtuales, como su nombre indica, son comunidades online, que tienen su origen en la década de los años 70, pero que no es hasta los años 90 cuando se desarrollan con más fuerza y crecen en número y en cantidad de personas incluidas en las mismas. Tienen unas condiciones razonablemente distintas respecto a las comunidades no virtuales, debido fundamentalmente al entorno online. Lo destacable de la comunidad virtual es que se basa en dos pilares básicos: por un lado, la comunicación e interacción online y, por otro, la necesidad de relación entre personas con gustos o intereses más o menos similares; es decir, se relacionan con áreas de interés y preocupación. Al no estar desarrolladas en un entorno físico, tangible, nos ofrecen la posibilidad de que una misma persona, en el mismo tiempo real, pueda estar formando parte de muchas comunidades online. Son estas, personas que desean interactuar en un espacio no físico, accesible en cualquier momento, teniendo los medios adecuados, y que utilizan diferentes estrategias de auto – representación (literal – imaginario). En este apartado no vamos a hacer referencia a toda la tipología de comunidades virtuales que existen, porque no es nuestro objeto de estudio, pero sí a cómo han proliferado las mismas dentro del entorno de la red.

Burbules (2001), ya exponía el concepto de *meta – comunidades onlin*e, sin olvidar a Dewey, que consideraba necesario reconducir la comunidad, el concepto de Gran Comunidad, que llegó con la instauración de las comunidades virtuales, y en el cual subyacía el concepto de ciudadanía dentro de la nación.

No podemos hablar de comunidad virtual sin hablar de Internet. Según Burbules (2001), se ha convertido en un medio donde tiene lugar la colaboración y donde la gente puede crear redes de inteligencia distribuida. Así pues, hay un concepto de Internet, no solo como mecanismo de almacenamiento de información, sino también como colaboración en el que las personas se pueden organizar como grupos de trabajo. Por tanto, Internet determina a los grupos que lo utilizan y es determinado para asuntos o intenciones particulares.

Debemos ir más allá en el concepto de comunidad virtual y plantearnos quién busca fomentar el concepto de comunidad virtual. Reflexionar sobre si realmente la comunidad es un mecanismo de exclusión social, si posee más beneficios que perjuicios, si podemos encontrar amenazas de intrusos que no comparten los valores de la comunidad.

Las comunidades virtuales, como procesos y fenómenos instaurados en la sociedad, siguen adquiriendo importancia también como factor de multiculturalidad, en tanto en cuanto los usuarios tengan más oportunidades de aprendizaje en las mismas y de relación con individuos de culturas distintas a la suya. Es decir, las comunidades continuarán creciendo basándose en las aportaciones que se hagan desde el seno de las mismas a través de la retroalimentación. Las comunidades virtuales entendidas como meta, comunidades de intercambio de información, de socialización, de colaboración, comunidades temáticas cuyo objetivo sea el aprendizaje colaborativo y otras comunidades que potencien la interrelación entre iguales. La parte más negativa de las comunidades es que el grado de orientación del trabajo es bajo.

Consideramos que las comunidades virtuales derivadas de las TIC han supuesto cambios en los hábitos sociales de los individuos, han abierto el campo a la comunicación y al intercambio de información online.

En este mismo apartado hemos hecho referencia a las **redes sociales.** Creemos que poseen un fuerte potencial de aprendizaje informal para el ciudadano, por las características de las mismas, entre otras, la variedad y la accesibilidad; como contrapartida y aspecto negativo a nuestro entender, consideramos que son un nuevo sistema de información que no garantiza la calidad de la misma, dado que se basan en la economía de la colaboración sin filtros (Campos, 2008). En un futuro sería interesante que se apoyaran en sistemas de valores que hicieran posible que diferentes personas de culturas distintas pudieran trabajar en proyectos comunes dentro de la Red.
Los medios de comunicación tradicionales, como la radio, sí hacen selección de información y filtrado de la misma; por ello, la información que ofrecen está cotejada y validada por expertos en la materia, como pueden ser los periodistas especializados.

Las redes sociales son una de las características de la web 2.0.[5] Hemos pasado de la web 1.0, en la que los usuarios eran receptores de servicios que ofrecía Internet, a la web 2.0, donde los usuarios también pueden producir información e introducir contenidos que pueden compartir con el resto de usuarios; esto desemboca en la web 3.0 o web semántica, en la que los motores de búsqueda no se limitan a las palabras clave, sino también al significado de las mismas.

Imagen I.1. Web 2.0

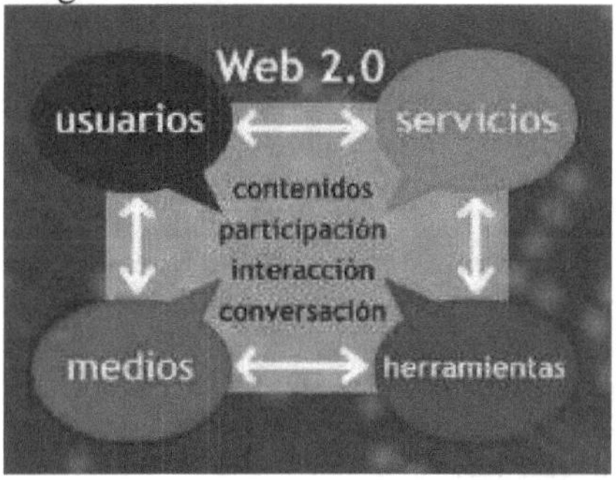

Fuente: http://www.masquecomunicacion.com/blog/2010/10/29/%C2%BFque-es-la-web-2-0/

En la actualidad, las redes sociales no han irrumpido con fuerza como herramienta de aprendizaje formal dentro de la formación reglada del alumno en la escuela, pero sí han irrumpido con ímpetu en la sociedad, tal y cómo veremos.

Con las redes sociales, coincidimos con Campos (2008), en que "los consumidores se convierten en productores, no solo de atención, sino de información, comunicación y otros contenidos de ocio o conocimiento" (p. 3), esta es una de las grandes innovaciones de la web 2.0 y por tanto de las TIC en la sociedad: el paso del usuario receptor, pasivo o consumidor, al usuario activo como creador.

Cuando hablamos de redes sociales, nos tenemos que remontar a 1995 para encontrar la primera, pero no es hasta 2003 cuando se produce su verdadero desarrollo, con Myspace, entre otras. En la actualidad, las redes sociales están

[5] Castaño, Maíz, Palacio; Domingo 2008. Se trata de una web abierta y participativa, su expresión nació en el 2004. Una web donde los protagonistas son los usuarios. Nace como contraposición a los usos tradicionales de Internet.

en continua y permanente expansión, siendo una de las vías de comunicación más demandadas por los usuarios. En un inicio, no tuvo otro espíritu que el de reunir a un grupo de usuarios con motivaciones más o menos comunes, una especie de comunidad virtual abierta y en construcción permanente; a día de hoy, hay un 44,6% de internautas que tiene perfil en alguna red social. Campos (2008), expone una de las clasificaciones de redes sociales: las redes generalistas, basadas en el mero entretenimiento, ofrecen secciones de participación, son las que tienen mayor peso en los adolescentes; después, las redes orientadas a la especialización y a las relaciones profesionales, como pueden ser las redes empresariales en donde se encuentran las redes de emprendedores, las cerradas y las de patrocinio. Del estudio de investigación de Campos (2008), se desprende que el 20% de las redes son exclusivamente informativas, mientras que el 80% son de entretenimiento, todas con afiliación y publicidad.

Someramente, apuntar que, al margen de ver el potencial de las redes sociales para activar la comunicación de una manera globalizada y activar el intercambio de información y creación del mismo, son un negocio del que el principal beneficiario es el operador de la plataforma, por ello, el usuario paga el acceso entregando datos de afiliación, aportando información y generando audiencia al aumentar el número de seguidores o de amigos.

Nuestros alumnos están conectados, tienen acceso a la información de una manera informal, no reglada, pero dentro de su vida cotidiana. Para poder dar respuesta educativa y para poder adecuar la escuela a las necesidades reales de nuestros alumnos, en cuanto a las TIC se refiere, se hace necesario saber el número de personas que acceden a la Red, cuáles son los motivos principales por los que los alumnos acceden a los contenidos de la web 2.0, la frecuencia de uso de las aplicaciones 2.0 y constatar las posibles situaciones conflictivas experimentadas por los alumnos.

Es importante conocer uno de los recientes estudios sobre la web 2.0 y sobre su uso seguro y responsable, que encontramos en un estudio de investigación llevado a cabo por la plataforma "protegeles.com" con la colaboración del Gobierno de España, el Ministerio de Industria, Turismo y Comercio. En el mismo, encontramos un análisis de cómo utilizan los menores la web 2.0, con porcentajes de menores con perfil en alguna red social, menores que utilizan YouTube, Wikipedia, SecondLife y páginas de descarga directa. También un análisis de los menores que acceden a contenidos 2.0, la frecuencia de uso de aplicaciones 2.0 y las situaciones conflictivas que experimentan. Además de exponer los riesgos y beneficios de la web 2.0.

Y continuando, en este capítulo inicial, con las aportaciones importantes de las nuevas tecnologías en la sociedad del conocimiento, una de ellas es la **interactividad**, que permite que el usuario con nivel medio o avanzado en competencia digital pueda valerse de todos los medios que le proporciona la Red para interactuar con otros individuos de manera virtual.

Imagen I.2. Mesa interactiva

Fuente: http://ounae.com/holo-20-mesa-interactiva-multimedia-ninos-disenos-conceptos/

Como apunta Bacallao (2005), se da actualmente la interactividad por el placer de la interactividad. Se corre el riesgo de que, sin un enfoque crítico sobre el sentido cultural de los comportamientos y valores, sea necesario repensar estrategias educativas adecuadas al entorno digital. Como hemos apuntado anteriormente, la posibilidad de compartir información con otros usuarios de cualquier parte del mundo, abre un espacio de comunicación e intercambio en un sentido personal y profesional impensable tan sólo dos décadas atrás. Su máximo exponente, en el entorno social y comunicativo, lo encontramos con el potencial que nos ofrece la interactividad como favorecedora de la retroalimentación de información entre ciudadanos dentro de la Red.

Encontramos interactividad entre los usuarios y el medio de comunicación; un ejemplo lo tenemos en los diarios digitales donde aparecen los foros de debate y los chats donde los usuarios interactúan y exponen sus opiniones.

También encontramos interactividad con la información: la comunicación interactiva orientada a la información, lo que ha pasado a denominarse weblogs[6], en los que todo gira en torno a la información, su tratamiento y la comunicación dentro de la Red.

Hay teorías (Bacallao, 2005), que apuntan a que tanto la interactividad como la hipertextualidad pueden derivar en sobresaturación informativa que puede ser nocivo para el sujeto.

[6] Se trata de un blog que permite a los usuarios de dicha herramienta seguir a otros usuarios con la misma temática de interés. En realidad son páginas web personales en las que se lanzan escritos propios.

I.2. La alfabetización digital. El individuo ante las TIC en la sociedad

I.2.1. La alfabetización digital

Figura I.3. Sociedad de la Información (SI) versus alfabetización digital

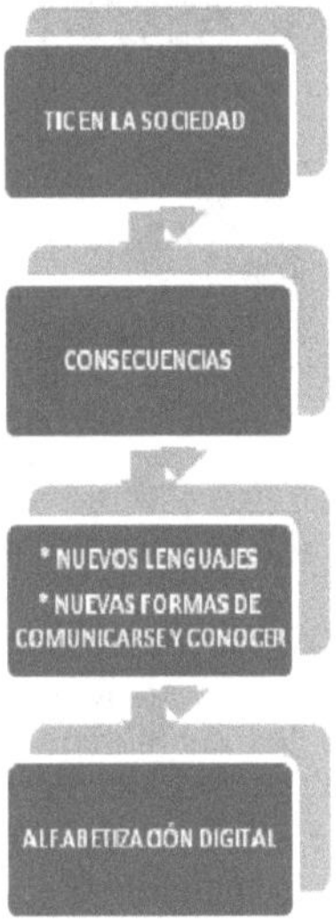

Fuente: elaboración propia

Hemos hablado al iniciar el capítulo del cambio tan vertiginoso que se está produciendo en nuestra sociedad a nivel tecnológico, lo cual ha supuesto, entre otros aspectos, el desarrollo de dispositivos y programas informáticos de distinta índole, pero no hemos hablado de la necesidad de que el ciudadano se adecúe y se amolde a estos nuevos cambios que han provocado modificaciones tanto en hábitos sociales, como en conductas y en maneras de comunicación, distintas formas de aprendizaje y diferentes maneras de acceder a la información.

Dado que nos encontramos en la convergencia de medios y lenguajes nuevos, se hace necesario adaptarse socialmente a un nuevo modelo de alfabetización, que propicie el acceso a un espacio social diferente y, por ende, el acceso a la cultura digital, el modelo de alfabetización digital o mediática, que forma parte de lo que entendemos por una alfabetización múltiple[7], para que cualquier ciudadano esté plenamente integrado en la sociedad de la información pudiendo hacer uso de las TIC a nivel cotidiano y profesional.

---

[7] Alfabetización que posibilita la comprensión de nuevos lenguajes y formas de comunicación y de los lenguajes multimedia. Aúna, además de la dimensión instrumental, la lingüística, la emocional, ética y social para contribuir al desarrollo integral del individuo en la Sociedad de la Información (SI).

¿Qué es lo que se entiende por alfabetizar? García (2007), apunta a que el concepto de alfabetizar está relacionado con la dimensión del poder expresivo que tiene cada individuo que le permita la comprensión del hecho y alcanzar la mayor comprensión del mundo.

Nos encontramos socialmente con la necesidad de abordar las siguientes alfabetizaciones que contribuyan a la adquisición de estrategias que posibiliten al ciudadano una inmersión plena en la sociedad del conocimiento.

Figura I.4. Alfabetización múltiple

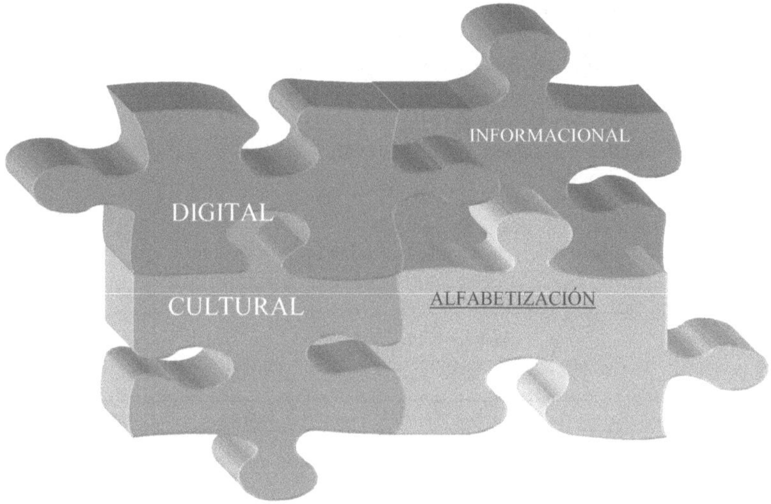

Fuente: elaboración propia

Estas alfabetizaciones entrarían dentro del concepto de alfabetización múltiple (Gutiérrez, 2003): se trata del compendio de las alfabetizaciones anteriormente expuestas que nos ayudará a conocer mejor la sociedad en la que estamos inmersos y nos posibilitará la comprensión de nuevos lenguajes y nuevas formas de comunicación que se han desarrollado en las últimas décadas; en el fondo, se trata de una educación para la vida.

Gráfica I.1. Mapa de habilidades de comunicación

Mapa de habilidades de comunicación.
Constelación de habilidades de comunicación

ALFABETIZACIÓN INFORMACIONAL

- Definición y articulación de una necesidad informativa
- Localización y acceso a la información
- Evaluación de la información
- Organización de la información
- Uso de la información
- Comunicación y uso ético de la información
- Otras habilidades informativas

HABILIDADES EN EL USO DE LAS TIC Y DE LOS MEDIOS

- Uso de tecnología digital
- Uso de herramientas de comunicación
- Uso de redes
- Filtraje de mensaje de medios
- Análisis de mensajes de medios
- Otras habilidades relacionadas con las TIC y los medios.

ALFABETIZACIÓN

Lectura – escritura – habilidades numéricas – otras habilidades básicas

COMUNICACIÓN ORAL

- Hablar
- Escuchar

RAZONAMIENTO

- Habilidades de pensamiento

Fuente: Ralph Catts & Jesús Lau (2008). Towards Information Literacy Indicators. París: UNESCO, 46, 18.

Se hace necesaria una alfabetización y por tanto una adquisición de competencias tecnológicas o digitales, propias de la sociedad de mercado en la que vivimos. Consideramos preciso que el individuo no se quede sólo en la alfabetización instrumental o técnica, centrándose en el enfoque tecnológico de las TIC, que muchos ya la tienen adquirida, sino que sería importante que alcanzara una alfabetización crítico – reflexiva (Gutiérrez, 2007), a nuestro parecer más importante, dado que permitiría trabajar las TIC como objeto de estudio, ayudaría a realizar el análisis de los medios de comunicación, los contenidos reflexivos que para dicho autor se resumen principalmente en tres, que paso a citar brevemente:

-La imagen no es la realidad
-Los medios reflejan sus intereses comerciales e ideológicos
-Los medios son importantes agentes de educación informal

Se trata de que, a través de una educación para los medios, el individuo adquiera capacidad de desarrollo crítico con respecto a la información y los mensajes que recibe, que pueda ser autónomo y libre en las decisiones que tome. Por ello, consideramos que el componente del análisis crítico es necesario dentro de la alfabetización, dado que el objetivo es formar a ciudadanos conscientes y consecuentes frente a los riesgos de manipulación mediática (García, 2005). Como apuntaba Touriñán (2001), hace una década "abandonar a los jóvenes en la cultura global de la comunicación sin formarlos acerca de cuándo, cómo y por qué usar las tecnologías emergentes, es impensable" (Touriñán, 2001, p. 225).

De las alfabetizaciones que componen la alfabetización múltiple, la alfabetización cultural constituye el análisis de la trama de procesos, teniendo en cuenta los materiales sobre los que está compuesta la experiencia humana.

La alfabetización informacional, referenciada al inicio del capítulo, se centra en el desarrollo de capacidades que posibilitarán el uso óptimo de herramientas de adquisición de contenidos, ayudando a la capacitación del procesamiento de la información que deriva en el conocimiento.
Y la alfabetización digital se centra en el desarrollo de capacidades para comprender nuevos lenguajes multimedia, nuevas maneras de comunicación, nuevos entornos de aprendizaje.

Necesitamos una alfabetización que comience por conocer el manejo de las herramientas de un nuevo sistema tecnológico de acceso a la información para crear el conocimiento. Tal como apunta Gutiérrez (2003), "una alfabetización que no se refiera simplemente al tradicional leer y escribir, sino a las destrezas, conocimientos y aptitudes necesarias para vivir plenamente en sociedad y procurar un mundo mejor" (Gutiérrez, 2003, p.49).

Figura I.5. Pasos para el acceso al conocimiento

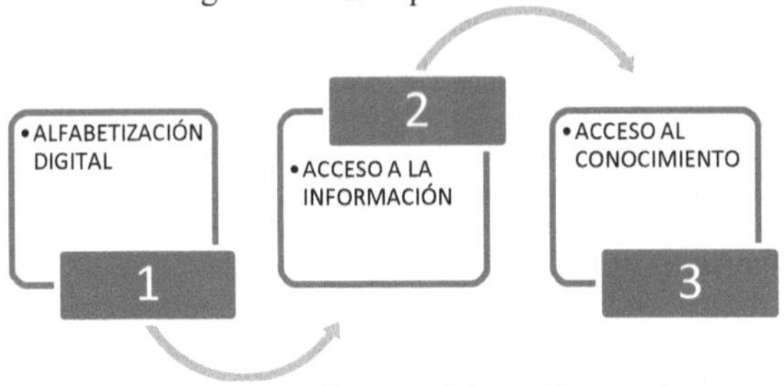

Fuente: elaboración propia

Una alfabetización que nos ofrezca herramientas útiles que posibiliten el acceso fácil a la información que posteriormente se transforme en conocimiento. Si nos remontamos a Kellner (2004), observamos la evidencia de que tanto el conocimiento como la información ya no se presentan solamente en documentos escritos, con palabras impresas, sino por otros medios y mecanismos mediáticos, tales como las imágenes, sonidos y videos. Esta afirmación se sostiene en que, ciertamente, cada día es menos probable que exista solo un documento que trate exclusivamente sobre un tema (Henao, Adriana 2008).

La alfabetización digital englobaría nuevos alfabetismos, tal como apuntan Lankshear y Knobel en su escrito sobre los nuevos alfabetismos de 2008, muy interesante texto en el cual reflexionan sobre el "conocimiento cambiante" y la práctica cotidiana.

I.2.2. Agentes sociales ante la revolución tecnológica

Nos preguntamos, tras haber visto que se hace precisa una nueva y moderna alfabetización, qué tipo de individuo es el que demanda la sociedad de la información, qué requisitos debe cumplir para estar plenamente integrado en ella. La sociedad globalizada en la que vivimos requiere de una ciudadanía más y mejor informada, participativa y activa. Partiendo de esta reflexión, ningún individuo debiera quedar ajeno al entorno social en el que se desarrolla la sociedad global. Se trataría de que el individuo pudiera alcanzar la alfabetización múltiple que le posibilitara la comprensión y utilización de las nuevas formas y lenguajes de comunicación, puesto que la tecnología ha cambiado la forma en la que los ciudadanos percibimos y comprendemos la información (Moeller, 2009). No es objetivo de la alfabetización digital o multimedia conseguir ciudadanos que estén capacitados para elaborar aplicaciones informáticas, esto requeriría conocimientos muy técnicos en lo referente a los lenguajes de programación.

Para Lau y Cortés (2009), se hace necesario que el individuo adquiera la "information skills", es decir, "las habilidades informativas", aunque consideramos más propio hablar de habilidades informacionales. Estas habilidades se adquieren a través de la alfabetización informacional, que está dentro de la alfabetización múltiple que hemos tratado anteriormente.

Antes de que profundicemos sobre términos como la brecha digital y residentes digitales, se hace necesario hablar del aprendizaje informal y el aprendizaje formal del individuo a lo largo de la vida. Aunque hemos hecho referencia a los mismos anteriormente, nos detendremos un poco más en dichos conceptos. Consideramos que el aprendizaje informal[8] (García, 2008), no se ha tenido suficientemente en consideración. En el ámbito de las TIC, es necesario tener dicho aprendizaje presente, dado que las vías informales ayudan al crecimiento del potencial humano. Debemos valorar la posibilidad que nos brindan los medios tecnológicos y audiovisuales y apostar por lo que apunta García (2008), "yo, aprendiz, aprendo espontáneamente a través de la interacción con un entorno rico" (p. 35), como ciudadano dentro de mi ámbito cotidiano. Con esto no pretendemos decir que el aprendizaje formal, que tradicionalmente ha sido valorado por encima del aprendizaje informal, pierda validez en la presente sociedad. Creemos que el aprendizaje formal es imprescindible, pero actualmente también son muy valorables todas las aportaciones y todos los aprendizajes que se generan de una manera informal.

Lo cierto es que no todos los ciudadanos están educados o alfabetizados a nivel digital e informacional, de tal manera que se abre una brecha o una escisión a nivel sociológico entre los individuos capacitados y "en – redados" a los que las TIC les puede favorecer un mayor nivel de cualificación profesional y pueden utilizarlas como herramientas que les faciliten la comunicación social, y los individuos ajenos a la revolución tecnológica. Algunos teóricos lo han denominado brecha digital (Gutiérrez, 2003; Vivancos, 2008; Castells, 2009).

El concepto de brecha digital se empezó a usar inicialmente para hacer referencia a una situación en la que los ciudadanos tenían problemas de acceso y aprovechamiento de la información. En la actualidad, es más apropiado hablar de brecha cognitiva (UNESCO, 2005), "sin duda, uno de los obstáculos que impide el mejor aprovechamiento de la información tiene que ver con las limitadas o nulas competencias de los ciudadanos para manejar la información"(UNESCO, 2005, p. 23).

Esta es otra de las consecuencias de vivir en una sociedad altamente tecnológica: el carácter global, pero también dinámico y en constante

[8] García, J. (2007). El aprendizaje que se produce fuera de las actividades organizadas. Aquel que se realiza espontáneamente, sin articulación previa de acciones formativas.

transformación de las TIC, ha creado la conciencia de la necesidad de una formación permanente y especializada, sobre todo entre aquellos sectores de población que deben utilizarlas en su trabajo cotidiano, y ha conducido a un uso mejor y más generalizado de las mismas. Esta formación ha venido siendo definida y diseñada tanto por entidades públicas como privadas que, siendo conocedoras de los cambios vertiginosos que viene sufriendo la SI, han visto la necesidad de cubrir las carencias formativas que en este sentido pudieran tener sus empleados en una sociedad tan altamente tecnológica. Al margen de esos ciudadanos, todavía encontramos los que se pueden denominar analfabetos digitales, individuos que no han desarrollado su competencia digital y que se pueden ver desligados parcialmente de una sociedad cada vez más tecnológica, que va marcando irresistiblemente las tendencias y las demandas sociales.

Si comparamos el tipo de individuo social que tenemos en la actualidad con el que teníamos en la década pasada, comprobamos que entonces coexistían dos generaciones completamente dispares: una tecnológicamente activa y que ha convivido con el uso de los ordenadores de manera constante y natural porque ha nacido en la era tecnológica, denominados nativos digitales (Prensky, 2001), y otra que ha tenido que adaptarse a los tiempos rápidamente o que, por motivos de diferente índole, rehúsa cualquier tipo de formación en este sentido. A esta última, Prensky (2001) la denomina "inmigrantes digitales", puesto que buena parte de su vida se ha desarrollado en la era analógica, con fuentes de conocimiento derivadas de los documentos impresos, y en su proceso de adaptación podemos encontrar diferencias con respecto al tipo de aprendizaje que utilizan los que denominaremos, por oposición a la expresión de Prensky, "nativos digitales". Lo más significativo, precisamente porque pone de relieve la diferencia de orígenes, es que los nativos digitales utilizan preponderantemente el autoaprendizaje a través de tutoriales, la experimentación de ensayo – error, etc, mientras que los "inmigrantes digitales" necesitan un procesamiento serial (Cassany y Ayala, 2008), (Piscitelli 2006) y un trabajo serio y riguroso apoyado en fuentes escritas. De la misma manera, estos últimos tienden a compartir menos emociones e información.

Esta distinción ya no tiene tanto sentido teniendo en cuenta el avance vertiginoso que generan las TIC en nuestra sociedad; ahora sería más apropiado hablar dentro del entorno de los usuarios de las TIC, de "visitantes digitales" y "residentes digitales", términos que comenzó a utilizar David White, co-director de la Unidad de Desarrollo e Investigación en e-learning de la Universidad de Oxford, para identificar la toma de contacto del ambiente digital entre los ciudadanos.

Si nos centramos en los ciudadanos que tienen adquirida la competencia digital y son usuarios de la Red, es más acertado clasificar a las personas

por cómo interactúan en los ambientes digitales, es decir, por cómo se acoplan a los mismos. Por visitante digital entendemos aquellos que están en contacto con la Red, utilizan de la misma lo que necesitan y se van sin dejar rastro. El visitante ve la web como una caja de herramientas desordenada; sin embargo, el residente la ve, además de las posibilidades a nivel de recursos que ofrece la web, como un espacio social para realizar cosas dentro; "viven" parte de su tiempo en la red, son constructores de información, tienen personalidad social en la Red, cosa que los visitantes no tienen. No consideramos que se deba encasillar a las personas en visitantes o residentes sin matices, habrá, tal como apunta Bacallao (2005), los denominados "meta residentes" que estarían continuamente conectados con el mundo virtual, viviría en el "no – lugar y no – tiempo" propuesto como característico de la sociedad en Red" (p. 47), en el que se sientan más identificados que incluso en su mundo físico, mientras que habrá visitantes – residentes que en ocasiones sean una u otra categoría.

No obstante, si la clasificación la realizamos tomando como referencia la edad, podemos hablar de la generación multimedia (Morduchowicz, 2009), a la que pertenecen aquellos adolescentes que mientras visionan la televisión, de manera simultánea escuchan música, navegan por Internet, adquieren nuevas formas de percibir, de ver, de escuchar.

A modo de conclusión, consideramos que su gran impacto en todos los ámbitos de nuestra vida hace cada vez más difícil que podamos actuar eficientemente prescindiendo de ellas (TIC). Ciertamente, se hace necesario un cambio cultural profundo, reflexivo y trascendente para llevar a cabo esta revolución digital.

Necesitaremos superar retos personales para adaptar nuestra mentalidad a un tipo de sociedad que nos convierte más que nunca en "ciudadanos del mundo", como apunta Marqués (2000), a partir de redes sociales (Facebook, Twitter, Tuenti, MySpace) que relacionan a tiempo real a individuos de diferentes partes del planeta. Un individuo o una comunidad que adquiere la competencia digital contribuyen a favorecer la comunicación entre aldeas, ciudades o regiones creando un modelo alternativo de aldea global (Gutiérrez, 2003).

También debemos tener en cuenta que la sociedad de la información no sólo tiene elementos positivos, también se hace necesario reseñar las circunstancias que dificultan su difusión y apuntar que hablar de tecnología no es necesariamente y en todos los casos, sinónimo de progreso (Marquès, 2000). La realidad nos acerca a una sociedad de la que formamos parte y que necesita ciudadanos capacitados competencialmente en la era digital.

Concluiremos este apartado con la siguiente cita de un investigador experto en TIC: "... de este modo, al igual que el final del siglo XIX el capitalismo industrial necesitó de mano de obra alfabetizada en la lectura y escritura, el capitalismo digital del siglo XXI necesita trabajadores y consumidores alfabetizados en las tecnologías de la información y la comunicación". (Area, 2001, p. 131).

CAPÍTULO II. LAS TIC EN EL ÁMBITO EDUCATIVO

II.1. Introducción

En el siglo XXI, los docentes nos encontramos con el reto de adaptar, de una manera firme, nuestro sistema educativo a la realidad social que vivimos.

Ese reto, que nos debe implicar profesionalmente, se está dando de manera desigual entre el profesorado. Los factores son varios y dispares, pero el factor principal es la intencionalidad y compromiso que adquiere el profesor para asumir las nuevas maneras de aprender y enseñar mirando hacia un tipo de aprendizaje más constructivista y potenciando el papel del alumno dentro de su propio aprendizaje.

Somos conocedores de que la aparición de las TIC en la SI son producto de las condiciones sociales y económicas de una época (Pablos, 2009), y esto provoca su presencia en el ámbito educativo.

Todo lo relacionado con las TIC en educación ha sido objeto de estudio, durante décadas, por muchos investigadores; dicha afirmación se constata en las diferentes referencias bibliográficas que encontramos en las que se abordan aspectos relativos a las TIC dentro del ámbito educativo, tales como Alonso (2011); Gutiérrez, Hottman y Hawran (2011); Wilson y Duncan (2009); Delgado y Pérez (2011); Segovia, Blanco y Rodríguez (2011); Aparici, Campuzano, Ferré y Matilla (2010); Ballesta (2009); Henao y Adriana (2008); Bartolomé y Grané (2009), Area (2008b), Cabero (1999), Marqués (2010) y Monereo (2009) entre otros.

¿Cómo le afectan a la escuela estos cambios? Actualmente, y en líneas generales, salvo excepciones, hay una corriente de teóricos (algunos nombrados en el párrafo anterior), que reflexionan sobre el hecho de que la escuela siga transcurriendo por el camino de la escritura, la palabra y el libro de texto y, aunque no desconoce la cultura exterior (cine, televisión, TIC), aún no la aplica y no se plantea la necesidad de abordar una alfabetización mediática, que ha sido tan enfatizada por muchos teóricos de la educación, tales como Gutiérrez et al., (2011); Gutiérrez y Tyner (2012); Delgado y Pérez (2011); Segovia et al. (2011) y Aparici, et al. (2010) entre otros. Por nuestra parte, entendemos que la escuela, y por ende, el profesorado, tiene la obligación "social y profesional" de ayudar a que sea el alumno el que acceda a la educación mediática y digital, por ello, compartimos con Echevarría (2004), que "una meta educativa para la escuela debe ser la formación de los niños como usuarios conscientes y críticos de las TIC y de la cultura que en torno a ellas se produce y difunde"(Echevarría, 2004, p. 216).

Teóricos como Gutiérrez et al. (2011), Area (2008b) y Ballesta (2009) entre otros, abogan por promover desde la escuela una postura reflexiva ante todos los mensajes de los diferentes medios de comunicación a los que están expuestos los alumnos a lo largo de su etapa educativa. Consideramos que esta postura reflexiva aún no está interiorizada en los docentes y tampoco encontramos, dentro de los planes de formación de las diferentes Consejerías de Educación, actividades formativas vinculadas a reflexionar sobre este hecho.

Estos teóricos también reflexionan ante el proceso de integración de las TIC en los centros educativos, y se preguntan cómo debe ser dicha integración. Consideramos que los docentes y resto de miembros de la comunidad educativa deben reflexionar sobre cómo se está produciendo dicha integración, sobre si realmente es efectiva.

Partimos de la base de que la escuela debe contribuir a formar de manera integral a personas, y por tanto, tiene entidad de institución formadora. Esa contribución insta a que los alumnos estén capacitados para comprender la información que reciben desde diferentes medios, y no sólo eso, sino que obliga a tener en cuenta que los alumnos actuales aprenden de manera diferente a los de hace veinte años, por ello, para adecuarnos a su modo de aprendizaje, es necesario que tengamos en cuenta el aprendizaje informal que adquiere el alumno fuera del entorno académico. Consideramos el aprendizaje informal un tipo de aprendizaje nada desdeñable desde el punto de vista educativo. Los alumnos, en relación a la cultura digital, aprenden más fuera de la escuela que dentro de ella: son nativos digitales (Prensky, 2001), tal como también apunta Echevarría (2004), y cada vez, encontramos más educación fuera de la escuela, especialmente a través de los medios que son agentes de la educación informal. Los alumnos adquieren cada vez más aprendizajes en contextos informales y es cierto que la escuela no suele tomar en consideración dichos aprendizajes. También es cierto que se hace necesario un cambio en la concepción del aprendizaje mismo (Machado y Pohl, 2004). Este aprendizaje informal va ligado a una mayor motivación del alumno (Giráldez, 2010). Somos partidarios de que los profesores aporten su formación y su actitud positiva y flexible para ayudar a incrementar esas motivaciones y así poder acercarse más al mundo exterior de los alumnos.

Coincidimos con Area (2008b), en el hecho de que la escuela en la SI debe ser consciente del efecto mediático que se produce en la sociedad del conocimiento, que pasa, necesariamente, por abordar el papel que tienen los medios de comunicación de masas en el mundo actual, tomar conciencia de los medios como objeto de estudio (Gutiérrez, 2007) y plantear, al mismo tiempo, una postura reflexiva y argumentada que nos lleve a clarificar actuaciones en este sentido sobre las significaciones que le damos a las diferentes propuestas recibidas desde los medios de comunicación.

En este apartado introductorio no podemos dejar de mencionar el papel que juegan las Administraciones Educativas en relación a las TIC y la escuela.

Si bien es cierto que una de las líneas prioritarias de las políticas educativas de nuestro país desde finales del siglo pasado ha sido la incorporación de las TIC[9] a la escuela (Area, 2008b), esta circunstancia obliga a la dotación de un equipamiento tecnológico que posibilite dicha incorporación y adaptación a la realidad escolar, además de llevar aparejadas otras cuestiones fundamentales como, por ejemplo, la formación permanente del profesorado en TIC.

El lado negativo es que, en los últimos años, los países desarrollados han invertido considerables sumas de dinero y esfuerzos en centrar la mejora de la educación en la integración de las TIC en los procesos de enseñanza o en la propia enseñanza de las TIC, sin embargo, los resultados de estas inversiones en términos de mejora del aprendizaje de alumnos distan mucho de ser satisfactorios (Pablos, 2009). El análisis de los resultados de PISA 2003 revela que existe una relación positiva entre el uso de las TIC y los resultados educativos (OCDE, 2003), pero la correlación no es lineal, porque los mejores resultados educativos tienen que ver con un mejor acceso a la tecnología, la experiencia previa, la frecuencia de uso y el nivel de confianza que los estudiantes muestran en el empleo del ordenador.
Encontramos susceptible de crítica el uso que se ha dado al dinero público, gestionado por las Administraciones Educativas, en cuanto a equipamiento

[9] Para dicha incorporación, en España se han seguido fundamentalmente las directrices de la UNESCO, aunque otros organismos como OCDE o la ONU también se han manifestado a este respecto. Han sido, sin embargo, las directrices de la UNESCO las que han marcado el rumbo educativo en nuestro país en lo que respecta a la integración de las TIC.

tecnológico, en el que se han beneficiado empresas internacionales[10]. Un equipamiento que ha llegado a los centros y en algunos está sin utilizar o infrautilizado por falta de formación del profesorado. A pesar del equipamiento, seguimos utilizando la misma metodología; en muchas ocasiones hay profesorado que está anclado en el 1.0, que no está formado, ni posee intención de formarse y se encuentran lagunas en los procesos de formación para que se elaboren recursos didácticos de calidad utilizando la tecnología educativa.

En España, antes de la llegada de la LOE, ya hubo Comunidades Autónomas, como la de Aragón, que fueron pioneras en el uso de las TIC aplicadas a la educación (Vadillo y Marta, 2010)[11]. Pero la que delimitó el concepto de competencia digital en España y su inclusión en el ámbito educativo, fue la Ley Orgánica de Educación 2/2006 de 3 de mayo.

Dicha Ley Orgánica de Educación (2006) indica que:

> A la vista de la evolución acelerada de la ciencia y la tecnología y el impacto que dicha evolución tiene en el desarrollo social, es más necesario que nunca que la educación prepare adecuadamente para vivir en la nueva sociedad del conocimiento y poder afrontar los retos que de ello se derivan. (LOE, 2006, p. 17160).

En esta cita se evidencia la necesidad de preparar a los alumnos competencialmente para abordar los retos que les marca la sociedad. Se abordará más ampliamente la competencia digital en el apartado II.5.3.1. de la presente tesis.

II.2. La tecnología y la innovación en el ámbito educativo

El verdadero reto de la escuela es innovar en la forma en que los docentes diseñan e implementan el proceso de aprendizaje (Sanz, 2009). Es importante tener presente que la verdadera innovación metodológica parte primero del profesor; debe ser él el propulsor de dicho cambio, pues sin su voluntariedad y sin su actitud abierta y reflexiva hacia otra metodología en la manera de

---

[10] Fundamentalmente la empresa canadiense de PDI Smart.

[11] Si nos remontamos al año 2005, encontramos el plan "*avanza*", diseñado con el propósito de conseguir que los objetivos plasmados en el Proceso de Lisboa, sitúen a España en un puesto importante en la línea de convergencia con la Unión Europea en lo que concierne a las TIC. La línea que interesa de este plan es la relativa a la educación, con un eje estratégico sobre la *Educación en la Era Digital* que se basa fundamentalmente en incorporar las TIC al proceso educativo y reflejan la necesaria formación en TIC de todos los agentes que participan en él.

enseñar, nunca se podrá contar con una verdadera innovación metodológica que se acerque a la realidad social.

Brevemente, para abordar el amplio campo referido a las TIC en el ámbito educativo, se hace necesario reflexionar sobre el concepto de tecnología educativa y todo lo que el mismo conlleva. En este sentido, nos tenemos que remontar al momento de la incorporación de los medios audiovisuales al ámbito educativo para conocer el proceso de la constitución del primer campo específico de la tecnología educativa.[12]

Vamos a pasar a definir qué se entiende por tecnología educativa. Encontramos definiciones interesantes en autores u organismos como Tickton (1970), Unesco (1984) y Pablos (1996):

La UNESCO definió el término de la siguiente manera:

A. Originalmente ha sido concebida (la tecnología educativa) como el uso para fines educativos de los medios nacidos de la revolución de las comunicaciones, como los medios audiovisuales, televisión, ordenadores y otros tipos de hardware y software.

B. En un nuevo y más amplio sentido, como el modo sistemático de concebir, aplicar y evaluar el conjunto de procesos de enseñanza y aprendizaje, teniendo en cuenta a la vez los recursos técnicos y humanos y las interacciones entre ellos, como forma de obtener una más efectiva educación. (UNESCO, 1984, pp. 43 - 44).

Somos partidarios de acoger dicha definición como marco para entender el papel de las TIC dentro del proceso de aprendizaje, su función y sus implicaciones en la formación del alumnado.

En la definición que aporta Bautista y Pastor (1997), nos encontramos con una disciplina íntimamente relacionada con la didáctica, preocupada por el estudio de los medios usados en la enseñanza y por los procesos de formación general. También abordan el concepto de tecnología educativa, entre otros, Rodríguez y Saénz (coord.) (1995).

Coincidimos con Pablos (1996), en el hecho de concebir el concepto de la tecnología educativa como elemento integrador en el desarrollo curricular, teniendo dicha tecnología un mayor peso específico en la escuela y no un carácter puramente instrumental basado en la mera utilización de instrumentos electrónicos. Ese no es el camino para una mejora en los procesos de

[12] El caso español se remonta a la década de los cincuenta, cuando lo que se pretendía era el manejo y conocimiento de los artilugios (Pablos, 1996), es decir, la adquisición de la competencia digital en su dimensión meramente instrumental.

aprendizaje de nuestros alumnos. Somos partidarios de mentalizar al profesado sobre dicho cambio y sobre la necesidad de integrar las TIC como recursos didácticos innovadores adaptados a las nuevas realidades de aprendizaje de los alumnos, y que los profesores adquieran una actitud crítica ante los usos que se están haciendo de las TIC.

En realidad, INNOVAR es fundamentalmente una actitud, un modelo de comportamiento y, en este sentido, la innovación debe ser asumida como un compromiso social. Para poner en marcha procesos de innovación, es necesario contar con personas abiertas, flexibles, creativas y capaces de adaptarse a los cambios, Pablos (2009).

Ya en el año 2009, García y Tejedor se preguntaban si realmente la educación con TIC era innovadora. Desde nuestra perspectiva, aún no encontramos suficientes estudios científicos empíricos sobre la praxis educativa que integren las TIC como recursos didácticos dentro del aula. La presente tesis descubrirá algunos mecanismos de integración de la PDI como recursos didáctico en el área de música, dentro de la Educación Artística de las aulas de primaria. En cambio, existe amplia bibliografía de índole práctica referida a cómo integrar las TIC en el aula y a cómo se debe producir la innovación.

Reiteramos que, dentro de las innovaciones que nos encontramos ligadas al mundo educativo, el reto no es abordar la innovación tecnológica, dado que el sistema educativo español está dotado de infraestructura y equipamientos electrónicos, sino abordar la innovación en el modelo metodológico de enseñanza y en las prácticas docentes.

Sería imprudente y demasiado arriesgado pensar que por el mero hecho de aplicar una tecnología en el aula, si no se acompaña de cambios en nuestra manera de enseñar, se esté innovando. Consideramos que la tecnología no es un fin en sí misma, sino un medio a través del cual se puede facilitar la docencia y que sirva de ayuda para generar el cambio metodológico adaptado a una nueva sociedad. Un cambio más cercano a una concepción constructivista del concepto de enseñanza, en la que el aprendizaje se plantea como un proceso de generación de conocimiento, en el cual la iniciativa es compartida entre el profesor y alumno (Pablos, 2009); si bien es cierto que la incorporación de las TIC facilita y amplía las posibilidades de innovación.

Por tanto, debemos mirar hacia un modelo educativo de uso de la tecnología basado en los principios de la escuela nueva, el constructivismo social[13] y la

[13] Se trata de un modelo pedagógico que favorezca la comprensión de los procesos desde una perspectiva cognitiva, (Molina y Domingo, 2005, p. 33). Para saber más es necesario leer la literatura vertida a tal respecto de Piaget, Bruner, Ausubel, Vigotsky y Coll (1999). El fin último es el estudiante como ser activo influido por su razonamiento y el mundo afectivo (Klinger y Vadillo, 1999, pp. 3-8).

alfabetización múltiple (Area, 2008b). Estamos de acuerdo en dicho postulado en tanto en cuanto posibilita un nuevo horizonte educativo que intenta ir evolucionando al ritmo de la sociedad de la información, aunque somos conscientes de que la escuela avanza de manera más lenta, tal como apunta Ballesta (2009).

Si nos acercamos a la concepción de Pablos (2009) en torno a las TIC, leemos que las TIC no generan por sí mismas una verdadera renovación pedagógica. Es decir, "para que una determinada tecnología o herramienta llegue a representar una contribución sustantiva a la mejora de la enseñanza y de la formación, lo que es imprescindible es que los docentes que la utilicen cuenten con modelos pedagógicos bien armados y justificados para ello (Pablos, 2009, p. 50)". Por ello, consideramos que el docente deberá adquirir estrategias para generar, entre otros recursos, materiales didácticos adaptados a las nuevas demandas socio – culturales de los alumnos. Este cambio, por tanto, requiere unas acciones que logren mejorar la situación anterior (García y Tejedor, 2009).

Stenhouse (1984), ya apuntaba que sin cambio de mentalidad del docente no iba a poder llevarse a cabo la innovación educativa. Y no sólo eso, hoy en día encontramos docentes que usan habitualmente las TIC como herramientas integradas curricularmente en el aula, pero mantienen la misma forma de evaluar, de formar y de hacer participar al alumno en su aprendizaje, es decir, no se produce innovación como tal. Por ello creemos, tal como manifiestan Hargreaves y Earl (2001), **que la mayor innovación se centra en la capacidad de iniciativa del profesorado para proponer alternativas a las prácticas habituales**; es necesaria la implicación directa del profesor, si no, la innovación no llega a ser efectiva.

En el siguiente nivel de concreción, la clave real de la innovación en el ámbito educativo está en la formación permanente del profesorado en TIC, que más adelante abordaremos. Sin una formación que aborde diferentes dimensiones, tales como la técnica e instrumental, la estética, la curricular, la actitudinal y metodológica en el ámbito TIC (Reparaz, Sobrino y Mir, 2000), no se consigue un proceso innovador acorde con los nuevos tiempos.

Se requiere un cambio pedagógico real para no seguir impartiendo docencia de la misma manera que hace veinte años, pero usando las TIC. Se hace necesario un cambio en las prácticas educativas y un cambio riguroso de planteamientos de carácter metodológico (García y Tejedor, 2009).

Estamos de acuerdo con Quiroz (2011), en que la escuela mantiene su conocida resistencia a las renovaciones e innovaciones. Como ya se comentó con anterioridad, la escuela camina con lentitud; los usos de Internet para el aprendizaje formal son escasos y no se llega a incorporar la interactividad, a lo que se suman programas curriculares tradicionales y la práctica de muchos profesores, cuya capacitación se limita a lo técnico. Esta visión pesimista viene derivada de la realidad de las aulas. **Sería necesario que los propios profesores valoraran sus prácticas educativas con y sin el uso de las TIC, valoraran la necesidad de un cambio en el proceso de evaluación y en la metodología utilizada.**

Consideramos que el proceso es analizar cómo, desde nuestra perspectiva docente, se puede sacar partido a las TIC como recurso didáctico innovador en el aula. Las máquinas por sí solas no generan innovación (San Martín, 2004); son las personas las que posibilitan que la innovación sea real y las que pueden conseguir acercar la escuela a la sociedad y que no se vaya acrecentando la brecha entre la sociedad, más evolucionada tecnológicamente, y la escuela.

Tal como apunta Valverde (2009), algunos de los motivos por los cuales no se innova con las TIC consideramos que son:

-Poco interés del docente por obtener formación especializada en TIC.
-Pocos proyectos innovadores conjuntos, sobre todo en los centros de secundaria, dado que crear un trabajo interdepartamental no es tarea sencilla por la tendencia a la individualidad del colectivo docente de secundaria. Cada vez son más centros los que innovan en ese sentido, pero el número es ínfimo si lo comparamos con el total.

Todo ello va unido a la falta de implicación de determinados docentes en actuaciones innovadoras que potencien una mejora de la docencia y del centro, más allá de las actuaciones gubernamentales derivadas de la Administración Educativa.

Se nos ha ocurrido tomar prestada una referencia del trabajo de Coll, Mauri y Onrubia (2009) pues puede servir para justificar nuestra propuesta:

> La mejora de la educación depende de las decisiones del profesorado sobre su uso y de la forma en que, antes de dicha incorporación, lleva a cabo su labor docente. Sin embargo, parece ser que una utilización que permita un amplio aprovechamiento de sus potencialidades educativas de innovación y mejora, se corresponde con una preparación técnica adecuada, una práctica docente y unas concepciones del proceso de enseñanza y aprendizaje compatibles con una persona constructivista.... esta perspectiva se fundamenta en la importancia dada a la actividad de aprendizaje del alumnado, también a la calidad de la interacción social que se establece entre profesor y alumno, ejerciendo las TIC un papel mediador (Coll, Mauri y Onrubia, 2009, p. 161).

La propuesta va encaminada a tener como eje innovador al docente, dándole herramientas que posibiliten la apertura intelectual ante una concepción constructivista del proceso de enseñanza.

Y volviendo al ámbito de la innovación, nos planteamos ¿qué cambios acomete o deberá acometer la escuela para conseguir un desarrollo óptimo de un proceso innovador?

García y Tejedor (2009) consideran que los elementos básicos para conseguir un desarrollo óptimo del proceso innovador deben:

- Surgir del profesorado, contando con su adecuada competencia en el uso didáctico de las tecnologías y para ello debe facilitársele la adquisición de dichas competencias. Este primer elemento está íntimamente relacionado con el aspecto referido a la formación permanente, que posteriormente abordaremos, y con el aspecto referido a la motivación personal y profesional ante nuevos retos.
- Plantear otra forma de enseñar y aprender, respetando sus creencias y cultura pedagógica. Esta idea se refiere al cambio metodológico como proceso innovador que conlleve una evolución en la manera de enseñar y de aprender más acorde con los nuevos tiempos. Tal como apuntan Henao y Adriana (2008), la SI necesita currículos y pedagogías que permitan a los docentes, estudiantes y ciudadanos, comprender la naturaleza y el impacto cultural de las tecnologías.
- Estar pensado en un contexto de intercambio y colaboración intra e interinstitucional (construcción colaborativa del conocimiento). Consideramos que dicho intercambio debe partir, como iniciativa, de la Administración Educativa, para facilitar los cambios de actuación y que debe tener, como referente principal, al docente.
- Asumir cambios en conductas y actitudes, estableciendo estrategias de implantación de nuevas prácticas. Para ello es importante que, desde el Servicio de Formación Permanente de las Consejerías de Educación, se aborde la difusión de buenas prácticas en TIC y que los docentes aumenten su grado de motivación y adquieran conductas, integrando las TIC.

II.3. La integración curricular de las TIC

II.3.1. Introducción

Abordaremos este apartado desde distintas perspectivas: por un lado, la integración en el marco de un proyecto educativo de centro, el papel que juegan los equipos directivos de los centros y el colectivo de profesores; por otro, la integración curricular de las TIC desde el punto de vista del docente y, por último, las TIC como recurso didáctico y objeto de estudio.

Entendemos que uno de los puntos de arranque para que las tecnologías se integren en la escuela es la adquisición de la alfabetización tecnológica (Bautista y Hernández, 2011). Contextualizamos dicha alfabetización dentro de la alfabetización múltiple (Gutiérrez, 2003), que pasa necesariamente por la formación permanente del profesorado, como luego abordaremos. De la dimensión meramente tecnológica e instrumental, se pasará al resto de dimensiones, una de ellas fundamental para nuestro objeto de estudio: la didáctica y metodológica. Por ello, consideramos que la integración va de la mano con la formación.

Es constatable que, en pleno siglo XXI, la Comisión Europea se propone intensificar, en todos los países miembros, el esfuerzo en materia de educación y formación a fin de incrementar en todos los ciudadanos la "cultura digital" (San Martín, 2004).

Todas las Administraciones Educativas creen que existe una necesidad real de integrar las TIC en la escuela que haga de catalizador para el logro de una metodología centrada en el alumno (Valverde, 2009). Pero el camino que han escogido no ha logrado los fines inicialmente propuestos. Han supuesto que la pedagogía debe estar supeditada a la tecnología, y consideramos que es justamente al revés.

Dejando aparte el papel de las Administraciones Educativas en la integración de las TIC dentro de los centros educativos, pasamos a analizar el papel de otros agentes educativos.

Tal como apunta Pablos (2009), las relaciones entre el profesorado, la formación y su manera de entender la enseñanza y de integrar las TIC es un asunto en constante debate. Aunque algunos teóricos como Alonso (2011), justifican la integración de las TIC en la educación por el incesante desarrollo tecnológico en la sociedad, nosotros justificamos dicha integración por la necesidad de generar un cambio metodológico en la enseñanza apoyándose en las TIC y con los presupuestos más cercanos al constructivismo.

No somos partidarios de una integración porque sí, de manera imperativa. Los profesores deben implementar la cultura del riesgo, buscar dinámicas de trabajo con los alumnos, cambiar de mentalidad y saber utilizar lo que brinda la tecnología en pro de una reducción del fracaso escolar y una mejora del sistema educativo.

Consideramos que no se puede seguir con la misma metodología que hace treinta años, los docentes deben adaptarse a una nueva realidad social, porque cada vez resultan más inadecuadas sus capacidades para hacer frente al desafío fundamental de la escuela del siglo XXI: la integración eficaz de las TIC en la escuela.

Los motivos por los cuales se hace necesaria la integración de las TIC según Blanco, Rodríguez y Segovia (2011), son:

-Acelerar los aprendizajes a través de actuaciones que conduzcan hacia un aprendizaje más individualizado, atendiendo a la diversidad y también a un aprendizaje colectivo y colaborativo.

-Incrementar las interacciones entre los escolares y los adultos, favoreciendo un aprendizaje eficaz conjunto donde el profesor no sea un mero transmisor de contenidos, sino un acompañante del alumno en el aprendizaje.

-Corregir el impacto de la brecha digital; ésta disminuye cuando el colectivo docente adquiere la competencia digital y de tratamiento de la información.

-La participación de las familias en el contexto del aula permite un intercambio cultural igualitario. Debemos poner en valor el papel de la familia como nexo de unión entre el entorno más cercano, el ámbito cotidiano, y el entorno académico, la escuela. Actualmente, se considera que la familia debe tener un papel mucho más activo en la formación de sus hijos.

-La dinámica de aula que se produce trabajando con las herramientas TIC: la interactividad como uno de los elementos diferenciadores con la antigua escuela posibilita la mayor motivación de los alumnos con el aprendizaje.

-La narración o la elaboración de textos expositivos con imágenes hace más atractiva la manera de enseñar.

Se requiere una comprobación científica para validar si todos estos motivos son reales y cuál es el proceso de integración, si es efectivo y eficiente o si se trata de hacer lo mismo metodológicamente pero utilizando otros artilugios.

Consideramos que se debería pasar de un aprendizaje, en ocasiones basado en la memorización de textos, es decir, pasivo, a un aprendizaje que posea diferentes métodos para la adquisición de la información y para que ésta se transforme en conocimiento: desde el aprendizaje basado en el análisis de imágenes, hasta el aprendizaje derivado de los entornos virtuales y el aprendizaje interactivo (Reparaz et al., 2000).

II.3.2. Integración curricular de las TIC en el centro educativo

La pregunta de la que partimos es ¿cómo podemos fomentar el uso de las TIC en un centro educativo? Las limitaciones personales son evidentes, por lo que las iniciativas de centro se convierten en un objetivo prioritario. (Marrero, 2011).

Son necesarios una serie de cambios dentro de la organización del centro educativo. Para Valverde (2009), los centros deben tener capacidad de responder a los cambios tecnológicos y ser capaces de exprimir las ventajas de las TIC.

Los centros escolares innovadores tienen claro que todos los miembros de la comunidad educativa deben estar comprometidos en el cambio[14].

Creemos que las innovaciones diseñadas con escasa implicación de docentes, que son sus destinatarios naturales y principales, raramente son eficaces. En este sentido, cada profesor es un líder educativo cuando conduce a sus alumnos hacia nuevas experiencias de aprendizaje con TIC sin el apoyo de otros profesores. Este tipo de innovaciones se facilitan si se trabaja por proyectos.
Reparaz et al. (2000), ya apuntaba hace más de una década que era necesaria una integración en el marco de un proyecto educativo de centro. Consideramos fundamental que sea el centro en su conjunto el que aborde dicha integración, apoyado por la Administración Educativa, desde proyectos marco de los centros dentro de un proyecto pedagógico que acoja la integración de las TIC de manera transversal en el currículo. En Castilla y León se aborda a través del proyecto basado en los pilares sobre los que se sustenta Escuela 2.0, denominado Red XXI *educacyldigital*. Red XXI se integra en el proyecto educativo a través del Decreto 40/2007, de 3 de mayo, por el que se establece el Currículo de la Educación Primaria en la Comunidad de Castilla y León, con referencias a las nuevas tecnologías y al mundo digital, especialmente en los objetivos b), d) y j).

Por tanto, apostamos por una integración curricular que lleve aparejada una planificación curricular, tanto de aula como de centro, a través de la adaptación del proyecto educativo de centro a esta nueva circunstancia social y que aborde, decididamente, lo que a nuestro aparecer es fundamental:

[14] Un ejemplo lo tenemos en el CRA Entre dos ríos de Fuenterrebollo (Segovia) que a través de un proyecto de innovación educativa "CRAENTREDOSRÍOS 2.0" ha conseguido, con una implicación de todos los miembros del claustro, un proyecto global de innovación basándose en las TIC.

incluir la especificidad de la evaluación de la práctica docente basada en el uso de los medios tecnológicos y digitales.
Los equipos directivos son fundamentales en la organización de las TIC, porque poseen la competencia para anticipar, prever, apoyar, fomentar y estructurar todo lo relativo al uso de las tecnologías en los procesos de enseñanza y aprendizaje (Valverde, 2009); además, son dinamizadores y propulsores de la motivación del profesorado por compartir buenas prácticas en TIC. Son los encargados de organizar y administrar los recursos para culminar el proceso del proyecto educativo de centro.

Tienen también como función planificar el uso educativo de las TIC que aparezca en el Proyecto Educativo de Centro, haciendo referencia a tres ámbitos:

- Las TIC como recurso didáctico.
- Las TIC como medio de comunicación entre la comunidad educativa.
- Las TIC como recurso de organización administrativa del centro.

Los equipos directivos son también los encargados de dinamizar los espacios virtuales en el ámbito educativo, que se denominan entornos virtuales de aprendizaje, aulas virtuales o campus virtuales (Valverde, 2009).

II.3.3. Integración curricular de las TIC desde el prisma del docente

En el punto anterior hemos manifestado la necesidad de generar cambios en la organización del centro educativo, pero consideramos que aún es más difícil realizar modificaciones en las prácticas y las expectativas de los profesores. Y es aquí donde nos preguntamos, ¿qué es ser docente del siglo XXI? Significa vivir un cambio de paradigma en la educación, que podemos sintetizar en la unión del aprendizaje a lo largo de la vida y el aprendizaje centrado en el estudiante (Gutiérrez, 2007; Bernal, 2009). Somos conscientes de que debemos aceptar la introducción de las TIC, pero lo realmente importante es escoger la actitud correcta con la que encarar el proceso.

No podemos caer en la utopía de pensar que todos los docentes con recursos digitales a su disposición se vuelven mejores profesionales. Consideramos que se pueden dar muchos condicionantes, como la valía personal y profesional del docente, que se forja con su formación académica y permanente y sus buenas prácticas, al margen del uso o no de la tecnología.

Ahondando en la tesis de Pablos (2009), se ve con dificultad que un profesor integre las TIC si no está preparado formativamente y no posee una determinada concepción de los contenidos, la enseñanza y la evaluación utilizando en su docencia directa las TIC.

Pero, por otro lado, seguimos defendiendo la tesis de que la labor del profesor es la clave de la integración, ya que su eficacia o funcionalidad serán resultado, no sólo de las características de las TIC, sino también de su adecuación al contexto educativo.

Es parcialmente cierto que el acervo del docente actual, y más aún del futuro docente, no tiene nada que ver con el del docente de generaciones anteriores; en general, el profesorado cada vez posee una mayor "cultura digital" (Bernal, 2009).

Tal como apunta Pablos (2009), una integración efectiva de las TIC en los contenidos y aprendizajes escolares exige una atención especial a la formación del profesorado. Para la integración, lo conveniente es que los planteamientos pedagógicos desde los que el profesor piensa y hace su trabajo sean tales que, dentro de ellos, tenga su lugar el potencial de las TIC como recurso didáctico.

En definitiva, se trata de que los docentes tengan la capacidad de amoldar el ambiente de aprendizaje a unas nuevas condiciones, que sean capaces de fusionar las TIC con nuevas pedagogías y fomentar clases dinámicas en el plano social, que estimulen la interacción cooperativa, el aprendizaje colaborativo y el trabajo en grupo.

Consideramos necesaria una reflexión desde el prisma docente de la integración de las TIC para no convertirlas, como apunta Area, Gutiérrez y Vidal (2012) "en refuerzo de un modelo reproductor, unidireccional y vertical de la enseñanza como transmisión de contenidos" (Area, Gutiérrez y Vidal, 2012, p.15).

II.3.4. Las TIC como recurso educativo. Potencial educativo de las TIC

En términos generales, entendemos por medios didácticos aquellos materiales o recursos diseñados con una finalidad educativa, cuyo objetivo es el de facilitar e implementar el proceso de enseñanza – aprendizaje (Valcárcel, 2009).

Lo primero que debe pensar un docente cuando va a seleccionar un recurso TIC es qué pretende conseguir con el mismo, qué habilidades se pretenden desarrollar en el alumno y qué posibilidades aporta para un nuevo aprendizaje del mismo.

Pero, ¿cómo se consigue la calidad de un recurso didáctico tecnológico? ¿Qué dimensiones debemos tener en cuenta y en consideración? Coincidimos con Valcárcel en cuatro dimensiones que pasamos a comentar:
-Contenidos. Calidad, actualidad científica, secuenciación y estructuración de la información. Es fundamental que el docente adquiera la suficiente capacidad de discriminación entre un recurso didáctico de calidad educativa del que no lo es; un recurso que facilite realmente el aprendizaje de aquel que, aunque pueda resultar vistoso y atractivo, no aporte información relevante al alumno.

-Facilitación de la comprensión y el aprendizaje. No podemos valorar únicamente que el acceso a la información sea inmediato, porque mucha información y recursos no son aptos para su utilización en el aula, no facilitan la comprensión automática de la información y pueden llegar a crear confusión interpretativa. Necesitamos recursos que usen la redundancia, ejemplos y ayudas para comprender los contenidos, síntesis de los aspectos más importantes y utilización de mapas conceptuales.

-Nivel de interactividad y adaptabilidad del alumno. La facilidad actual de interactuar a través de las redes de comunicación abre las aulas a todas las comunidades de aprendizaje virtuales que puedan ofrecer información de interés. Debemos ser conscientes de que la movilidad es el futuro, de que no hay fronteras para la información, de que es importante ahondar en la necesidad de desarrollar una movilidad dentro y fuera del contexto formal. Los dispositivos móviles, tales como las tablets o los teléfonos inteligentes (*Smartphone)*, potencian el poder seguir aprendiendo fuera de la escuela, en un contexto informal y más cercano al alumno.

-Aspectos técnicos y estéticos. En este apartado se hace alusión a aspectos relativos al manejo, calidad del audio y de la imagen, el tamaño de los gráficos, la mezcla de música y locución, oferta de navegación, sincronización de los distintos elementos cuando se trata de formatos multimedia para facilitar la comprensión de la información, etc. En ocasiones, ocurre que el exceso de elementos (colores, animaciones, botones de navegación...) se convierte en ruido comunicativo que entorpece el acceso a la información más relevante para el aprendizaje. Apostamos por considerar la simplicidad o economía de elementos como factor positivo para la recepción y asimilación de dicha información.

Nos ha parecido oportuno tomar prestada la cita de Reparaz et al. (2000), para enlazar el discurso sobre el potencial educativo de los recursos TIC: "las TIC constituyen un poderoso recurso que posibilita unos procesos de aprendizaje diferenciados en el marco de un determinado desarrollo curricular. Consideramos las TIC como medio de individualización educativa en contextos de enseñanza grupales", (Reparaz et al. 2000, p. 17).

Efectivamente, las TIC pueden constituir un poderoso recurso, pero la cuestión radica, fundamentalmente, en saber crearlo y adaptarlo a la realidad del aula. Entendemos un buen uso aquel que va dirigido a acercar al alumno a su entorno más inmediato, acortando distancia entre el aprendizaje informal a través de los medios y el aprendizaje formal. Consideramos un mal uso, por ejemplo, el que refleja Pablos (2009), cuando, con los materiales seleccionados, lo que se pretende es tener una nueva forma de empaquetarlos, no genera innovación y no nos acercamos al cambio metodológico que debe vivir la escuela.

Bien, pero ¿qué entendemos por potencialidad educativa de los recursos didácticos? Consideramos que son recursos que permiten diversas formas de utilización y de acercamiento a la información, que usan códigos comunicativos e icónicos que facilitan representaciones más intuitivas; por ejemplo, los documentos hipertextuales con posibilidades de navegación y recorridos múltiples de la información, resultan atractivos porque posibilitan indagar sobre un tema en función de intereses previos, establecer conexiones entre distintos tipos de información y profundizar en algunos aspectos (Valcárcel, 2009).

Un mismo recurso, dependiendo de qué docente lo utilice, puede ser infrautilizado o no utilizado de manera adecuada, o puede ser un recurso adaptado a la unidad didáctica que se esté trabajando en el aula y útil para fomentar el aprendizaje. Todo depende de la integración que se le dé a dicho recurso, de la aplicabilidad del mismo y de la formación del profesor para conseguir un mayor aprovechamiento.

En realidad, ¿qué obstáculos dificultan el aprovechamiento de las TIC? Los principales problemas identificados en la implementación de nuevas perspectivas de enseñanza y aprendizaje incorporando TIC, son:

- La falta de cultura del riesgo entre el profesorado, unido a las pocas ganas de innovar en su práctica docente.
- Las especificaciones y los niveles de los currículos actuales
- Las restricciones de la Administración Educativa
- Los esquemas organizativos de la enseñanza (sesiones de 50 minutos). Debemos tender a espacios y tiempos más amplios, cambiantes, que faciliten el trabajo por proyectos y la interrelación de distintas materias.
- La organización del espacio para tener acceso a ordenadores, número de estudiantes por clase, etc.
- Los sistemas de formación permanente que están supeditados a las directrices de los Servicios de Formación de las Consejerías de Educación Autonómicas.

- La falta de motivación del profesorado para modificar su metodología de enseñanza hacia un modelo constructivista y no conductista.

II.4. El perfil del profesorado y del alumno frente a las TIC

En apartados anteriores hemos abordado los cambios que debe acometer la escuela para introducir las TIC dentro de su práctica diaria. Dicha introducción requiere plantearnos un cambio de los roles de profesores y alumnos, que hasta la fecha han tenido un perfil y actualmente poseen otro bien distinto.

Se da por sentado que se debe integrar curricularmente las TIC, pero sólo una minoría, en la que nos incluimos, se cuestiona, desde un punto de visto crítico, la viabilidad de dicha decisión y la supuesta mejora en el aprendizaje y desarrollo del alumnado.

Venimos defendiendo la tesis de que no tiene sentido que la escuela se centre de modo casi exclusivo en la mera transmisión de contenidos dentro de la teoría conductista, sino que hay que habituar a los alumnos a saber buscar, con la ayuda del profesor, la información y a dialogar fructíferamente con ella. Todo ello implica un cambio de roles:

Figura II.1. Roles en la escuela

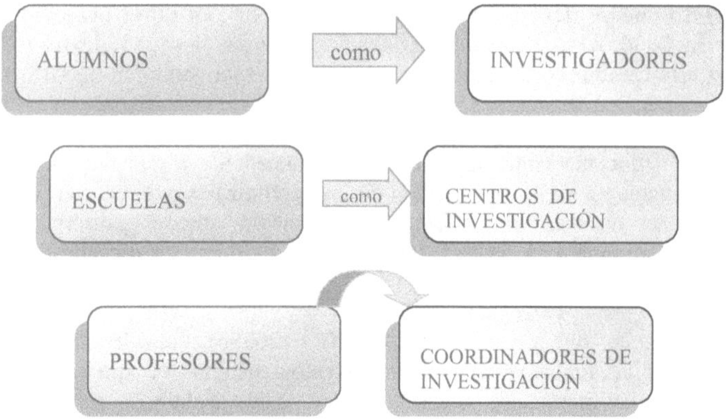

Fuente: elaboración propia

Desde una metodología activa diferente, como es el **constructivismo**, del cual somos partidarios, el aprendizaje se plantea como un proceso de generación de conocimiento en el que la iniciativa y la autoridad están más compartidas entre docentes y estudiantes (Carreira, 2011).

Consideramos que el rol del maestro es insustituible, su presencia se hace cada vez más imprescindible como conductor, orientador, animador y, como formador de valores para saber, entre otras cosas, aprovecharlos.

II.4.1. El rol del profesor

Partiendo de la siguiente cita de Rosal (2010),"la auténtica revolución tecnológica está en manos del profesorado, que debe adquirir un compromiso ambicioso con los avances que la tecnología informática pone a su disposición" (Rosal, 2010, p. 33).

Consideramos que lo importante, no es tanto el profesor y lo que dice como que éste deja de ser el protagonista para convertirse en un intermediario entre los alumnos y su aprendizaje y, en este sentido, la tecnología juega un papel como herramienta y medio de comunicación entre el alumno y el conocimiento global (Sanz, 2009); y la Pantalla Digital Electrónica (PDI) juega un papel importante como recurso didáctico interactivo; también lo juegan las tablets y otras herramientas tecnológicas que posibilitan la interactividad educativa con el alumnado.

Pero ¿cuál es la función del profesor en este nuevo paradigma educativo? Ayudar al estudiante a adquirir los recursos necesarios para saber buscar y encontrar la información que necesita, para integrarla en el conocimiento que ya tiene adquirido y convertirla así, en saber personal (Echevarría, 2004; Area 2008a). Deberíamos adoptar una postura reflexiva y analizar si este cambio en el paradigma educativo se está dando en nuestras aulas.

La función del docente como mediador es fundamental, ya que tiene que participar activamente en la construcción de los aprendizajes que realizan los alumnos; no ser un mero transmisor de información, sino el guía en el aprendizaje del alumno a través de la integración metodológica y didáctica de las TIC.

Si atendemos a las directrices de la UNESCO (2008b), consideramos al docente como pilar fundamental para trabajar con métodos de aprendizaje innovadores que faciliten el uso de las TIC por parte de los alumnos, para que aprendan de una manera más autónoma. ¿Realmente esto está ocurriendo en las aulas? Consideramos que no, y que no será posible hasta que el docente tenga capacidad de procesamiento de la información, análisis y reflexión crítica con respecto a la integración de las TIC, y además sea capaz de evaluar procesos y reformular proyectos, tanto laborales como sociales y educativos.

Ya lo avanzaba el proyecto de Estándares de Competencias en TIC para docentes de la UNESCO: "las nuevas tecnologías exigen que los docentes desempeñen nuevas funciones y también requieren nuevas pedagogías y nuevos planteamientos en la formación docente" (UNESCO, 2008b, p. 7). Es una frase suficientemente clara y concisa que anima a la reflexión sobre la praxis educativa y sobre la labor de cada docente.

El método de enseñanza tradicional giraba en torno al profesorado, sin embargo, el desarrollo competencial y la integración de las TIC en el aula, requieren que el profesor deje de ser el centro de la enseñanza para pasar a ser el acompañante del proceso de formación del alumnado (UNESCO, 2008b); que el profesor no se centre exclusivamente en enseñar contenidos sino que enseñe a aprender (Gutiérrez, 2003) y, con ello, ayude a los alumnos a adquirir la competencia de aprender a aprender, entre otras.

Lo anteriormente expuesto nos lleva a preguntarnos: "¿Estamos asistiendo a la eclosión de nuevas formas de aprender?" (Vivancos, 2008, p. 14). La respuesta es que sí, en la actualidad los alumnos pueden generar sus propios entornos de aprendizaje (Personal Learning Environment), dado que no toda la información pasa por las explicaciones del profesor, y que los alumnos tienen acceso a la Red para acceder a contenidos relacionados con los temas del programa de la asignatura (Cassany y Ayala, 2008).

Consideramos que el concepto de "acompañante" en el proceso formativo de aprendizaje del alumno es acertado, puesto que su papel no solo consiste en enseñar, sino también en orientar académicamente al alumno ayudándole a que sea autónomo, a que desarrolle técnicas que potencien su iniciativa personal y a que sea capaz de planificar sus procesos de aprendizaje, con la selección y contraste de las soluciones correctas.

Por todo lo dicho, el rol del docente se basa en:

- La orientación personalizada en las actividades y la ayuda para que los alumnos desarrollen la competencias básicas, entre las cuales destacamos las de aprender a aprender, la autonomía y la iniciativa personal, el tratamiento de la información y la competencia digital y la lingüística.
- El asesoramiento en la planificación de las actividades en el plano metodológico y curricular.
- La colaboración para que los alumnos puedan contrastar y discriminar las informaciones encontradas.
- El impulso hacia el trabajo colaborativo.
- El fomento del debate a partir de trabajos elaborados por los alumnos.
- La formación en las lagunas conceptuales que los alumnos puedan tener en el área.

- Hacer de mediador y facilitador del aprendizaje de los alumnos.

Pero, en realidad, ¿qué supone para los docentes ese cambio de rol? ¿Asumen o no dicho cambio?

Dentro del ejercicio de la profesión, encontramos docentes que tienen desarrollada la competencia digital, utilizan las nuevas tecnologías multimedia en el aula de manera asidua y crean recursos didácticos con las TIC, esforzándose por sacar el máximo rendimiento a éstas en su labor docente.

Otros docentes, aun habiendo adquirido la competencia digital, no buscan nuevos enfoques de uso de las TIC en el aula y se acomodan en un uso meramente instrumental sin incidir en la calidad de la enseñanza dentro de la era digital. Por último, encontramos docentes que no tienen en absoluto desarrollada la competencia digital. Esta circunstancia puede venir derivada por la desmotivación que le provoca la impresión de no ser capaz de adaptarse a un mundo complejo y en permanente transformación como es el de las TIC, y a la sensación de que se trata de una herramienta que los propios alumnos, educados en la era digital, manejarán siempre mejor que él mismo. La inseguridad que le provocan todos estos factores, le hacen completamente refractario a la adquisición y puesta en práctica de estas competencias. Entre otros motivos encontramos la tecnofobia (Gross, 2000).

En otras ocasiones, el rechazo viene derivado del desconocimiento de las posibilidades, limitaciones y usos que pueden tener las TIC. En cualquier caso, la motivación por aprender es indiscutiblemente la base para poder llevar a cabo cualquier tipo de innovación o proyecto.

En ocasiones, se trata de profesores en "desventaja" al no tener adquiridos conocimientos ni destrezas para acceder a la información y generarla en distintos lenguajes (Area et al., 2012).

II.4.2. El rol del alumno

Los alumnos de hoy son diferentes a los de décadas anteriores, los motivos son diversos, apuntamos, por ejemplo, que son distintos sus modelos de vida, sus aspiraciones y gustos, así como también sus modos de seleccionar, atender y operar con la información. Esto es una realidad, como también lo es, en lo relativo a las TIC, que el alumno se acerca a ellas dado que se encuentra inmerso en una sociedad de la comunicación de la que obtiene, de manera natural, un aprendizaje tecnológico significativo de manera informal. Consideramos que la escuela tiene una meta educativa y debe conseguir formar a los niños como usuarios conscientes y críticos de las TIC y de la cultura que en torno a ellas se produce y difunde. Debe, por tanto, facilitar que el alumnado aprenda cómo buscar de forma activa y selectiva con las TIC, para que a través de la información llegue a dar un sentido crítico a la recepción de la misma y pueda comprender la actualidad.

Si lo que realmente se busca es que el alumno posea mayor autonomía, mayor control sobre su propio aprendizaje y auto-motivación, los docentes deberán sentar las bases para facilitar dicho aprendizaje.

Partimos de la base de que el alumno debe aprender por sí mismo, lo cual implica que debe desarrollar una inteligencia distribuida. Lo relevante no es que el individuo retenga en su memoria toda la información, sino que debe aprender a aprender, aprender a saber buscar, seleccionar y analizar aquella información en las distintas fuentes de consulta. Por tanto, lo relevante del aprendizaje son los procesos de análisis y reflexión.

Debemos tener en cuenta que los alumnos de hoy en día tienen preferencia por los soportes digitales a la hora de realizar una búsqueda de información, se puede decir que son *tecnológicamente más competentes* (Vivancos, 2008, p.14), no solo por dicha preferencia, sino porque están habituados a la utilización de los mismos en diferentes contextos.

El perfil del alumno estándar que nos encontramos en los centros educativos ya tiene adquirida la competencia digital a nivel básico (Ovelar et al., 2009), pero la mayoría no es consciente de la verdadera importancia, relevancia e influencia de los nuevos medios. Consideramos que el potencial didáctico de las TIC es algo que tiene que conocer el profesor, pero no necesariamente los alumnos, quienes dependen de él para que les guíe en su aprendizaje.

Somos conocedores de que el perfil del alumno ante las TIC no es genérico, debido a que no todos los alumnos tienen el mismo acceso a la Red ni tienen desarrollado el mismo nivel competencial en relación a las TIC; es decir, el grado de alfabetización digital, como es lógico, no es igual en todos los alumnos. Repercute en dicho proceso, entre otros factores, el grupo de edad, el nivel económico familiar, las tradiciones, etc. Como hemos apuntado en la introducción, a los alumnos nacidos entre mediados de la década de los noventa y del dos mil en adelante, se les denomina nativos digitales[15]. Se corrobora la tesis de Ovelar et al. en el estudio de investigación, en el hecho de que los alumnos sienten fascinación por las nuevas tecnologías y tienen enorme facilidad para desenvolverse con ellas; tienen preferencia por la imagen frente al texto (Oblinger y Oblinger, 2005): este aspecto va unido al hecho de que vivimos en una sociedad digital y por tanto la escuela debe evolucionar a un ritmo paralelo al de la sociedad. Según de la Torre (2009, p.

[15] Son los que piensan y procesan la información de forma diferente a generaciones anteriores.

9), el uso principal que el alumno hace de la tecnología viene derivado de su necesidad de reforzar su comunicación interpersonal a través de redes sociales como *Tuenti o Facebook,* o a través de otro tipo de mecanismos que les permitan estar conectados con el exterior. De la Torre desmitifica el hecho de que nuestros alumnos están sobradamente preparados para la era digital, fundamentando dicho postulado en que se centran en un "mundo digital" reducido.

Puesto que los estudiantes de hoy piensan y procesan la información de manera diferente a la de sus precursores (Piscitelli, 2006), el docente se convierte en organizador y supervisor de las actividades TIC realizadas por los alumnos. "Los docentes usan mayoritariamente las tecnologías de acuerdo a unos patrones diferentes a los de los estudiantes".Por este motivo, los profesores "deben entender que las alternativas de las que dispone un nativo digital a la hora de encontrar fuentes de información han variado y, por tanto, no se puede mantener una metodología basada en la transmisión" (Ovelar, Benito y Romo, 2009, p. 55).

Si tenemos en cuenta dichas premisas, la formación del profesorado debe necesariamente adecuarse a las necesidades profesionales de los docentes. Para Reparaz et al. (2000), la clave de la integración eficaz de las TIC en el aula debe venir de la mano de la formación permanente del profesorado.

II.5. Formación permanente del profesorado en TIC

II.5.1. Introducción

Somos conscientes de que el sistema educativo tiene la responsabilidad de dar respuesta a las demandas del profesorado para contribuir a garantizar la adaptación de los alumnos a la sociedad emergente actual. Por tanto, que adquiera una formación permanente idónea y de calidad, es relevante para que pueda llevar a cabo su tarea educativa con éxito y, con ello, pueda contribuir a reducir el fracaso escolar.

El sistema educativo ha de contar con los recursos precisos y la red de formación especializada necesaria para abordar la tarea de la formación, asegurando la conexión de la educación con la sociedad en la que se integra y actuando como mecanismo que garantice la actuación competente y adecuada del docente.

Dentro del sistema educativo, la formación permanente es la vía por la que el profesorado puede incorporarse a los procesos que garanticen el dinamismo, la planificación, la actualización y la calidad de la educación. Consideramos la formación permanente del profesorado la clave para una integración eficaz de las TIC, sobre todo, porque es la manera de reciclarse profesionalmente. Por ello, es necesario que también se renueve y que posea un carácter innovador, pero ¿realmente está renovación e innovación de los fundamentos de la formación se está llevando a cabo?¿Cuál es la realidad de la formación del profesorado en la actualidad? Intentaremos dar respuesta a estas cuestiones a lo largo del capítulo.

Para ello, abordaremos el ámbito de la legislación educativa en lo que respecta a la formación permanente.

II.5.2. Legislación y sistema educativo en materia de formación permamente de profesorado no universitario

La Ley Orgánica de Educación 2/2006, del 3 de mayo, determina en su artículo 102.1 que la formación permanente constituye un derecho y una obligación de todo el profesorado y una responsabilidad de las Administraciones Educativas y de los propios centros.

La formación permanente aparece perfectamente planificada dentro de lo que se ha pasado a denominar "Plan de Formación del Profesorado", instrumento de primer orden en la planificación educativa que aporta herramientas de uso didáctico aplicadas a la LOE (2006), como puede ser la integración de las TIC, la mejora de la convivencia, y la planificación de la mejora del rendimiento escolar (éxito educativo).

La realización de actividades de formación permanente tiene efectos en la carrera profesional de los docentes[16], y la consideramos fundamental para la renovación pedagógica del profesorado que intenta adaptarse a las demandas de la sociedad del conocimiento. Por este motivo es tan necesario que la formación permanente esté perfectamente planificada y adaptada a las necesidades reales de los profesionales de la enseñanza.

Hemos considerado oportuno adjuntar a la tesis el Anexo AI_1., el cual contiene un breve repaso de los principales hitos legislativos en torno a la formación en España y principalmente en Castilla y León; y el Anexo AI_2., en el que se encuentran las características, principios y modalidades de formación permanente y los principios comunes sobre los que se rige la misma.

---

[16] Estos efectos se traducen en méritos en oposiciones, concursos de traslados y otras convocatorias, y, en el caso de los funcionarios docentes, las horas de formación son requisito necesario para la percepción del componente de formación permanente del complemento específico.

II.5.3. Formación permanente en TIC

El reto de la formación es la innovación de la calidad, para atender a la demanda de la sociedad tecnológica. El discurso que defendemos se basa en la consideración de que la formación tiene que transformarse y cambiar.

La integración curricular de las TIC exige atender a su presencia clave en la formación del profesorado (Pablos, 2009, Touriñan, 2001). Tal como apuntan Henao et al. (2008), se hace necesario generar una serie de condiciones en la comunidad educativa para que vaya adquiriendo un nivel adecuado de capacitación en el conocimiento, manejo y uso reflexivo de las TIC.

Consideramos necesario que las Administraciones Educativas apuesten decididamente por la formación en TIC, no en su dimensión instrumental únicamente, puesto que como apuntan certeramente (Bautista y Hernández, 2011), las tecnologías no enseñan nada por sí solas. El objetivo es proporcionar una educación temprana basada en las TIC para que los alumnos se integren de manera eficaz en la SI.

Estamos de acuerdo con Area et al. (2012), cuando plantean que las políticas educativas evitan que el profesor se pronuncie, realizando un análisis crítico sobre los aspectos positivos de la integración de las TIC. Por ello, se puede perfectamente dar el caso de formar al profesorado en TIC, no potenciando el modelo de docente crítico sino el modelo de profesor ejecutor, que es el que lleva instaurado durante décadas y el modelo que debemos abandonar en las actuales circunstancias socioculturales.

Si tenemos en cuenta que nuestros alumnos están íntimamente relacionados con el mundo digital (Lanskhear y Knobel, 2008), y tienen interiorizada la relación a través de las comunicaciones móviles como aprendizaje informal, se hace necesario un nuevo impulso formativo que potencie las TIC dentro y fuera de la escuela.

Para poder hablar de formación permanente en el s. XXI, necesariamente debemos hablar de las competencias básicas. En general, los procesos de cambio tienden a generar recelo, exigen, por otro lado, que se crea en ellos y requieren de una motivación y buena predisposición por parte del profesorado que a veces se resiste al cambio.

Si un docente no cree en la formación, no cree en el sistema educativo o no cree en la necesidad que tiene de adecuar su manera de enseñar a la nueva sociedad, no es posible el cambio. En el caso de las TIC, si el docente no considera que la integración de las mismas en el aula facilita su labor docente, potencia el aprendizaje y motiva al alumnado, no será partidario de formarse en dicho ámbito, y dado que la formación

permanente no es obligatoria, de momento no se podrá llevar a cabo, de manera generalizada, ese cambio metodológico, tan necesario.

No creemos que sea sólo una cuestión de querer o no querer una determinada formación. Consideramos que es responsabilidad profesional de los docentes el adquirir conocimientos y habilidades que les posibiliten participar del entorno de la SI (Touriñán, 2001). Por ello, apostamos por una formación permanente que tenga más en consideración el análisis crítico en torno a las TIC y la integración de las mismas, donde se dé un paso real hacia una formación encauzada a instruir en el cambio pedagógico y metodológico hacia un constructivismo social y una formación que posibilite un profesor educador, crítico con el uso de las TIC.

Todo ello nos lleva a pensar que el discurso debe ir encaminado a abordar la necesidad de una alfabetización digital: es un punto de arranque para que las tecnologías se integren en la escuela, aunque no lo es menos que los docentes estén preparados formativamente para dicha integración y alejarnos de la tesis que defiende Granados:

> "...enfoque instrumentalista centrado en el uso correcto del artefacto, que olvida y oculta por completo el debate sobre las implicaciones sociales y políticas de unos medios que son producto de la orientación que el desarrollo tecnológico y científico ha adquirido, no de forma natural, sino a través del impulso de la inversiones interesadas de los grupos de poder político y económico..." (Granados, 2007, p.135).

No podemos acabar este apartado referido a la formación en TIC sin hablar del proyecto Escuela 2.0[17]. El desarrollo de dicha iniciativa gubernamental se ha desarrollado a través de convenios entre las Comunidades Autónomas y el Ministerio de Educación.

---

[17] El proyecto surge de una propuesta del Gabinete del Gobierno Central Español, aprobada en Consejo de Ministros el viernes 4 de septiembre de 2009 con un presupuesto de 200 millones de euros. Se trata de un paso más hacia la modernización definitiva del sistema educativo. Es una iniciativa innovadora que pretende poner en marcha las aulas digitales del s. XXI y, por tanto, que llegue Internet a todas ellas. En principio, los beneficiarios son los alumnos de 5º de primaria y 2º de ESO. Las previsiones son dotar de un ordenador portátil a 400.000 alumnos y 20.000 profesores y digitalizar 14.400 aulas, pero de momento se va a llevar a cabo con experiencias piloto en las que participarán al menos 7100 alumnos de diferentes comunidades autónomas.

Las directrices en las que se ha basado el proyecto Escuela 2.0, dotado con equipamiento tecnológico[18] , son las siguientes:

- Crear aulas digitales dotadas con recursos TIC
- Garantizar la conectividad a Internet y la interconectividad dentro del aula
- Asegurar la formación del profesorado, a nivel tecnológico y metodológico, además de facilitar el acceso a recursos digitales educativos.

Previo a abordar cómo se ha desarrollado Escuela 2.0 en Castilla y León, nos gustaría dejar constancia de los resultados que se presentaron en el III Congreso Escuela 2.0 los días 6, 7 y 8 de octubre de 2011.

Tal como apunta Area et al. (2012), según datos del ITE cerca de 650.000 alumnos del tercer ciclo de Educación Primaria y del primer ciclo de la ESO disponen de un ordenador portátil, se han puesto en funcionamiento 30.000 aulas digitales, más de 160.000 profesores han participado en actividades de formación relacionadas con las TIC y se ha potenciado la elaboración de materiales multimedia. De esos 160.000, el 2,8% ha participado en actividades de formación permanente, que han sido objeto de una encuesta como parte el proyecto T.IC.S.E. 2.0[19]. Manuel Area Moreira, presentó en el Congreso Escuela 2.0 algunos resultados de esa encuesta de gran interés para nuestra tesis.
Las puntuaciones por Comunidades Autónomas sobre si los profesores se consideran con la formación adecuada en TIC, se recogen en el siguiente gráfico:

[18] Ordenador portátil por cada alumno: dotado de un procesador de bajo consumo, un disco duro de al menos 60 gigas y una pantalla de 10 pulgadas y con conectividad. Dotación de un ordenador portátil para el profesor que le permitirá controlar la PDI y conexión inalámbrica a Internet (router wifi).

[19] Una de las acciones del proyecto de investigación "Las políticas de un «ordenador por niño» en España. Visiones y prácticas del profesorado ante el programa Escuela 2.0. Un análisis comparado entre comunidades autónomas", cuyo investigador principal es el Catedrático de Tecnología Educativa de la Universidad de la Laguna (Tenerife), Manuel Area Moreira.

Gráfica II.1. Opinión de los profesores sobre si consideran que recibieron formación TIC adecuada

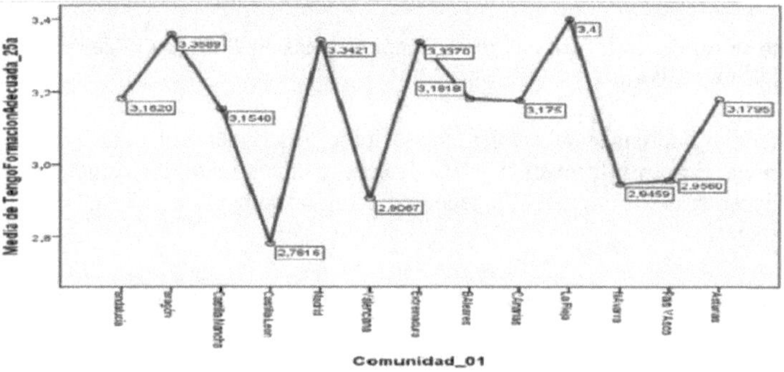

Fuente: Area et al. (2012)

Tal como se refleja en los siguientes datos, la mayoría de los docentes se consideran suficientemente formados pero, al mismo tiempo, hacen valoración negativa de la política de formación de los Servicios de Formación de las distintas administraciones educativas.

II.5.3.1. Legislación educativa en torno a la TIC. La competencia digital

Ya en el 2003, la OCDE (Organización para la Cooperación y el Desarrollo Económico) se permitió la identificación de un grupo pequeño de competencias, clasificadas en tres categorías, entre las que se encontraba la categoría: "**usar herramientas de manera interactiva**".

Con el informe final del proyecto, publicado en 2003, se creó el marco para las políticas y la articulación de necesidades y prioridades de la educación nacional.

En 2005, la Comisión de las Comunidades Europeas propuso ocho competencias clave para el aprendizaje permanente, entre las que se incluyó la competencia digital que definió como "uso seguro y crítico de las tecnologías de la sociedad de la información (TSI) para el trabajo, el ocio y la comunicación. Se sustenta en las competencias básicas en materia TIC: el uso de ordenadores para obtener, evaluar, almacenar, producir, presentar e intercambiar información y comunicarse y participar en redes de colaboración a través de Internet" (Comisión de las Comunidades Europeas, 2005, p. 18).
En 2006, con la LOE, el *tratamiento de la información y competencia digital* pasa a formar parte del currículo prescriptivo, es decir, es considerado como aprendizaje imprescindible que los estudiantes deben alcanzar al terminar la escolarización obligatoria. Fue en este momento en el que la Administración

Educativa empezó a volcarse de manera determinante en el concepto de adquisición de la competencia digital.

Como se refleja en los estándares de competencias en TIC para docentes de la UNESCO (2008b):

"para vivir, aprender y trabajar con éxito en una sociedad cada vez más compleja, rica en información y basada en el conocimiento, los estudiantes y los docentes deben utilizar la tecnología digital con eficacia." (UNESCO, 2008b, p. 2).

Para conseguirlo, será necesaria una formación del profesorado adecuada a tal efecto.
Como hemos apuntado en la introducción del capítulo, fue la Ley Orgánica 2/2006 de 3 de mayo, la que reguló el concepto de competencia digital para incluirlo en el ámbito educativo. En su preámbulo incluye referencias a las TIC "desarrollar las aptitudes necesarias para la sociedad del conocimiento, garantizar el acceso de todos a las tecnologías de la información y la comunicación" (LOE, 2006, p. 17160).

En dicha Ley Orgánica, encontramos el punto N del artículo 1 del capítulo I "Principios y fines de la educación", en el cual se refleja uno de los principios fundamentales de la educación que está íntimamente ligado con el tema que nos ocupa: el referido a "el fomento y la promoción de la investigación, la experimentación y la **innovación educativa**" (LOE, 2006, p. 17165). Esta última pasa necesariamente por experimentar con el uso de las TIC aplicadas a la educación y su incidencia en los procesos de enseñanza y aprendizaje del alumno; el punto f del artículo 2 del capítulo I (LOE, 2006): "el desarrollo de la capacidad de los alumnos para regular su propio aprendizaje, confiar en sus aptitudes y conocimientos, así como para desarrollar la creatividad, la iniciativa personal y el espíritu emprendedor" (p. 17165), refleja la necesidad de un cambio para formar alumnos que adquieran las competencias necesarias para desarrollar un aprendizaje autónomo.

Si pasamos a un siguiente nivel de concreción, el referido a la Comunidad Autónoma donde se ha realizado el estudio empírico, en Castilla y León, encontramos diversa legislación educativa que hace referencia a las TIC en la enseñanza primaria[20].

[20] Real Decreto 1513/2006, de 7 de diciembre, por el que se establecen las enseñanzas mínimas de la Educación Primaria.

-Decreto 40/2007, de 3 de mayo, por el que se establece el currículo de la Educación Primaria en la Comunidad de Castilla y León.

En la LOE (2006), en el título I referido a las enseñanzas y su ordenación, y en su capítulo II referido a la Educación Primaria, uno de los objetivos que explicita es "iniciarse en la utilización, para el aprendizaje, de las Tecnologías de la Información y la Comunicación desarrollando un espíritu crítico ante los mensajes que reciben y elaboran"(LOE, 2006, p. 17168).

Y uno de los principios pedagógicos: "sin perjuicio de su tratamiento específico en algunas de las áreas de la etapa, la comprensión lectora, la expresión oral y escrita, la comunicación audiovisual, las Tecnologías de la Información y la Comunicación y la educación en valores se trabajarán en todas las áreas" (LOE, 2006, p. 17168).

Para poder hablar de formación permanente en el siglo XXI, necesariamente debemos hablar de las competencias básicas. Hemos de señalar que la LOE presenta una novedad significativa con respecto a las anteriores leyes educativas: la inclusión de las competencias básicas como elemento esencial en el currículo. Las competencias que se establecen parten de las establecidas por la UNESCO.

Las competencias referenciadas en la LOE son ocho:

1. Competencia en comunicación lingüística.
2. Competencia matemática.
3. Competencia en el conocimiento y la interacción con el mundo físico.
4. Tratamiento de la información y competencia digital.
5. Competencia social y ciudadana.
6. Competencia cultural y artística.
7. Competencia para aprender a aprender.
8. Autonomía e iniciativa personal.

Todas estas competencias son necesarias para favorecer el proceso de aprendizaje de los alumnos y, por tanto, para conseguir la adquisición del desarrollo integral del niño y poderle ayudar a desarrollar sus capacidades para vivir íntegramente en sociedad.
El currículo presenta una explicación de cada competencia, en lo que atañe a la digital, indica que consiste en:

> disponer de habilidades para buscar, obtener, procesar y comunicar información, y para transformarla en conocimiento. Incorpora diferentes habilidades, que van desde el acceso a la información hasta su transmisión en distintos soportes una vez tratada, incluyendo la utilización de las TIC como elemento esencial para informarse, aprender y comunicarse. El tratamiento de la información y la competencia digital implican ser una persona autónoma, eficaz, responsable, crítica y reflexiva al seleccionar, tratar y utilizar la

> información disponible, contrastándola cuando es necesario, y respetar las normas de conducta acordadas socialmente para regular el uso de la información y sus fuentes en los distintos soportes. (LOE, 2006, p. 17168).

El siguiente nivel de concreción es el referido a la materia. Dado que el estudio empírico es específico del área de Educación Artística, haremos referencia a la legislación educativa que aborda cómo afecta al currículo de la misma en Primaria. Si analizamos el Real Decreto 1513(2006), el objetivo quinto relativo a la educación artística en primaria apunta:

> Conocer algunas de las posibilidades audiovisuales y las tecnologías de la información y la comunicación en las que intervienen la imagen y el sonido y utilizarlos como recursos para la observación, la búsqueda de información y la elaboración de producciones propias, ya sea de forma autónoma o en combinación con otros medios y materiales. (Real Decreto 1513, 2006, p. 43072).

II.5.3.2. Formación permanente en TIC en la Comunidad Autónoma de Castilla y León. RED XXI Educacyl digital

El proyecto estatal *Escuela 2.0* ha pasado a denominarse en Castilla y León *RED XXI Educacyl digital*. El marco teórico en el que se basa es el de los estándares de la Unesco sobre competencia en TIC para docentes (UNESCO 2008b).

Al fin y al cabo, se pretende mejorar la práctica de los docentes en sus áreas combinando las competencias en TIC con innovaciones pedagógicas. El objetivo principal es, por un lado, **que el alumno adquiera la competencia digital en un sentido transversal**, es decir, para todas las áreas del conocimiento y para su vida cotidiana; por otro, **que los profesores adquieran un compromiso de integración de las TIC en su labor docente**, dado que éstas son parte del proceso de enseñanza en la fase de modernización del sistema educativo español.

Como ya hemos reflejado cuando hemos abordado el apartado relativo al rol del alumno, se quiere crear un ambiente de aprendizaje activo y que el alumno sea el principal protagonista de su propio aprendizaje a través de las TIC.
La Consejería de Educación de la Junta de Castilla y León está dotando a los centros educativos de equipamiento y todos los recursos tecnológicos necesarios para que se integren las TIC dentro del proceso de aprendizaje de los alumnos, pero no se presta tanta atención a la calidad de la formación.

El presupuesto estaba limitado hasta junio de 2012. En principio se atenderá a 7.500 alumnos. De los centros designados a priori, se ha recortado una parte sustancial por falta de recursos económicos.

Dotación tecnológica

La dotación que la Consejería de Educación considera necesaria para poder llevar a cabo el proyecto, es la siguiente:

- Kit de aula: pizarra digital, video proyector y ordenador portátil de aula.
- Miniordenador personal para cada alumno.
- Conexión a Internet de banda ancha.

La Administración Educativa pone también a disposición de los docentes una serie de contenidos educativos digitales en el *Portal de Educación* de la Junta de Castilla y León; los podemos encontrar en las zonas para el alumnado de la página Web; en los materiales didácticos Jcyl (colecciones aulamedia y experiencias de aula); en la revista digital; en *Bitácora* y también los recursos para PDI que se están elaborando en el *Proyecto Ática*, entre otros.

Si bien es cierto que la Administración Educativa ha dotado de kits de aula a determinados centros preseleccionados, estas dotaciones serían un esfuerzo abocado al fracaso si, al mismo tiempo, no se pusiese al servicio del profesorado un programa de formación adecuado para que este equipamiento pueda resultar útil. Ese programa, del que más adelante hablaremos, no está calando entre el profesorado tal como la administración pensaba en un inicio y los resultados del mismo no son los esperados.

A nivel regional, en el curso escolar 2009–2010 se ha llevado a cabo el plan de formación del proyecto *Red XXI educacyl digital,* que está íntimamente relacionado con la PDI y otros aspectos tecnológicos relacionados con el ámbito educativo que luego veremos.

El abanico de oferta de actividades formativas ha sido muy amplio en torno a las TIC y las modalidades en las cuales se han insertado las mismas han sido muy variadas[21].

El trabajo del plan de Formación seguido para llevar a cabo el proyecto *Red XXI Educacyl digital*[22] se ha basado en la discriminación de cuatro aspectos o

[21] Desde actividades formativas realizadas en el propio centro educativo, como seminarios, grupos de trabajo y proyectos de formación en centro, hasta actividades realizadas en centros de formación e innovación educativa (CFIE), como cursos presenciales y jornadas, hasta cursos online diseñados por el Centro Superior de Formación del Profesorado (CSFP) sito en Soria.

dimensiones competenciales, y en la distinción de tres niveles de desarrollo de la competencia digital.

Las cuatro dimensiones de la competencia digital que se contemplan son:

- Dimensión técnica: conocimiento de las tecnologías.
- Dimensión didáctica metodológica: uso didáctico.
- Dimensión profesional y de gestión.
- Dimensión actitudinal y sociocultural.

Todas ellas cuentan con tres niveles de desarrollo (básico, medio y avanzado), pero con la inclusión de dos subniveles por cada uno de ellos (B1 y B2, M1 y M2, A1 y A2), para conseguir adaptarse a los niveles reales de los docentes y avanzar paso a paso en su formación. Por lo tanto, todas las actividades formativas vendrán definidas por los aspectos de la competencia digital que se desarrolle (técnicos, metodológicos, profesionales o actitudinales) y por el nivel al que va dirigida. (Consejería de Educación, 2011).

Para que el profesor/a pueda elegir las actividades formativas que se corresponden con su competencia e intereses, tendrá a su disposición unos cuadros descriptivos de competencias y niveles, que le permitirán situar en qué grado se encuentra en cada una de las dimensiones de la competencia digital y descubrir sus necesidades formativas al respecto. (Anexo I).

Comentaremos brevemente en qué ha consistido el conocimiento de la dimensión técnica de las nuevas herramientas tecnológicas. En este sentido, los objetivos son, fundamentalmente, conocer los medios tecnológicos, los programas informáticos y la capacitación para su uso:

-Conceptos y funciones básicas de las TIC y el uso de ordenadores.
-Navegación por Internet y herramientas de la web 2.0.
-Sistemas de comunicación y colaboración.
-Herramientas de productividad y de autoría.

Esta dimensión afecta a varios ámbitos:

-Uso de los equipos informáticos en local y en red.
-Acceso a redes globales.
-Seguridad y control de acceso.
-Aplicaciones y herramientas.

[22] El plan de formación ha sido elaborado por un grupo de trabajo formado por Asesores Técnicos docentes de las distintas Direcciones Provinciales de Educación, y por los Asesores de Formación Permanente en TIC de la Consejería de Educación.

Por lo que se refiere a la dimensión didáctica y metodológica, el objetivo es integrar las TIC en el proceso y la metodología de enseñanza – aprendizaje. Para ello, se trabajarán las implicaciones y posibilidades de las TIC como apoyo a la docencia; metodologías y estrategias didácticas; la planificación de la integración de las TIC y la ejecución, seguimiento y evaluación de programas y procesos. (Consejería de Educación, 2011).

Esta dimensión afecta a varios ámbitos:

-Uso de equipos y tecnología.
-Gestión de entornos y espacios de aprendizaje.

Consideramos esta dimensión la fundamental para avalar nuestra tesis sobre la importancia de que el profesor adquiera estrategias didácticas y metodológicas que posibiliten, integrando las TIC, un cambio metodológico que nos acerque al aula del siglo XXI. Con dicha dimensión se consigue que el profesor aprenda a usar lo medios para enseñar, las TIC como recurso didácticos.

Los objetivos referidos a la dimensión de gestión y desarrollo profesional no sólo se basan en las TIC para conseguir un mayor perfeccionamiento y formación a nivel personal y profesional, dado que también se trabaja la utilización de las TIC para actualizar recursos didácticos y curriculares, así como de apoyo a las tareas administrativas y de comunicación con los agentes que conforman toda la comunidad escolar.

Esta dimensión afecta a varios ámbitos:

-Organización tecnológica del centro y del aula.
-Gestión de la interacción en las redes de aula.
-Organización del acceso a las redes de centro y globales.
-Utilización de aplicaciones y herramientas en el contexto del aula.
-Desarrollo profesional.

Por último, la dimensión actitudinal y sociocultural, no menos importante, trabajará sobre la formación en los aspectos éticos y en las relaciones sociales tanto personal como profesionalmente, ante la presencia que las TIC tienen en la sociedad actual. Somos conocedores de que vivimos en un entorno mediático al que la educación en general, y la escuela en particular, deben dar respuesta (Escudero, 2004). Afortunadamente, esta dimensión está íntimamente relacionada con todo lo abordado en la presente tesis relativo a la educación mediática y a la importancia de que adquieran una alfabetización múltiple. Se pretende que el profesor adquiera una actitud abierta, crítica y responsable con la información que le rodea; una predisposición para el aprendizaje permanente y una comprensión de aspectos éticos y legales.

Autores como Gutiérrez, (2011), Gutiérrez y Tyner, (2012), Wilson, (2009), Area (2008) y Ballesta (2009) entre otros, abogan por desarrollar dicha dimensión para que el profesor adquieran una capacitación más allá de la profesional en dicha dimensión.

Esta dimensión afecta a varios ámbitos:

-Hacia la tecnología.
-Hacia las personas que usan las TIC.

Todas estas dimensiones competenciales se encuadran en itinerarios formativos[23]. Ahora bien, ¿qué entendemos por itinerario formativo en TIC? Se trata de un proceso formativo temporalizado entre dos y cuatro años, dependiendo de si está dentro de un Plan de Formación de Centro o dentro de un Plan Personal de Equipo de Profesores, compuesto por un conjunto de actividades formativas que van encaminadas a preparar al profesor para conseguir la adquisición de la competencia digital en algunas de las diferentes dimensiones expuestas, y en los diferentes niveles.

El Proyecto RED XXI Educacyl digital (Consejería de Educación, 2011) cuenta con itinerarios en tres niveles:

El itinerario para nivel básico, tal como apunta Monreal (2011a):

> Facilita la iniciación en el uso de los equipos y programas informáticos y su aplicación en la actividad docente. Entre los objetivos y contenidos formativos para el nivel básico está adquirir la dimensión técnica y el conocimiento elemental de las tecnologías con el fin de que los docentes pierdan el miedo" a utilizar herramientas tecnológicas. (Monreal, 2011a, p. 129).

El itinerario para nivel medio tiene como objetivo principal que el docente sea capaz y autónomo a la hora de utilizar los recursos disponibles en la Red para su propio ejercicio profesional. Según Monreal (2011a):

> ...capacita para integrar los medios y recursos de las TIC en los procesos de enseñanza – aprendizaje, eligiendo los medios tecnológicos más adecuados e innovadores y los recursos didácticos más útiles y adaptados a sus necesidades, y así favorecer la búsqueda de información en sistemas y redes globales. (Monreal, 2011a, p. 129).

---

[23] En ellos se detalla la relación de actividades formativas para cada nivel según modalidades de formación. Entre las posibles modalidades encontramos: los cursos a distancia regionales, los cursos presenciales y las actividades formativas que se realizan en los propios centros de trabajo.

El itinerario para nivel avanzado posibilita ser experto en informática educativa, estar capacitado para desenvolverse en entornos de red, también para ser capaz de crear materiales didácticos para contextos tecnológicos de aplicación reales.

Todos estos itinerarios están conformados por actividades[24] planificadas desde el Servicio de Formación de la Consejería de Educación y son las mismas para cada una de las provincias de la Comunidad Autónoma.

La formación permanente en TIC en la provincia de Segovia.

La provincia de Segovia lleva preparando a los docentes segovianos durante años en diferentes aspectos relativos a las TIC y la educación formal. Comprobamos en la memoria de Actividades del Plan Provincial 2010/2011 que, de la línea de TIC, encontramos 72 actividades realizadas, de un total de 205.

Consideramos que esa formación orientada al docente reflexivo es muy limitada y en algunas Comunidades Autónomas, actualmente, casi inexistente. Echamos en falta formación encaminada a conseguir la adquisición de la alfabetización mediática e informacional necesaria para acometer los cambios en la escuela que da como resultado la interrelación de Alfabetización Mediática e Informacional (AMI) y su impacto en el desarrollo profesional del docente (Wilson, Grizzle, Tuazon, Akyempong y Chang, 2011). No se puede abordar un plan de formación sin tener previstas actividades que generen un cambio metodológico en las enseñanzas de los profesores. Se debe dar un paso cualitativo hacia un nuevo planteamiento de actividades más atractivas para los profesores y, sobre todo, más enriquecedoras y motivadoras que alienten esa adaptación de la escuela al entorno social; un cambio hacia unas actividades que ayuden a los ciudadanos a adquirir destrezas de pensamiento crítico frente a la información derivada de los medios, dado que esto facilitará a los profesores la adquisición de un conocimiento enriquecido que ayudará a crear la conciencia crítica de los nuevos ciudadanos: los alumnos.

---

[24] -"Introducción a RED XXI Educacyl digital"
-"Manejo y aprovechamiento de los recursos informáticos del centro".
-"Interacción educativa en la red de aula".
-"Nivel básico de competencia digital. Introducción técnica y didáctico- metodológica".
-"Explotación práctica de aplicaciones informáticas como recurso didáctico".
-"Procesos de enseñanza- aprendizaje en entornos con TIC: entorno del aula".
-"Procesos de enseñanza - aprendizaje en entornos con redes colaborativas".
-"Desarrollo de materiales y recursos didácticos TIC: Aplicaciones de escritorio y Red".

Tabla II.1. Líneas de actuación en formación. Actividades previstas, realizadas y suspendidas en el curso académico 2010 - 2011

LINEA	PREVISTAS	REALIZADAS		SUSPENDIDAS
ACTUALIZACIÓN CIENTÍFICA Y DIDÁCTICA	93	64	DE CENTRO	6
		18	ASIG GENERAL	5
ATENCIÓN A COLECTIVOS Y SITUACIONES ESPECÍFICAS	10	4	DE CENTRO	1
		5	ASIG GENERAL	0
DIMENSIÓN EUROPEA Y COMUNICACIÓN EN LA EDUCACIÓN	16	6	DE CENTRO	3
		10	ASIG GENERAL	0
LAS TIC EN LA EDUCACIÓN	81	59	DE CENTRO	1
		13	ASIG GENERAL	6
TRANSMISIÓN DE PRINCIPIOS Y VALORES	29	23	DE CENTRO	3
		3	ASIG GENERAL	0
TOTAL	229	205		24

Fuente: Area et al. (2012)

De las 72 realizadas relativas a las TIC, - el 35,12% del total-, destacan las llevadas a cabo en los centros[25], el 81,94 %.

Es notorio e importante destacar que cada vez se instaura más la formación en el centro para adecuar las necesidades demandadas por los profesores a la realidad del entorno educativo y de la sociedad en general. Pero el lado negativo es que comprobamos que no está funcionando la política educativa en lo que a formación en TIC se refiere, dado que se tiende a trabajar más la dimensión tecnológica, y la metodológica no tiene especial incidencia.

[25] Se trata de actividades que desarrollan por diferentes cauces formativos, o bien dentro de planes de formación de centro o bien como actividades individuales fuera del plan, tales como los grupos de trabajo, seminarios o proyectos de formación en centro.

Comprobamos que la tendencia se mantiene en el curso 2011/2012, con 77 actividades previstas:

Tabla II.2. Actividades programadas en el Plan Provincial 2011/2012. CFIE de Segovia.

Por líneas	**Nº activ.**	**plazas**	**horas**
Actualización científica y didáctica.	60	888	1504
Atención a colectivos especiales	10	318	159
Dimensión europea	28	492	990
Las TIC en educación	77	1165	2019
Transmisión principios y valores	12	210	360

Fuente: Elaboración propia

La Administración, a través de sus organismos de formación, como el CFIE o el CSFP (Centro Superior de Formación del Profesorado) se centra en formar a los enseñantes (modelo conductista) y no a los educadores (modelo constructivista). Consideramos que este hecho debe cambiar para que la formación vaya más encaminada a formar docentes, es decir, además de enseñantes, también educadores. Entendido el concepto de educador como aquella persona que aprende cómo los medios (TV, videojuegos, Internet, etc.) influyen en la educación (no sólo enseñanza-aprendizaje) de sus alumnos y las personas en general, por ello la dimensión de la enseñanza va más allá, no se limita al proceso de enseñanza- aprendizaje, sino al proceso de educación a nivel global.
Ello requiere un cambio de planteamiento del Servicio de Formación hacia una serie de actividades más adecuadas para conseguir tal fin.

De hecho, y a modo de curiosidad, algunos de los cursos de formación y otras actividades formativas[26] enclavadas dentro del programa RED XXI en el

[26] Las actividades suspendidas, dentro del programa RED XXI, durante el curso 2011/2012 han sido:

- Curso: Interacción educativa en la red de aula (avanzado – 1).
- Curso: I Procesos de enseñanza – aprendizaje en entornos TIC: entorno del aula (avanzado 1 y 2).
- Curso: II Procesos de enseñanza – aprendizaje en entornos con TIC: redes colaborativas (avanzado – 2).
- Curso: Desarrollo de materiales y recursos didácticos TIC para escritorio y redes (Avanzado – 2).
- Curso: Manejo y aprovechamiento de los recursos informáticos del centro (Medio 1 y 2).
- Grupo de trabajo: Integración de las TIC en las prácticas docentes (Medio – 1).
- Curso: nivel básico de competencia digital. Introducción técnica y didáctico – metodológica (Básico – 1).
- Curso: Introducción RED XXI Educacyldigital (básico – 1)

curso 2011/2012 se han tenido que suspender[27] por el número insuficiente de inscripciones. En términos estadísticos nos puede parecer que no son muchos los cursos, pero analizando los que se han suspendido, debemos decir que todos los referidos al itinerario avanzado no se han llevado a cabo.

Consideramos que es un claro fracaso del sistema de formación autonómico en lo que se refiere a la implantación del programa RED XXI, dado que no es factible llevar a cabo un plan de la presente envergadura si no hay un compromiso expreso del profesorado. Se necesita también un fuerte componente práctico dentro de la actividad diseñada, que posibilite la integración del docente al mismo y el desarrollo de la creatividad del profesorado a la hora de trabajar con las TIC como recurso didáctico.

Desde nuestro punto de vista, la Administración no ha sabido llegar al docente, no ha conseguido que los profesores se impliquen suficientemente en el programa Red XXI y eso ha provocado la poca efectividad del mismo.

En contrapartida, hay que destacar el curso sobre *Recursos para aulas digitales Red XXI* en el que se inscribieron 53 maestros tutores de la segunda fase de implantación de RED XXI en la provincia. De este curso se ha derivado a un grupo de trabajo, "*Creación de recursos didácticos para aulas digitales (Medio – 1)*" y un seminario "*Intercambio de experiencias docentes Red XXI*". Para la consecución de estas tres últimas actividades la Administración ha sido flexible, permitiendo en horario lectivo recibir dicha formación en la sede del CFIE.

Para concluir, es necesaria una reorientación de la formación permanente en lo que respecta a las TIC y, más concretamente, en lo referido al programa RED XXI. Esa reorientación debe tener como principios básicos:

- Lograr la adquisición real de la alfabetización digital como parte de la alfabetización múltiple por parte del profesorado.
- Realizar actividades con un fuerte componente innovador y motivador para el docente.
- Atender más específicamente a las necesidades que muestran los docentes en el documento *detección de necesidades,* siendo prioritarias a las impuestas por la Administración Educativa.
- Realizar actividades que lleven a adquirir destrezas para generar recursos didácticos innovadores con PDI adaptados al alumnado.
- Lograr adquirir los objetivos de la dimensión didáctico – metodológica para poder abordar el paso a una metodología constructivista.

---

[27] De diez actividades, se han suspendido seis.

CAPÍTULO III: LA PIZARRA DIGITAL INTERACTIVA

III.1. ¿Qué es una pizarra digital interactiva?

Una de las definiciones más sencillas para dicha herramienta educativa es la que apuntan Alonso, Alconada, Gallego y Dulac (2009): "pantalla interactiva de gran tamaño desde la que se gestiona un ordenador" (Alonso et al., 2009, p.17).

Dicha pantalla necesita de un video proyector y de un ordenador para poder ser puesta en funcionamiento.

Haremos referencia a las distintas definiciones relevantes de pizarra digital publicadas hasta el momento, para llegar a la definición que, a nuestro parecer, es más idónea:

La definición que aporta Marquès (2004; 2006): "una pizarra digital (PD, *digital whiteboard*, pizarra electrónica) es un sistema tecnológico integrado por un ordenador multimedia conectado a Internet y un video-proyector (cañón de proyección), que presenta sobre una pantalla o pared de gran tamaño lo que muestra el monitor del ordenador". Como apunta Monreal (Monreal, 2011b, p. 2): "cuando este equipo se complementa con un *tablero pantalla mural táctil,* que permite hacer anotaciones sobre el mismo y controlar el ordenador utilizando un puntero especial a modo de lápiz o ratón, lo denominamos **pizarra digital interactiva (PDI**)".

Este autor diferencia entre pizarra digital y pizarra digital interactiva, entendiendo por *pizarra digital* un sistema tecnológico, generalmente integrado por un ordenador y un video-proyector, que permite proyectar contenidos digitales en un formato idóneo para la visualización en grupo. Se puede interactuar sobre las imágenes proyectadas utilizando los periféricos del ordenador como, entre otros, el ratón, el teclado y la tableta gráfica.

Figura III.1. La PDI

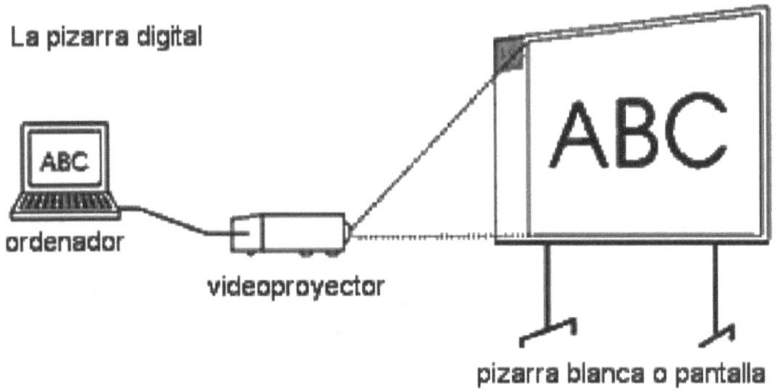

Fuente: Marquès, 2006

Podemos definir *pizarra digital interactiva,* como un sistema tecnológico, generalmente integrado por un ordenador, un video-proyector y un dispositivo de control de puntero, que permite proyectar, en una superficie interactiva, contenidos digitales en un formato idóneo para visualización en grupo. Se puede interactuar directamente sobre la superficie de proyección.

La distinción que realiza Marquès es clara y nuestra investigación está centrada en la PDI como recurso tecnológico y educativo que integra necesariamente un ordenador y un video-proyector que proyecta sobre una pantalla o superficie interactiva. Otros autores, como Sánchez (2007), también marcan la diferenciación entre la pizarra digital y la digital interactiva.

III. 2. Tipos de pizarra digital interactiva

III.2.1. Introducción

Puede resultar sorprendente que, en un estudio de investigación de estas características, se contemple un apartado relativo a los tipos de pizarras digitales que encontramos en las escuelas actuales. La justificación pasa por dar unas nociones al lector de qué tipo de herramienta es la que vamos a analizar. A pesar de que es una herramienta tecnológica, no nos queremos centrar en ella desde un punto de vista tecnológico, sino desde un punto de vista didáctico y metodológico, como recurso didáctico, pero para llegar a ese objetivo, nos ha parecido oportuno e interesante abordar aspectos técnicos de la herramienta tecnoeducativa aunque, obviamente, el objetivo del estudio no es la herramienta en sí, sino el uso e integración curricular de la misma analizando su potencial educativo. En definitiva, lo importante no son las características técnicas "per se", sino su potencial para la enseñanza-aprendizaje.

En el mercado tecnológico nacional e internacional referido a las PDI, encontramos fundamentalmente tres tipos de tecnología diferentes:

- la táctil.
- la electromagnética.
- la de infrarrojos/ultrasonido.

Del análisis de las necesidades, las circunstancias, el contexto del centro, la sensibilidad de la PDI, la rapidez de respuesta, el software educativo y el servicio técnico que posean las mismas, los centros educativos escogerán las que más les interesen para su posterior utilización en el aula.

III.2.2. Tipos de pizarra

Puesto que actualmente en España, la PDI, a través del programa *Escuela 2.0,* ya está consolidada en algunos centros educativos y en otros se está incorporando e incluso consolidando, encontramos gran variedad de pizarras digitales, algunas de ellas con accesorios tales como las tabletas inalámbricas o complementos como la mesa multitáctil. Si bien las pizarras digitales más representativas son:

- *Pizarra táctil*

Basada en dos capas o dos superficies, la de proyección y otra interna. Mediante la presión se realiza el contacto con la segunda capa y es la que hace que la pantalla sea interactiva. Son pizarras que perciben la presión de cualquier objeto.

La pantalla posee fundamentalmente doble funcionalidad: por un lado, sirve de pantalla de proyección y por otro lado, la pantalla es sensitiva al tacto y se puede trabajar sobre ella sin necesidad de puntero, aunque todas las táctiles también vienen equipadas con puntero. Las más frecuentes son las PDI que sólo permiten la intervención en la misma de una sola persona, pero ya se encuentran modelos que permiten que tres alumnos puedan interactuar a la vez.

Ejemplos de PDI táctiles:
Smart board y Team Board.

Imagen III.1. *Fragmento de PDI táctil*

- *Pizarra activa o electromagnética.*

Es la que utiliza la tecnología de digitalización electromagnética, de ahí deriva su nombre. Es de gran precisión, proporciona alta resolución y su funcionamiento se basa en que dispone de una rejilla que detecta la señal emitida por un lápiz electrónico. Esta señal la detecta hasta a 1 cm de la superficie, lo que resulta especialmente útil por disponer de la función "mouse over", que es práctica para navegar por Internet.

Como desventaja, encontramos que siempre requiere de un proyector para poder dibujar la imagen en la pizarra puesto que los bolígrafos no marcan físicamente la superficie.

Ejemplo de pizarras electromagnéticas:
Active Board Promethean, Ip Board.

Imagen III.2. *Interfaz PDI Prometheam (Pizarra digital electromagnética pasiva)*

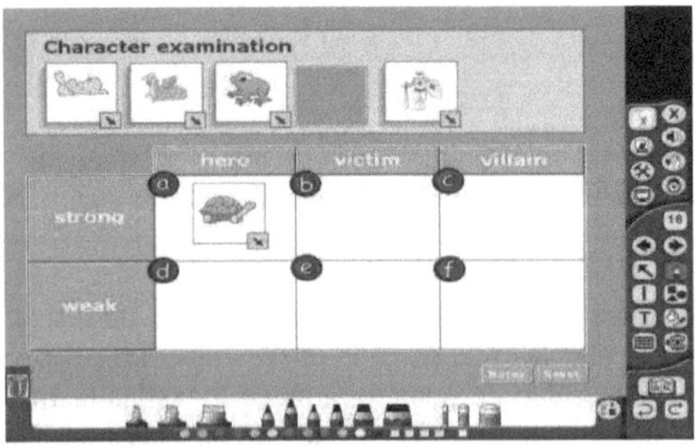

- *Pizarra basada en la tecnología de infrarrojos*

Es la que utiliza la tecnología basada en ultrasonidos y transmisión de infrarrojos. No precisa de superficie especial sino que depende de un lápiz electrónico específico que emite la señal y de un dispositivo receptor que se adhiere en cualquiera de las cuatro esquinas del área de proyección. Este receptor envía la señal al ordenador a través de cable USB o bluetooth. Puede utilizarse sin proyector para funciones sencillas como imprimir o guardar lo previamente escrito en la pantalla.

Imagen III.3. PDI Ebeam

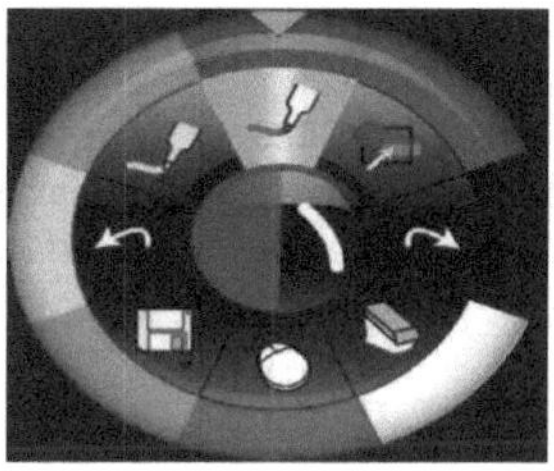

Es ideal para poder ponerla sobre cualquier pizarra tipo vileda y que sea portable. Esta tecnología Ultrasónica e Infrarrojos puede ser adecuada y es la opción más económica para adquirir una PDI.

Ejemplo de pizarras por infrarrojos:
EBeam, Mimio, Star Board de Hitachi.

III. 3. Investigaciones sobre la pizarra digital

III.3. 1. Introducción

El uso de la PDI como recurso tecno-pedagógico y educativo se originó en la presente década, por tanto, podemos afirmar que su génesis es reciente (Alonso et al., 2009). Su incorporación a las aulas como herramienta complementaria a la labor docente en España, tuvo su inicio en comunidades autónomas como Aragón. Previamente al proyecto de *Escuela 2.0* existían otros[28], aunque no de la misma envergadura y entidad.
En Aragón se llevó a cabo un programa de introducción de la PDI en el cual el 95% de los alumnos de 5º y 6º de primaria de colegios públicos contaban con un Tablet PC (Vadillo y Marta, 2010). En la actualidad está teniendo su máximo exponente con el proyecto gubernamental *Escuela 2.0,* en el que la

[28] El proyecto *"la pizarra digital en el aula de clase"* comenzó en el 2002 con coordinaciones locales en Aragón y Cataluña y con apoyos de las Consejerías de Educación de Castilla la Mancha y la Rioja entre otras comunidades autónomas.

PDI cobra especial relevancia como herramienta de trabajo para el profesorado y como recurso interactivo para los alumnos.

A nivel internacional, los diferentes organismos competentes en materia de educación y de TIC de distintos países llevan años realizando estudios de investigación sobre las TIC, y en concreto sobre la PDI, como podremos comprobar en el siguiente apartado.

Consideramos interesante dar a conocer dichos estudios y las publicaciones más relevantes que tengan como centro de investigación la PDI y su integración en el aula; para ello, hemos realizado una diferenciación entre los textos publicados fuera del territorio nacional y los textos emergentes españoles.

III. 3. 2. Investigaciones a nivel internacional

En Europa, las primeras inmersiones de la PDI en el ámbito de la educación las encontramos en Reino Unido. Universidades como la de Keele han llevado a cabo varios proyectos de investigación teniendo como base la utilización de la PDI en el aula y su influencia en el proceso de enseñanza- aprendizaje de los alumnos (Miller y Glover 2001a, 2001b, 2002), (Miller, Averis y Glover. 2003a, 2003b, 2004, 2005a, 2005b). El equipo formado por Miller, Glover y Averis, profesores e investigadores del Departamento de Educación de la Universidad de Keele, entre otros, ha realizado varias investigaciones sobre el uso eficaz de las PDI en materias curriculares como las matemáticas. Con sus investigaciones pretendían determinar sus aspectos prácticos, las implicaciones pedagógicas y los resultados de la utilización de la PDI en las clases de dicha materia.

Para conseguir su objetivo, analizaron y evaluaron la práctica con PDI en las aulas. Los resultados se basaron en conclusiones de Iding (2000), Latane (2002) y en los informes ofrecidos por BECTA (British Educational Communications and Technology Agency), que es la agencia para el desarrollo estratégico e implementación de las políticas de integración de las tecnologías de la información en los sectores de educación y formación (Becta, 2004).

En su artículo sobre la introducción de las PDI en centros de secundaria (Miller et al., 2003a), queda plasmada la necesidad de una mayor investigación de los procesos de aprendizaje y la mejora del rendimiento académico, utilizando o no la PDI, dado que es importante analizar el grado de integración curricular de dicho recurso en las aulas y de si se trata de una integración eficaz adaptada a las nuevas realidades socio culturales. Se demuestra en el mismo, que la utilización de la herramienta tecno-educativa hace más atractiva la presentación de los materiales y que los enfoques de aprendizaje interactivo potencian la motivación de los alumnos por aprender, dado que visualizan ideas de forma dinámica y atractiva, a través de la coordinación entre las imágenes, textos y audio (Iding, 2000). Como apoyo a sus investigaciones, se centran en desarrollar las competencias profesionales docentes que posibiliten la preparación y elaboración de materiales didácticos interactivos, adaptados a cada nivel y que se adecuen a las necesidades del sistema educativo y, por tanto, del alumnado. Ese es uno de los puntos clave del buen uso de la pizarra digital. Tras el análisis de los datos de nuestro estudio de investigación, coincidimos en afirmar que el aprendizaje interactivo potencia la motivación de los alumnos por aprender.

En su artículo referido al impacto de las pizarras digitales interactivas en la práctica en el aula para el área de matemáticas (Miller, 2003a), se manifiesta la necesidad de desarrollar una pedagogía que aproveche la interactividad para crear elementos externos de mejora en el aula. La inmediatez de la respuesta al trabajar con la PDI y la posibilidad de ideas como complemento a la mejora de la presentación de material, ayuda a mejorar la visión que se tiene de la misma.

Otro artículo que requiere mención, del grupo de investigadores de la Universidad de Keele, es el que lleva por *título "Panacea or prop: the role of the interactive whiteboard in teaching effectiveness"*. Miller, Averis y Glover, 2004). En él se testimonia la eficacia de la enseñanza siempre y cuando el docente entienda la naturaleza de la interactividad y potencie dicho aprendizaje interactivo. En dicho estudio se pone de manifiesto que la mayoría de los profesores utilizan la PDI como apoyo visual a sus clases y no como si fuese parte integrante del apoyo al desarrollo conceptual del alumnado. También en nuestro estudio se utiliza la PDI como soporte visual, y no por ello consideramos que mejore la enseñanza de la asignatura, como luego veremos.

Del informe Becta sobre cómo puede el uso de la PDI mejorar la enseñanza de las matemáticas y la lengua extranjera en Secundaria, se desprende el uso que hacen de la misma; con el proyecto, lo que básicamente querían conocer eran los fundamentos y las implicaciones pedagógicas que tenía el hecho de la utilización de la PDI. Los docentes la consideran apoyo didáctico, dado que la utilizan como apoyo visual a sus clases. La herramienta posee un carácter interactivo porque estimula a los alumnos y busca integrar el concepto y el desarrollo cognitivo que aprovecha la capacidad interactiva de la tecnología. La clave reside en la planificación y preparación de las clases a través de la elaboración de unidades didácticas y en la preparación de dichos recursos deberán tener en cuenta el fomento de la interactividad para mejorar la comprensión de la materia a través de una amplia gama de estilos de aprendizaje. Coincidimos con las conclusiones del informe y comprobamos en nuestro estudio la necesidad de abordar el potencial interactivo de la herramienta.

No podemos obviar el trabajo de investigación que está llevando a cabo la agencia gubernamental norteamericana NCEF, (National Clearinghouse for Educational Facilities) que aborda, a través de distintos estudios, el impacto de la PDI en el ámbito educativo, las ventajas de la herramienta para impartir docencia y motivar al alumnado, algunos de ellos con necesidades educativas especiales[29].

También encontramos investigaciones realizadas por las empresas fabricantes de PDI, como es el caso de la empresa canadiense SMART, pero consideramos que dichas investigaciones están en parte mediatizadas por cuestiones comerciales.

III. 3. 3. Investigaciones a nivel nacional

A la hora de realizar la búsqueda de investigaciones referidas a la PDI en España, hemos centrado dicho apartado en:

- Artículos específicos sobre PDI de especial significación y relevancia (Vadillo y Marta 2010; Red.es 2006; Marquès 2002; 2004; 2006; Sánchez 2007)

- Libros como "*Pizarra digital*" de P. Marquès (2006), "*La pizarra digital. Interactividad en el aula*" de Alonso, Alconada, Gallego, Dulac (2009) y "*La pizarra digital. Una ventana al mundo desde las aulas*" con coordinadores como Gallego y Gatica (2010), que por la información completa que aportan, ayudan a comprender más la pizarra digital y todo lo que gira en torno a ella, en relación a la enseñanza y educación. También comentaremos las comunicaciones derivadas del I, II y III Congreso de Pizarra Digital, cuyos coordinadores fueron José Dulac y Cristina Alconada.

Comenzaremos este apartado analizando, por orden cronológico, los artículos y libros más representativos al respecto, y con ello trataremos de corroborar la tesis según la cual la utilización de la PDI en el aula como recurso didáctico puede potenciar un cambio de la escuela para estar más acorde con la sociedad actual.

---

[29] Toda la información está disponible en:
< http://www.ncef.org/rl/interactive_whiteboards.cfm>.

Encontramos a Marquès, Casal y Blesa (2002), que realizan una síntesis del proyecto de investigación que empezaron a llevar a cabo en 2001 desde el grupo DIM –UAB de la Universidad Autónoma de Barcelona, relativo al uso de la pizarra digital en el aula de clase y con ello comprobar si existen mejoras en los procesos de aprendizaje de los alumnos. Consideran que se puede innovar, motivar, promover aprendizajes importantes y atender a la diversidad a través de la utilización de la pizarra digital. Definen la pizarra digital y los elementos que la conforman, nos plantean los objetivos del estudio en el ámbito territorial en el que se desenvuelve el mismo e identifican problemáticas derivadas de la implantación del proyecto.

En el texto también se hace referencia a las fases en las que se ha llevado a cabo la investigación: en primer lugar, la revisión bibliográfica; seguidamente, la experimentación sistemática en los centros para trabajar sobre la renovación pedagógica necesaria que conlleva la disponibilidad de pizarras digitales en las aulas; por último, la elaboración de conclusiones y recomendaciones. Esta fase es muy importante, dado que se hace hincapié en los resultados obtenidos con el proyecto: la posibilidad de impartir clases más llamativas y audiovisuales, y la mejora de la motivación de los alumnos, pues el acceso a la información se realiza de forma instantánea y se pueden repetir las acciones ya trabajadas porque se pueden guardar todo lo que se trabaje. Uno de los puntos más importantes es el relativo a que los alumnos adquieren una mayor comprensión de los contenidos curriculares y el acceso a la información es más directo. A nuestro entender, en el estudio no se aborda decididamente cómo debe ser la evaluación cuando se imparte docencia integrando las TIC como recursos didácticos.

Entre las problemáticas asociadas al proyecto y a trabajar con la PDI, se encuentra principalmente, desde nuestro punto de vista, la resistencia inicial del profesor para acceder a una formación en pizarra digital y la tecnofobia de la que hemos hablado en páginas anteriores.

Sin un profesor formado no se puede llevar a cabo el uso efectivo de la pizarra digital, porque necesita no sólo manejarla, que el hecho en sí no supone gran complejidad, sino aprender a elaborar material didáctico de nueva creación, en principio basándose en material ya publicado y posteriormente adoptando estrategias de elaboración que le posibiliten crear materiales adaptados a los distintos niveles educativos que imparta. A esto se añade el número reducido de pizarras digitales en las aulas.

Marquès (2004) refleja las ventajas e inconvenientes de una pizarra digital, datos referidos a un estudio realizado por el grupo DiM-UAB, además de dar indicaciones de colocación de la misma, las aportaciones que ofrece al sistema educativo y cómo utilizar la pizarra digital en el aula. Sus disertaciones al respecto apuntan a la necesidad de voluntad del profesorado para adaptarse al cambio y su decisión profesional de mejorar sus prácticas docentes adecuándolas a las tecnologías de la información y comunicación. Detalla las diferentes formas de uso de la pizarra digital, desde que sea un mero apoyo a las explicaciones del profesorado, hasta que su uso vaya derivado a videoconferencias. Con la pizarra digital se le brinda la posibilidad al alumno de presentar trabajos con enlaces web y dedicar una sesión a que cada grupo presente al resto todo su trabajo detallado. Destaca también por su versatilidad, dado que es útil para que, en cualquier momento, surjan preguntas y con la herramienta pueda buscar información sobre el tema tratado. Además de poder recuperar la información utilizada en sesiones anteriores, se puede enviar ésta por email a un alumno que no haya podido asistir a dicha sesión.

Destacamos también su investigación de la pizarra digital en el aula de clase que tuvo lugar entre los años 2003 y 2009[30], y también las aplicaciones didácticas de las pizarras digitales interactivas Promethean, investigación que se llevó a cabo entre los años 2006 y 2008[31].

Otra investigación sobre PDI fue llevada a cabo por el Ministerio de Industria, Turismo y Comercio en colaboración con Red.es en 2006. Se realizó en torno a experiencias de uso de la PDI en cincuenta docentes que trabajaban en centros educativos españoles y que eran usuarios activos de la PDI. Del estudio empírico se arrojaron datos relativos a la opinión general que poseían los docentes sobre la PDI, sus ventajas e inconvenientes, y la necesaria formación del profesorado, entre otros aspectos. A nuestro parecer, estos estudios ayudan a poder tener una visión más amplia de lo que sucede en las aulas en lo que respecta al uso de la PDI, pero carecen de análisis minucioso sobre la integración curricular que sufre la herramienta en distintas áreas curriculares.

Sánchez (2007) hace hincapié en la finalidad última de la pizarra digital en el aula y es, desde su punto de vista, la de servir de ayuda y guía a los centros escolares. El objetivo es que sea una herramienta que colabore para desarrollar la competencia digital en el alumnado y que suponga un avance tecnológico en su centro educativo.
En el artículo pasa a detallar las diferentes pizarras digitales que nos podemos encontrar en el mercado. Puesto que la Pizarra Smart es parte de la dotación en equipamiento tecnológico que se ha entregado a los centros educativos con el proyecto *Red XXI educacyl digital,* se puede decir a su favor que es táctil,

---

[30] Disponible en: <*http://peremarques.net/pizarra.htm*>.

[31] Disponible en:<http://peremarques.net/promethean/investigacion.htm>.

dado que la pantalla está confeccionada por dos membranas de plástico y, si se presiona, la presión ejercida se transmite al ordenador; la parte negativa es que es frágil y su resolución es baja, unas sesentaicinco líneas por pulgada, limitando su calidad en la impresión de documentos. Sánchez (2007), también analiza la pizarra que utiliza una tecnología basada en ultrasonidos y transmisiones de infrarrojos que registran las anotaciones que se hacen sobre ella, cuyo coste económico es menor[32] que el de la anterior.

De las comunicaciones presentadas en el primer Congreso Nacional de Pizarra Digital en 2009, no podemos dejar de nombrar las comunicaciones realizadas por Martín y Rodríguez (2010), Gervilla (2010); Guerra (2010), Mellado, Espinosa y Gallardo. (2010). Y de las comunicaciones presentadas en el II Congreso Nacional de Pizarra Digital en 2010, valoramos las aportaciones de Carreira (2011), Cacheiro (2011), Torres (2011a), Ruiz (2011) y Sáez (2011).

En el mes de noviembre del 2009, se presentó en el I Congreso Nacional de PDI celebrado en España, el libro" *La pizarra digital. Interactividad en el aula*" de Alonso, Alconada, Gallego y Dulac (2009), en el cual se incide fundamentalmente en aspectos didácticos y metodológicos en la utilización de la pizarra digital. Son reseñables los campos referidos a la investigación sobre dicha herramienta tecno-educativa y las referencias a buenas prácticas para el uso de la pizarra digital, pero se echa en falta un análisis profundo de cómo se debe abordar el proceso de evaluación de los alumnos tras el aprendizaje recibido integrando las TIC. Manifiestan la necesidad de obtener formación para el uso y manejo de la pizarra digital y para la elaboración de materiales didácticos; también ponen de manifiesto que se necesita innovar para seguir experimentando en el campo de las TIC y supeditarlo todo a la investigación. Se hace necesario ver cómo se está trabajando en otras universidades y en otros centros educativos, tanto en el ámbito nacional como internacional, desde la investigación técnica de casos concretos (como la investigación llevada a cabo en la presente tesis doctoral), hasta la investigación en términos más amplios con un mayor número de profesores y centros implicados. Ese es el caso del proyecto, que se plasma en el libro, que lleva por título "*Iberian Research Proyect*"[33]. Los resultados de dicha investigación demuestran que la PDI es una herramienta eficaz para integrar la informática, los recursos multimedia y, en definitiva, las TIC en los procesos de enseñanza-aprendizaje desarrollados en el aula.

---

[32] En España, unas de las marcas más utilizadas es la E-BEAM.

[33] El proyecto comenzó en el 2004 en nueve centros educativos de la comunidad de Madrid. Entre los objetivos de la investigación, son destacables los referidos a estudiar los procesos de enseñanza con la utilización de la PDI y a crear modelos pedagógicos para incorporar la tecnología PDI en las aulas.

Entre las conclusiones destacables, se encuentra la necesidad de crear un espacio común para volcar recursos didácticos generados, una especie de repositorio que posibilite almacenar el material elaborado de calidad y compartirlo con docentes.

El trabajo de Marquès sobre PDI (2006), nos presenta, en síntesis, una especie de *manual de uso de la pizarra digital en el aula.* Se trata de una especie de ventana de acceso al recurso educativo que se presenta ante el profesor, y a través del cual se pueden sugerir algunos buenos modelos de utilización que ya han demostrado su enorme eficacia didáctica. Echamos en falta que no se haga una reflexión seria sobre los usos incorrectos de la pizarra que se están dando en las aulas.

El libro muestra una visión muy positiva de la PDI, ya que en palabras de Marquès:

"La pizarra digital" permite proyectar y comentar en las clases cualquier documento o trabajo realizado por los profesores o los estudiantes, y constituye una ventana a través de la cual pueden entrar en las aulas (¡por fin!) los recursos educativos que proporcionan los medios de comunicación e Internet". (Marquès, 2006, p.25).
Si bien esta afirmación puede ser cierta, la PDI no puede reducirse simplemente a una herramienta complementaria circunstancial.

Sin duda, el autor del libro posee una visión muy optimista sobre el uso de las TIC, y en concreto del uso de la PDI, en el aula. El hecho de afirmar que todo el profesorado que empieza a trabajar con ella se entusiasma, es una aseveración parcial desmentida por los hechos. En este sentido, no compartimos dicho enfoque.

En el documento, el autor hace referencia a las claves del éxito de la PDI. No vamos a enumerar todas ellas, pero destacaremos como preferentes las siguientes:

- La fuente de información multimedia e interactiva que nos aporta.
- El alto grado de motivación que tienen los alumnos para involucrarse en la materia y promover así los aprendizajes significativos.

En sucesivos apartados, trata de los modelos de aplicación didáctica de la pizarra digital, entre los que se encuentran el hecho de servir de apoyo a las explicaciones del profesorado, proporcionar la posibilidad de presentar actividades y recursos para el tratamiento de la diversidad y la corrección colectiva de ejercicios en clase junto con la pizarra "recuperable".

No podemos dejar de señalar "*La pizarra digital. Una ventana al mundo desde las aulas*", coordinado por Domingo J. Gallego y Gatica, N., y publicado en el 2010, en el cual se incide, fundamentalmente, en aspectos didácticos y metodológicos de la utilización de la pizarra digital. Nombramos el libro en este apartado porque es de los pocos libros que encontramos específicos de la PDI, pero echamos en falta un análisis crítico del uso de la misma en las aulas, de si realmente ayuda a conseguir el cambio metodológico hacia el constructivismo y si ayuda a reducir el fracaso escolar.

Son reseñables los campos referidos a los aspectos didácticos del uso de la PDI y a otras aplicaciones, como:

- PDI y weblog.
- PDI y webquest.
- PDI y portafolio.
- PDI y wikis.
- PDI y estilos de aprendizaje.

Este apartado es especialmente significativo, puesto que es la primera vez que, en una publicación específica sobre la PDI, se hace mención a este otro tipo de aplicaciones que favorecen su integración y la convergencia entre la tecnología y las estrategias de aprendizaje. En este libro también encontramos capítulos referidos a las pizarras digitales interactivas de bajo coste y la creación, paso a paso, de actividades para PDI.

En todos los libros comentados echamos en falta el marco teórico basado en nuevas concepciones pedagógicas y metodológicas que ayuden a integrar la herramienta digital de una manera natural y equilibrada, no impositiva, que posibilite que pueda ser utilizada y que favorezca un giro hacia enfoques más activos (Sáez, 2011), que favorezca así el cambio metodológico y nos aleje de la manera de enseñar de un docente frente a veinticinco niños en sus pupitres. También se echa en falta que no se aborde el concepto de profesor crítico y reflexivo ante la utilización de la misma, bien como herramienta o bien como recurso didáctico.

Por último, debemos mencionar, dado que nuestra tesis está realizada en un centro de la provincia de Segovia, la investigación etnográfica titulada "*Materiales y recursos en educación*", llevada a cabo por los miembros de la Red de Formación del Profesorado de la Junta de Castilla y León, donde, a través de una investigación[34], se ha determinado de manera aproximada con qué recursos didácticos enseñan los docentes y, en el caso de los centros de infantil y primaria, se corroboró que la PDI está en un puesto relevante, como vemos en el siguiente gráfico.

---

[34] En la investigación han participado 50 centros de la Comunidad, 16 IES, un colegio concertado, 2 CEO, 6 CRA y 25 CEIP.

Gráfica III.1. Uso de recursos didácticos en los CEIPs de Castilla y León

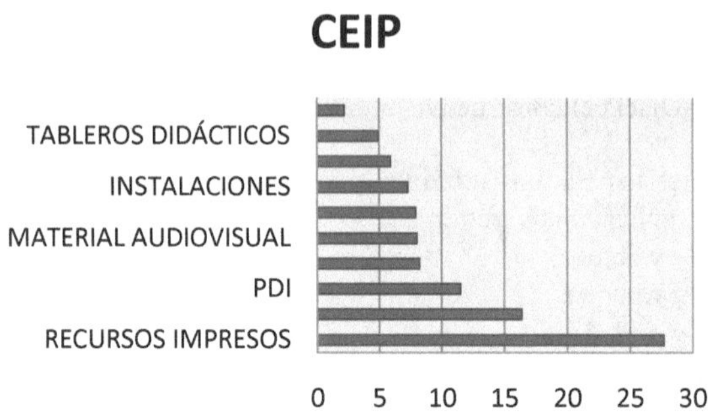

Fuente: Red de formación del profesorado, 2012

También destacamos el gráfico relativo a la frecuencia de uso de la PDI por los docentes de Castilla y León.

Gráfica III.2. Frecuencia de uso de la PDI por los docentes

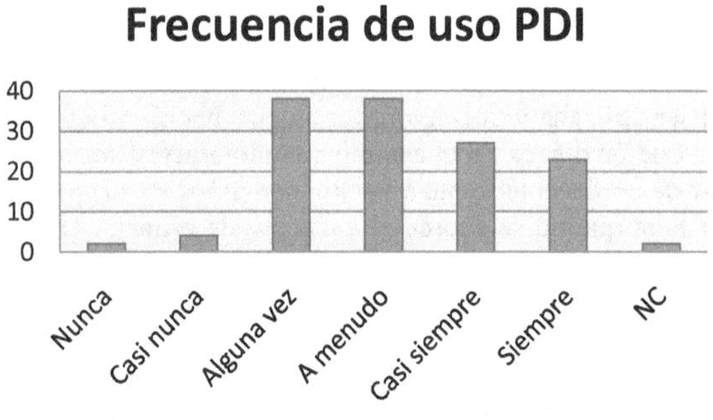

Fuente: Red de formación del profesorado, 2012

Pese a su frecuencia de uso, el informe final concluye con la aseveración de que los recursos aún no han cambiado la metodología de trabajo; en otras palabras, los docentes continúan trabajando con la misma metodología, aunque incorporen las TIC.

Además de haber abordado las principales investigaciones relativas a la PDI en los contextos educativos, hubiera sido interesante abrir el abanico de investigaciones y haber estudiado el potencial educativo de otros dispositivos tales como los tablets, la mesa interactiva de Microsoft (Microsoft surface), y otros dispositivos, como la utilización en nuestro ordenador de LEAP[35].

Concluimos este apartado, no sin considerar antes que se necesita un nuevo elenco de publicaciones que permita avanzar en el diseño de los nuevos modelos metodológicos y didácticos utilizando la PDI; que ofrezcan al docente la posibilidad de conocer buenas prácticas en TIC y, en concreto, en PDI, para las diferentes áreas curriculares.

III.4. Formación permanente del profesorado sobre pizarra digital en la provincia de Segovia

En este apartado pretendemos aportar datos sobre el estado de la formación permanente en PDI dentro de la provincia de Segovia, teniendo en cuenta las actividades propuestas que aparecen reflejadas en el plan de formación provincial.

Somos conocedores de que la Consejería de Educación de la Junta de Castilla y León marca, a través del Servicio de Formación, las directrices que deben seguirse en las distintas provincias de la Comunidad Autónoma. Es el Servicio de Formación el que se encuentra en permanente contacto con los Centros de Formación e Innovación Educativa (CFIE) provinciales y con el Centro regional TIC de Palencia, para trabajar las directrices que se deben seguir en lo que respecta a la adquisición de la competencia digital.

En lo que se refiere a la provincia de Segovia, el Centro de Formación e Innovación Educativa (CFIE), tiene como actuaciones formativas prioritarias las TIC y el proyecto Red XXI, por dos motivos:

1.- Las actividades relacionadas con las TIC han sido las más demandadas por los docentes[36] de la provincia.
2.- La Administración Educativa está llevando a cabo el programa RED XXI Educacyl digital, y dicho programa tiene un protocolo de actuación en lo que respecta a la formación del profesorado.

---

[35] **Dispositivo de control gestual** que, colocado frente a la pantalla del ordenador, es capaz de capturar con una precisión enorme los movimientos de nuestras manos, dedos e incluso objetos.

[36] La afirmación viene cotejada con el análisis del documento de detección de necesidades que obra en poder del CFIE del curso pasado, donde cada profesor manifiesta sus necesidades formativas.

La formación del profesorado que se planteó para el curso académico 2010 – 2011 en TIC, en concreto en la PDI, pasó por las siguientes fases:

Fase 1: formación para profesores de aulas digitalizadas. Se les ofreció un curso sobre Windows 7 y Pizarra Digital Interactiva. La duración del curso fue de 15 horas.

Fase 2: formación presencial en utilización de miniportátiles.

Fase 3: utilización de los itinerarios definidos, a título individual o como centro, para el curso siguiente.

El acuerdo que se ha llevado con el Servicio de Formación de la Consejería de Educación, era el de realizar desde el CFIE tres cursos de dieciocho horas con veinticuatro plazas (quince horas presenciales y tres no presenciales, en las que puedan trabajar lo que han aprendido en la fase formativa). Para ello, se desarrollaron, a lo largo del mes de mayo de 2010, cuatro cursos presenciales elaborados por el Centro de Formación e Innovación Educativa de Segovia – CFIE- (dos en Segovia capital y dos en Cuéllar), con el fin de ayudar a los profesores a conseguir la competencia digital necesaria para llevar a buen término el proyecto. Estaban dirigidos preferentemente a tutores de 5º y 6º de primaria, miembros de equipos directivos y profesorado que impartían docencia en dichos cursos. Los objetivos de los cursos fueron los siguientes:

- Conocer el sistema operativo Windows 7.
- Iniciar al profesorado en el manejo y operatividad de la PDI.
- Elaborar materiales didácticos utilizando el software propio de la PDI.
- Reconocer las aportaciones didácticas que la PDI promueve.
- Aplicar los conocimientos adquiridos en el diseño de actividades útiles para el aula.

Entre los contenidos[37], observamos la ausencia de los relativos al favorecimiento de cambios metodológicos con ayuda de las TIC, y en concreto con la PDI. También advertimos la ausencia de formación para que el profesorado pueda conseguir desarrollar la competencia mediática y desarrollar un espíritu crítico y flexible ante la integración de las TIC.

Los docentes participantes tuvieron que realizar una unidad didáctica que presentaron al ponente para que les asesorara y les orientara a la hora de elaborar material didáctico coherente y adaptado a su realidad de aula.

---

[37] El sistema operativo Windows 7, la PDI: presentación, aspectos técnicos, características y funcionamiento; el software de la PDI: aspectos técnicos y de instalación; conocimiento de las herramientas de la PDI; análisis de los recursos para utilizar con la PDI y elaboración de materiales.

Durante el curso 2010/2011, se han llevado a cabo en la provincia de Segovia un total de veintiséis actividades relacionadas con la PDI: cursos, grupos de trabajo, seminarios y proyectos de formación en centro. Es una cifra elevada teniendo en cuenta que el total de actividades que desarrolló el CFIE en dicho curso fue de 168, de las cuales ochenta fueron de TIC; es decir, el 47,61% de las actividades tenían relación con la competencia digital y las TIC. Algunas de las actividades correspondían a planes de formación de centros y se desarrollaban en los mismos, otras correspondían a actividades provinciales que se desarrollaban desde el CFIE. Si analizamos únicamente las cifras, vemos que sí se ha ofrecido formación a los docentes, pero si nos fijamos en el resultado posterior, en los casos reales en el aula, lo que realmente nos interesa, comprobamos que muchas de las buenas prácticas aprendidas en los cursos no se ponen en marcha y, por tanto, que el camino hacia la escuela nueva, digital, aún no está en marcha.

Durante el curso 2011/2012, algunas actividades del itinerario de Red XXI no se han podido desarrollar por número insuficiente de inscripciones, como ya hemos avanzado en el capítulo II.

De un total de veintidós actividades presenciales en la provincia de Segovia que tienen como temática principal la PDI, la mayoría hacen referencia al conocimiento, uso y manejo de la pizarra y elaboración de materiales didácticos. Ya no encontramos cursos presenciales específicos de PDI, como ocurría en años anteriores, sino que la formación en la misma se ha llevado a cabo dentro de planes de formación en centro. Pero tampoco encontramos actividades de PDI que aborden la dimensión actitudinal y sociocultural, alejándose de la formación del docente como educador y como crítico ante la utilización de dichos dispositivos.

En lo que respecta a la existencia o no de actividades de PDI para especialistas, excepto en el área de música de la que se hablará en el apartado correspondiente, en el resto de especialidades no se están haciendo actividades enfocadas exclusivamente a su materia.

El hecho de no encontrar actividades formativas relativas a la dimensión pedagógica de la herramienta, ni a cómo desarrollar la conciencia crítica ante una herramienta que se ha instaurado en los centros, denota un desajuste en la estructura de formación diseñada según las directrices de las políticas educativas. Otro desajuste lo encontramos en no llevar a cabo actividades que utilicen otro tipo de dispositivos, tales como las mesas interactivas y las tablets; en concreto, los Ipads, como tecnología transparente interactiva, los consideramos importantes para facilitar el desarrollo de la creatividad de los alumnos.

III.5. Equipamiento de PDI en los centros educativos

Las Administraciones Educativas, tanto a nivel nacional como autonómico, han abordado, en mayor o menor medida, la incorporación de las TIC a la práctica en el aula y han materializado el proyecto *Escuela 2.0.* Como hemos apuntado en el subcapítulo I.2.5.5, el proyecto pretende llevar a cabo la digitalización de las aulas y, para ello, los centros seleccionados contarán con aulas equipadas con una pizarra digital interactiva además de una red informática que posibilite la utilización de Internet y de estos nuevos recursos.

En lo que respecta a la dotación o equipamiento técnico con PDI en el aula, en otros países de Europa, como Reino Unido, ya han optado por la utilización de la PDI en el ámbito educativo de una manera firme, haciendo una dotación progresiva de aproximadamente 100.000 pizarras digitales en diferentes centros educativos (Alonso et al., 2009).

En el caso de España, uno de los estudios de investigación que ha analizado la dotación en PDI de los centros educativos españoles ha sido el patrocinado por la Fundación Telefónica de la Universidad Oberta de Catalunya (Sigalés , Mominó, Meneses y Bacia, 2008). En dicho estudio se podía apreciar que la media de la dotación de las mismas es de 0,38, y el 78,7% de los centros participantes en el estudio no dispone de ellas en las aulas. Cuando se realizó este estudio no estaba ni en proyecto el llevar a cabo el programa *Escuela 2.0*; había una fase inicial de inmersión de las pizarras en el ámbito educativo, pero no era una incorporación generalizada dentro de los distintos centros y, de hecho, había centros que no poseían ningún ejemplar. Por ello, dichos datos no nos sirven, puesto que la situación actual, en cuanto a equipamiento de PDI, ha cambiado gracias al proyecto *Escuela 2.0.* Con este proyecto, las Administraciones Educativas se comprometen a digitalizar las aulas y eso supone que en cada una de las seleccionadas haya una PDI conectada a un video-proyector y a un ordenador portátil.

Dado que dicho programa se ha empezado a poner en marcha, en su fase de inicio, en el curso académico 2009 /2010, los datos con los que contamos en relación al equipamiento de ordenadores en las aulas, son los que aparecen reflejados en el informe del Instituto de Tecnologías Educativas (ITE) de mayo de 2011. Dicho informe no hace referencia a la presencia de la PDI en las aulas ni al número de las mismas en los centros.

En la actualidad no hay ningún estudio de investigación nacional que informe sobre el número de PDI que encontramos en los centros educativos españoles. En el caso de Castilla y León, sabemos que, con la implementación del programa *RED XXI educacyldigital*, el número de PDI ha crecido, sobre todo

en el caso de los centros en los que se ha instalado el programa en los centros de primaria. No hay datos totales del equipamiento, porque los centros educativos no sólo consiguen PDI de la Administración, también de los Ayuntamientos, de las editoriales..., y la Administración no ha realizado un inventario global con dicha información.
En el caso de Segovia sí poseemos datos de las PDI que se han entregado a los centros que participan en el programa *Red XXI Educacyl digital:* de los cuarentaisiete centros[38]de primaria y secundaria, encontramos que, en secundaria, la media de PDI nuevas instaladas es de 1 PDI por centro, mientras que en primaria es de 3,11 por centro. En la actualidad, ese número ha ascendido, ya que en este curso se ha completado el número de centros que han sido dotados con los kits de aula. En la actualidad, todos los centros de infantil y primaria de la provincia tienen PDI en sus instalaciones.

Todos estos centros, con anterioridad a la entrada al programa, se habían ido equipando, en mayor o menor medida, con dichas herramientas tecnoeducativas y todos poseían PDI pero, con la entrada del programa *Red XXI,* la Consejería de Educación les dota de mayores infraestructuras tecnológicas.

[38] Centros que han sido dotados con kit de aula en la provincia de Segovia: CEIP Marqués del Arco, CRA Los Almendros, CEIP Atalaya, CEIP Santa Clara, CRA El Mirador de la Sierra, CEIP Peñascal, CRA El Carracillo, CEIP Agapito Marazuela, CEIP Eresma, CEIP Los Arenales, CEIP Santa Eulalia, CEIP Fray Juan de la Cruz, CRA Riaza, CEIP Cardenal Cisneros, CEIP San Gil, CEIP Carlos de Lecea, CRA El Pinar, CEIP Martín Chico, CEIP Arcipreste de Hita, CRA Los Llanos, IES Marqués de Lozoya, CRA Reyes Católicos, CEIP La Villa, CEIP Elena Fortún, CRA Campos Castellanos, CEIP Villalpando, CRA Ayllón, CEIP Domingo de Soto, CEIP Diego de Colmenares, CEIP San Rafael, CEIP San Juan Bautista, CEIP Obispo Fray Sebastián, CEIP Teodosio el Grande.

III.6. La PDI en el área de música

III.6.1. Introducción

Imagen III.4. La PDI en el aula de música

En este apartado pretendemos abordar las posibilidades que ofrece la PDI en el área sobre la que se desarrolla nuestro estudio de casos, mostrar algunos enlaces de interés de páginas web en las que podemos encontrar recursos didácticos elaborados con el software de la PDI, investigaciones específicas del área de educación artística y la formación en PDI para los especialistas de música.

Consideramos que el profesor de música tiene la posibilidad, con dicha herramienta, de motivar de una manera diferente a los alumnos en su clase, porque es un recurso TIC sencillo, atractivo, con un software con interfaz amigable y fácil de utilizar. Ahora bien, es más que probable que, desde el momento en el que los alumnos se familiaricen con la herramienta, el grado de motivación vaya decreciendo si siempre la utilizamos de la misma manera, como si fuera una pizarra convencional, sin aportar interactividad.

También tiene la posibilidad de innovar a la hora de crear nuevos recursos educativos musicales multimedia que posibiliten un aprendizaje basado más en el lenguaje audiovisual y menos en el puramente textual, más cercano al aprendizaje no reglado, denominado también "aprendizaje casual" (Gertrudix y Gértrudix, 2010).

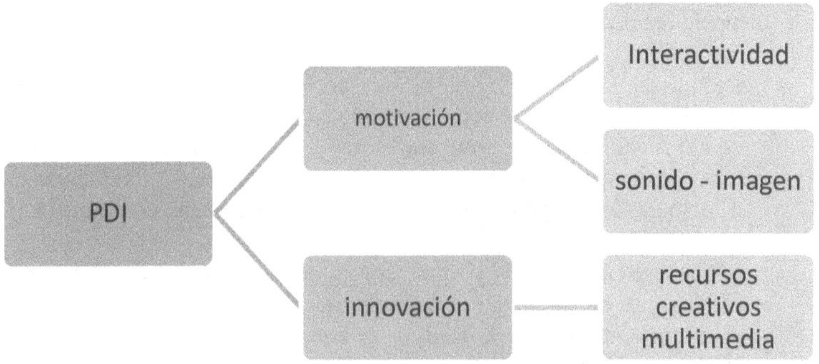

Nadie duda de que la PDI es una ventana de acceso a Internet que posee el profesor para acercar la música de manera visual, además de auditiva, al alumno. Pero tampoco dudamos de que también se puede conseguir con otras herramientas, no es exclusivo de la PDI. Con ello se contribuye a acortar la línea separadora del consumo de música dentro y fuera de la escuela, si el profesor potencia con la PDI el acercamiento al entorno musical del alumno y así logra que se establezcan conexiones entre la realidad musical del niño (aprendizaje de entorno no reglado) en ambos ámbitos (el escolar reglado y el cotidiano).

Puesto que los alumnos están expuestos a una excesiva cantidad de información dentro de la Red (Giráldez 2005, p. 26), la escuela para algunos autores tiene una "finalidad orientadora que rescate de la deriva los fragmentos de lo real...debe extender el sentido de su acción hacia un modelo de alfabetización digital omnicomprensivo" (Gertrudix y Gertrudix, 2010, p. 101). De todo ello se desprende la necesidad de que los alumnos aprendan a desarrollar el espíritu crítico para saber discriminar la información útil de la banal.

En otro orden de cosas y teniendo en cuenta que en nuestra sociedad, altamente tecnológica, la música es móvil (Gertrudix et al., 2010), a través de la utilización de la PDI en la clase de música se ayuda a hacer un uso didáctico de las músicas que se desarrollan en diferentes realidades culturales desde formatos multimedia.

III.6. 2. Posibilidades que ofrece la PDI en el área de música

Son muchas y variadas las posibilidades que ofrece la PDI aunque, como veremos a continuación, la mayoría de ellas se pueden alcanzar utilizando otros dispositivos. Las más destacadas, a nuestro parecer, son las siguientes:

- La utilización de la PDI en el área de música, como en otras áreas, posibilita compartir y comentar todo tipo de materiales multimedia con los alumnos y con profesores de otros centros que sean especialistas de música, a la vez que comunicarse e interactuar en directo desde clase con otras personas a través de videoconferencia.

- El acceso a Internet y, por consiguiente, a recursos didácticos específicos del área que encontramos en la Red, aunque debemos tener presente que en la Red no se encuentra todo ni todo es fiable (Giráldez, 2005).

- La muestra de todo tipo de material audiovisual para su posterior análisis crítico. Por ejemplo, el acceso a videoclips a través de diferentes páginas web gratuitas.

  El sitio más representativo es YouTube, creado en 2005. Este espacio es gratuito para distribuir video y estandariza también un formato en Internet.

- La interactividad. La PDI posee un formato interactivo músico – visual que atrae a los alumnos y al que tienen acceso en otros entornos diferentes al de la escuela. Entre otras acciones, posibilita que los alumnos realicen anotaciones, plasmen presentaciones y realicen búsquedas.

- La creación de unidades didácticas y lecciones digitales con el uso de imágenes y otros recursos multimedia, como el audio y el video, fundamentados en el currículo del área de educación artística.

- La utilización de todas las técnicas y recursos de presentación, posibilitando que las clases puedan ser más vistosas.

- El aumento de las oportunidades de participación y colaboración de los alumnos en el aula de música, desarrollando sus destrezas personales y sociales (Levy, 2002).

- La inmediatez de la información audiovisual, dado que el profesor de música tiene la posibilidad, en tiempo real, de buscar cualquier audición, video o cualquier recurso didáctico en la Red compatible con la PDI y trabajar con los alumnos "in situ".

- La repetición de un ejercicio de lenguaje musical, de creación musical o de otra índole dentro de la materia que ya se haya trabajado anteriormente.

- La acción de guardar todas las actividades trabajadas en la PDI, enviarlas a otros alumnos, modificarlas y trabajar sobre ellas.

III.6. 3. La PDI y el aula de música

La pizarra digital interactiva es un dispositivo tecnológico que ha hecho su incursión en la vida escolar española y está siendo utilizada en diferentes áreas curriculares y para distintos niveles educativos.

En el área de música, que es la nos ocupa, se está introduciendo despacio y se está utilizando progresivamente, como en otras áreas curriculares, aunque la llave de la integración de la herramienta la tiene siempre el docente. Si no cree en sus posibilidades, no sabe utilizarla y no tiene facilidad para acceder a la misma, las posibilidades están mermadas. La integración, obviamente, pasa en primer término por tener PDI en el aula, o en algún aula a la que el especialista pueda tener fácil acceso.

En el curso 2009 /2010, llevamos a cabo un estudio de investigación sobre el uso de la PDI entre los maestros de música de la provincia de Segovia, y en él se pudo comprobar lo siguiente:

Gráfica III.3. La PDI en el aula de música

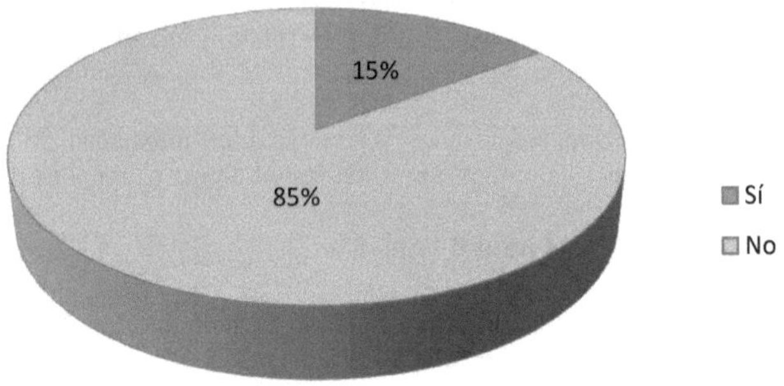

Fuente: elaboración propia

Uno de los datos que se desprenden del gráfico es el relativo a que sólo el 15% de los docentes posee PDI en su aula de música. El 85% de los profesores no la utilizan en su aula específica porque no tiene allí su ubicación. En dicho estudio se detallan datos relativos a las aulas o estancias educativas en las que están ubicadas las mismas: el 30% no indican en qué aula usan la PDI, mientras que el 10% manifiesta que en el aula de informática y el 15% en la biblioteca.

III.6. 4. Enlaces a páginas web de recursos en la Red del área de música y otras áreas curriculares

Todos los organismos oficiales competentes en materia de educación españoles, desde el Ministerio de Educación, la Consejería de Educación de la Junta de Castilla y León y otras consejerías de diferentes CC.AA y las diferentes Direcciones Provinciales de Educación, cuentan con recursos digitales y repositorios en los cuales se pueden encontrar recursos musicales adaptados a distintos niveles educativos. Aquí presentamos una muestra de algunos de los recursos didácticos del área de música que hemos encontrado en la Red, con o sin flash, que pueden servir, utilizándolos a través de la pizarra digital y de acuerdo a una determinada estrategia didáctica, como apoyo a las clases (Rabajoli e Ibarra, 2008).

Tabla III.1. Sitios web con información y recursos didácticos para el área de música

TÍTULO	URL	RESUMEN CONTENIDO
Uso de las TIC en música: recursos de música para primaria.	<http://usalasticenmusica.wordpress.com/>	Se trata de un blog elaborado por un docente especialista de música donde comparte multitud de recursos didácticos, entre ellos, materiales elaborados con la PDI.
Sonidos mágicos. Portal de creación e investigación multimedia.	<www.genmagic.net/musica/somag1c.swf>	Recurso interactivo con el objetivo de trabajar la altura del sonido.
Portal de Educación. Zona de alumn@s. Primaria.	<www.educa.jcyl.es/educacyl/cm/zonaalumnos/tkContent?pgseed=1211398531116&idContent=31933&locale=es_ES&textOnly=false>	Se trata de la zona virtual que posee el portal de Educación de la Junta de Castilla y León, donde encontramos recursos didácticos interactivos para los alumnos de primaria
Pizarra digital. Repositorio de recursos didácticos.	<http://www.educarioja.org/educarioja/pizarradigital/repositorio.htm>	Se trata de una web donde encontramos un repositorio de recursos didácticos de diferentes áreas curriculares tanto de primaria como de secundaria.
El rincón del maestro	<http://recurso	En la página

de música.	s.cnice.mec.es/musica/contentprof.php?PHPSESSID=4c669e6cada9872974e850f53f0c740c&nIDMenu=4&nIDSubMenu=13&aOrderBy=1a&texto_busqueda=Introduzca+su+b%FAsqueda&tipo=&nInicio=6>	encontramos información sobre el recurso MOS. Una propuesta de aprendizaje musical en línea. Una propuesta de apoyo al profesorado.
El aula de música.	<www.juntadeandalucia.es/averroes/cpsil/spip.php?rubrique137>	Página web del CEIP San Isidro Labrador, en la localidad del Villar. Podemos encontrar recursos educativos con flash, webquest, miniquest y recursos didácticos con jclic entre otros.
Aprendo música con la PDI.	<recursostic-cole.blogspot.com/search/label/musica>	Blog de enlaces educativos del coordinador TIC del CEIP Quinta Porrúa de Santander, clasificados por ciclos y áreas.
Exploradores sonoros multimedia.	<www.conaculta.gob.mx/multimedia/Exploradores/>	Página web donde el alumno hace un viaje virtual por el mundo de los sonidos.
Juegos interactivos educativos en línea.	<roble.pntic.mec.es/arum001	Página web donde encontramos

	0/index.htm#mas_lenguas>	infinidad de recursos y enlaces de interés para alumnos de infantil y primaria
Design your own Opera!	<www.classicalkusc.org/kids//opera/base.htm>	Se trata de un enlace que posibilita que el alumno escuche la música de una ópera con una escenificación lograda a través de dibujos animados.
Piki-Oca musical.	<dpto.educacion.navarra.es/piki/musica/auto/pikioka.swf>	Se trata de un juego interactivo, la oca musical, en el que tiras el dado de manera virtual y, dependiendo de la casilla en la que te toque, te hacen una pregunta relacionada con aspectos de la música.
It´s fun to read: music.	<www.starfall.com/n/level-b/music/play.htm?f>	Se trata de una página web en la que los alumnos pueden encontrar distintos compositores y pueden escuchar algunas obras representativas de los mismos.
Flash de ritmo.	<www.pitoche.com/flash/play.swf>	Una actividad realizada en flash fundamentada en la percusión corporal y percusión con instrumentos no

		convencionales.
Virtual Keyboard.	<www.bgfl.org/bgfl/custom/resources_ftp/client_ftp/ks2/music/piano/sax.htm>	Es una página que enlaza con un teclado virtual que posibilita cambiar la tímbrica e introducir bases rítmicas para poder practicar con ellas.
Recursos libres para pizarras digitales.	<www.pizarrasinteractivas-recursos.net/>	Se trata de una página web donde encontramos multitud de recursos libres para PDI para diferentes niveles educativos.
Expresión vocal y canciones.	<www.docentestic.es/?page_id=368>	Se trata de un blog donde se pueden encontrar gran cantidad de recursos didácticos TIC para el área de música y otras áreas.
Repositorio pizarra digital.	<www.educarioja.org/educarioja/pizarradigital/pd_inicio.htm>	Se trata de una página web donde podemos encontrar actividades elaboradas con PDI.
Recursos para la pizarra digital. Edebé digital.	<intranet.sigmat.com/enlacesdim/>	Se trata de un portal educativo donde aparece un repositorio de actividades de PDI.
Recursos multimedia online. Grupo DIM.	<http://dim.pangea.org/recursosmultimedia>	Se trata de una página web del grupo de

		investigación en innovación educativa DIM, que alberga distintas secciones dedicadas a la recopilación de recursos didácticos interactivos y online.
Portal de investigación y creación multimedia de GenMagic.org.	<http://campuspdi.org/>	Se trata de una red social donde se puede encontrar material muy interesante para PDI y recursos para trabajar en el aula.
Recursos en línea y pizarra digital de Musytic.	<http://www.musytic.com>	Se trata de una página web elaborada por el doctor Luis Torres Otero que versa sobre la educación musical y las tecnologías. En ella podemos encontrar recursos educativos específicos de música con PDI.
Blog del aula de música.	<http://gerardodiegoauladeмusicadescargas.blogspot.com/>	Se trata de un blog del CEIP Gerardo Diego, de los Corrales de Buelna

		(Cantabria), donde encontramos en la sección de música multitud de recursos y de enlaces de interés como complemento a las clases de primaria.
Espacio online de aprendizaje de la flauta dulce a través de recursos multimedia.	<http://topflauta.com/primaria.html>	Se trata de una página web donde nos dan herramientas para aprender a tocar la flauta dulce.
Recursos multimedia “viviendo entre sonidos”.	<http://concurso.cnice.mec.es/cnice2005/113_viviendo_entre_sonidos/web-site/index.html>	Se trata de una aplicación multimedia que sirve de apoyo al proceso de aprendizaje del alumnado de educación infantil en relación al entorno sonoro.
Página web de Dulac con las unidades didácticas de los congresos de PDI.	<http://www.dulac.es/Recursos/unidades/unidades.htm>	Página web con unidades didácticas elaboradas con PDI.
Blog de educación musical.	<http://mariajesusmusica.wordpress.com/>	Blog de María Jesús Camino Rentería con multitud de recursos educativos TIC específicos para

		el área de música.

Fuente: elaboración propia

III. 6. 5. Creación de contenidos didácticos

Como paso previo a la creación de contenidos didácticos digitales, los docentes especialistas en educación musical deben plantearse si es o no necesario utilizar formatos interactivos músico – visuales sobre el soporte de PDI, si realmente éstos nos permiten mejorar la enseñanza e innovar en la misma o no (Fernández, 2007).

Es una idea que abordarán aquellos especialistas en el área de música que consideren las TIC como una herramienta de apoyo a la docencia; los tecnófobos docentes seguirán trabajando conforme a métodos tradicionales, sin incluir las TIC en su práctica docente cotidiana.

Apostamos por la teoría de que los contenidos didácticos, tratados de una manera interactiva y colectiva que posibilite el trabajo en grupo, facilitan el acercamiento a la realidad cotidiana del alumno en relación al nexo que mantienen con las tecnologías dentro de su entorno cercano; creemos beneficioso que el hecho pueda contribuir a su proceso de enseñanza y a reducir la brecha entre el aprendizaje formal e informal.

Si tenemos en consideración la cercanía de los alumnos a todo lo que gira en su entorno de aprendizaje audiovisual y mediático, es de entender que la docencia que utiliza recursos tecnológicos les resulte motivadora y atractiva. Pero no debemos, como docentes, tener como objetivo prioritario que el material de nueva creación que realicemos tenga que ser necesariamente atractivo, sino que cumpla con los objetivos didácticos debemos tener presentes dentro del currículo de la asignatura.

Es importante que sea un material en el cual el alumno intervenga directamente en la pizarra: solucionando actividades, interactuando con las imágenes que aparezcan, utilizando animaciones flash y usando la ventana al mundo, Internet, entre otras acciones.

En definitiva, que el recurso didáctico tenga la base conceptual de los contenidos que queremos que el alumno aprenda, pero que la metodología de aprendizaje cambie, como llevamos defendiendo a lo largo de toda la tesis, dejando de basarse en el modelo tradicional y dejando que el alumno tenga mayor protagonismo en su propio proceso de aprendizaje.

Consideramos que con la pizarra digital, así como con el uso de las TIC en general, se abre un abanico de posibilidades a la hora de presentar y crear imágenes, videos, usar programas de edición de partituras, programas de reproducción sonora, de interpretación, programas como Musescore, Audacity, Noteflight, etc, que facilitarán la ampliación de conocimientos y posibilitarán la participación y motivación del alumno, acercándole a la materia de una manera más lúdica, colaborativa, cooperativa y autónoma, y así le ayudarán a conseguir las competencias de aprender a aprender y de autonomía e iniciativa personal, entre otras. Pero, en definitiva, pese a la interactividad que posibilita la PDI, ella no deja de perpetuar un modelo de profesor – alumno determinado.

En concreto, en lo que respecta al potencial del vídeo, el docente puede acceder a vídeos que formen parte de actividades elaboradas con PDI o puede grabar vídeos que se muestren a través de dicha herramienta. Tal como apuntan Henao y Adriana (2008), esos contenidos estimulan al alumnado, les hace partícipes del aprendizaje si ellos colaboran en elaborar vídeos, les estimula su capacidad para la creación y el diseño, les exige mayor rigor y profundidad en el tratamiento de los temas y contribuye a desarrollar su pensamiento visual. La convergencia de sonido, imagen y animación hace que el vídeo sea un medio muy atractivo y poderoso para presentar o enseñar contenidos. No obstante, debemos dejar claro que las ventajas del sonido o la imagen, la animación y la interactividad no son algo específico de la PDI; ya hemos abordado que encontramos otros dispositivos, como los teléfonos inteligentes, los tablets o las mesas interactivas con los que también se pueden ver reflejadas dichas ventajas.

Los profesores deberán poseer una formación mínima relativa a la competencia digital y, con la misma, ser capaces de dar un uso didáctico a la PDI.

Descargando el software disponible en la Red de la pizarra digital que se tenga en el aula, en casa ya se puede trabajar en la creación de recursos adaptados a los diferentes niveles que se imparten. Se recomienda la utilización de un tablet PC, sobre todo a los profesores que tengan más desarrollada la competencia digital, ya que al disponer de puntero para trabajar sobre la pantalla interactiva, les resultará más fácil a la hora de elaborar material para la PDI.
Partiendo de la base de que el profesor que va a utilizar la PDI tiene unos conocimientos mínimos de manejo, utilización y metodología de uso, es necesario que conozca todas las posibilidades de trabajo que le ofrece el software asociado a la pizarra, que sepa los conocimientos que quiere transmitir, cómo quiere transmitirlos y que sean adecuados a la diversidad del alumnado de la clase; además, los docentes de música necesitarán conocer y manejar distintos programas de editor de partituras y de creación musical que

sean compatibles con el software de la PDI, para poder dar a la herramienta más aplicaciones específicas.

III. 6. 6. Estudios de investigación de PDI en el área de música

Anteriormente hemos realizado una breve reseña de los documentos bibliográficos más destacados de carácter nacional e internacional basados en estudios de investigación que tratan sobre la utilización de la PDI en la escuela.

Podemos afirmar que, a nivel internacional y referido a dicha materia, encontramos varios artículos que pueden ser de interés para los docentes especialistas en música; a nivel nacional, también hemos encontrado documentos interesantes provenientes, o bien de actas de congresos, o bien de revistas indexadas de prestigio sobre dicha temática concreta, como es el caso de Eufonía.

Somos conscientes de que los trabajos sobre la PDI en español son escasos, sobre todo los que abordan el tema de la herramienta desde el punto de vista de la investigación. La mayoría de los materiales presenta enfoques didácticos y empíricos, como vamos a poder comprobar a continuación.
Centrándonos en el ámbito internacional, encontramos un artículo publicado en el año 2004 por la Agencia del Reino Unido para el Desarrollo Estratégico y la Implementación de las Políticas de Integración de las Tecnologías de la Información en los Sectores de Educación y Formación, BECTA (British Educational Communications and Technology Agency), que lleva por título "*Use of interactive whiteboards in music*".

Tras hacer una introducción sobre el uso de la PDI y el porqué del uso de la misma a nivel general, aparece un capítulo referido a experiencias de los docentes en el aula de música utilizando la PDI en clases de primaria. Nos encontramos desde actividades sencillas que se limitan a colocar la imagen del instrumento y presionar sobre el icono para que suene su timbre, hasta actividades mucho más elaboradas.

Para trabajar el tema del análisis formal interno, es decir, la estructura interna de la composición a través de la PDI, el profesor presenta tres audiciones en formato mp3, dos con la misma estructura y otra con estructura distinta; se trata, con ello, de que los alumnos sean capaces de desarrollar la memoria auditiva y sepan la estructura que posee cada una. Para ello, dibuja en la pantalla varios rectángulos de distintos colores que hacen referencia a cada una de las partes de las canciones (estrofas, coros, breaks, introducciones y finales)y los alumnos tienen que salir a la pizarra, mientras suena cada canción y colocar los rectángulos según la estructura que escuchen.

En síntesis, el documento aporta información relativa a actividades prácticas dentro del área de música en las que se utilizan las TIC, y en concreto la PDI.

Otro artículo interesante lleva por título *"Smarter Music Teaching: interactive Whiteboard use in music classrooms"* de Nola (2008). Éste ha servido de referencia a investigaciones posteriores en España sobre la utilización de la PDI en el aula de música en primaria.

El artículo, que explora los usos específicos de la pizarra digital en el aula de música, posee un anexo con trabajos llevados a cabo en el aula. Argumenta la manera agradable de enseñar a través de la PDI, la manera fácil de fortalecer la enseñanza y cómo, teniendo un software adecuado, se facilita dicha labor.

La docente hace una utilización diaria de la PDI en sus clases. Por tanto, ha explorado muchas aplicaciones de la misma en el área de música y ha tenido la oportunidad de estar en contacto con otros profesores e intercambiar información sobre la práctica en PDI. Estuvo incluida en el programa OMA (Opening minds through the Arts). Ella realizaba aplicaciones creativas que aumentaron el aprendizaje de los alumnos. En el artículo también se hace mención a la utilidad de la PDI para trabajar con niños sordos o con otra minusvalía.

En su artículo aborda el uso de los programas de música compatibles con el software de la PDI, como el MUSIC ACE y el Finale.
Afirma que con la PDI se puede controlar el sonido y tocar música usando software musicales como Media Player.

Se incluye en el artículo una lección en la que los estudiantes hacen una audición y dibujan lo que representa para ellos y describen la música; en otra lección trabajan la expresión vocal, exponiendo cómo los alumnos cantan canciones y proyectan la letra en la PDI.

Para la profesora, la PDI representa la perfecta combinación entre educación y entretenimiento tecnológico, porque los alumnos se sienten atraídos por las nuevas tecnologías utilizadas para aprender.

El artículo de Radcliff (2010) *"Great Music Teaching Resources to Use With Interactive White Boards,* no aporta nada más relevante a lo tratado anteriormente.

De las Actas de los tres Congresos Nacionales que se han desarrollado en España específicos de pizarra digital (Congreso Nacional de Pizarra Digital 2009, 2010 y 2011), debemos señalar las aportaciones realizadas por Luis Torres Otero en el ámbito de la enseñanza musical.

En el Congreso del 2009, presentó una comunicación sobre las posibilidades de la pizarra digital en la educación musical de la etapa de primaria, en la cual aborda aspectos relativos a la importancia de la implicación del profesorado para sacar mayor rendimiento a la misma. Compartimos la reflexión de Luis Torres sobre la necesidad de una formación inicial en tecnología educativa, y de contar con un aula perfectamente dotada tecnológicamente que debería poseer:
"Ordenador, teclado electrónico, micrófono, equipo de altavoces, conexión a Internet, proyector, PDI..." (Torres, 2010a, p.229).

En el II Congreso Nacional de PDI celebrado en el 2010, presentó una comunicación sobre el uso de la PDI en el tercer ciclo de educación primaria a través de blogger, YouTube y la aplicación trabajo web 2.0. Lo más significativo de la misma es el uso que se da a la PDI como herramienta que posibilita un nuevo espacio educativo en Internet para dicho alumnado y una aplicación "Trabajo Web 2.0", que permite a los alumnos presentar los trabajos a través de la PDI.

El II Congreso DIM-Aulatic celebrado en 2010 también recoge una comunicación presentada por Juan Pablo Segovia, Luis Manuel Casas y Ricardo Luengo que lleva por título "*Creando música con la pizarra digital*", comunicación interesante porque explica todo el proceso a través del cual el alumno puede componer una partitura en la PDI y luego reproducirla. Esta comunicación va íntimamente relacionada con el artículo que vamos a mencionar, el referido a "*La utilización de la pizarra digital interactiva en el aula de música. Análisis de las actitudes del alumnado*", Segovia, J.P. y Casas, L.M. (2011). En el mismo se muestra cómo se puede lograr un aprendizaje significativo, no memorístico, a través de la PDI dentro del aula de música, y cómo los alumnos consiguen crear una composición colaborativa de una pieza musical con la ayuda de la PDI.

Debemos acabar este apartado haciendo referencia al capítulo cuarto relativo a la PDI en música, del libro que lleva por título "*Las TIC en el aula de educación musical. Bases metodológicas y posibilidades prácticas*" (Torres, 2010b). En diez páginas expone brevemente y con un lenguaje cercano y sencillo al lector, las posibilidades reales de la PDI en el aula de música: cómo se puede trabajar con ella actividades auditivas, vocales, instrumentales, de expresión corporal y de lectoescritura musical.

Hemos podido comprobar someramente la literatura existente más reseñable de la PDI y el área de música, y por ello podemos afirmar, como hemos apuntado al inicio del subapartado, que es bastante escasa. Abogamos porque sean los propios maestros y profesores de música los que analicen, de manera introspectiva, su propia práctica docente utilizando las TIC, y en concreto la

PDI, u otros dispositivos, como las tablets. Realmente, haciendo una evaluación de nuestra práctica docente y compartiendo la misma, siempre aprendemos de errores o de actividades que nos han funcionado o que han fracasado. Consideramos que queda mucho por recorrer a nivel de investigación teórica y práctica sobre la integración curricular de la PDI en el área de música y su uso como recurso didáctico.

III.6.7. Formación en PDI en el área de música en Segovia

Partimos de la base de que los docentes especialistas en educación musical son maestros, no son informáticos (Torres, 2010a), por lo que es fundamental que adquieran una formación permanente de calidad y coherente en lo que a las TIC, y en concreto a la PDI, se refiere, si van a utilizarla con fines pedagógicos en su aula. Una formación que les posibilite sacar un mayor rendimiento a la herramienta en pro de un cambio metodológico de la enseñanza y así poder aprovechar las ventajas que ofrecen, para facilitar y mejorar la docencia y el rendimiento escolar de los alumnos (Torres, 2011b).

Como asesora de formación, debo decir que la formación presencial y online de PDI para los docentes de música en la provincia de Segovia, es muy escasa. En la actualidad, en el curso 2011/2012, se ha abordado el segundo año de un plan personal de un equipo de profesores que está conformado únicamente por una actividad formativa, un Grupo de Trabajo que lleva por título "La PDI en el aula de música (básico – 2)[39]".

Debemos señalar que el grado de participación, de implicación y de motivación de los maestros de música es muy bajo y resulta paradójico que, tras haber recibido en el curso pasado un curso presencial sobre PDI y haber llevado a cabo un grupo de trabajo de elaboración de materiales, sepan tan poco del uso y manejo de la herramienta a nivel metodológico y didáctico.

Consideramos que los objetivos por los que se creó el plan no han sido cumplidos en su totalidad y que, aun habiendo adquirido la competencia digital, el uso que realizan de la PDI dista mucho de lo que debiera ser eficaz para integrarla en el aula y utilizarla como recurso didáctico.

Ha resultado un fracaso la actividad y es necesario que en un futuro se reconsidere la formación específica por especialidades de la PDI. Una formación que no sólo atienda al manejo (alfabetización tecnológica), sino a

[39] Esta actividad tiene como objetivos fundamentales:
- Organizar por niveles los materiales elaborados y encontrados para PDI en el área de música.
- Elaborar una unidad didáctica para cada nivel utilizando como base las TIC.

otros aspectos metodológicos que frecuentemente se dejan de lado y son la base para un cambio metodológico hacia el constructivismo social.

Para los docentes especialistas de música del cuerpo de secundaria y conservatorio, la formación permanente en PDI aplicada a la música es inexistente. También es cierto que dichos colectivos no han manifestado, a lo largo de los últimos cuatro años, su interés por formarse para la utilización de dicha herramienta. Los que sí se han formado en TIC aplicadas a la música, pero no en PDI, han sido los miembros del claustro del Conservatorio, a través de un itinerario formativo enmarcado dentro de un plan de formación de centro, que les ha posibilitado durante dos años formarse en programas de edición de partituras, grabación en entornos digitales, técnicas de edición de grabaciones, la página web del conservatorio, etc.

Previa a una formación específica en PDI en el área de música, deberían haber demandado formación basada en los postulados de la tecnología musical, es decir, formación que les posibilitara el ser capaces, entre otras acciones, de:

- Convertir en digital la experiencia sonora
- Elaborar actividades musicales: grabación del alumno, digitalización de partituras, trabajar con diferentes programas específicos de música...

Tras la formación encaminada a alcanzar la dimensión técnica, se hace necesario abordar la dimensión metodológica, didáctica y actitudinal que ayude a que el docente adquiera una competencia mediática que le posibilite ser crítico ante la educación para los medios.

Para concluir con este apartado, apuntaremos que muchos teóricos abogan por **un cambio de metodologías de enseñanza (Morcillo, 2010), que se apoyen en el uso de las TIC pero cuyo objetivo principal sea su integración, y no pocos hacen referencia a la necesidad de que los alumnos adquieran una educación que les prepare para la vida.**

Una de las misiones de la escuela es preparar para que el alumno pueda ser competente en la vida y se pueda desenvolver en ella. Se hace necesario que haya una interrelación entre la innovación tecnológica y la práctica didáctica como parte de la innovación educativa, que consiga favorecer el proceso de enseñanza aprendizaje.

Por último, para comprobar si se está llevando a cabo una integración de las TIC, y en concreto de la PDI, acorde a los nuevos postulados pedagógicos más cercanos al constructivismo y más alejados de las teorías conductistas, se lleva a cabo el presente estudio empírico que comienza en el capítulo IV, que también pretende analizar y conocer:

- El uso que se está haciendo de la PDI dentro del aula de música.
- El grado de incidencia de la formación permanente en Tecnologías de la Información y la Comunicación (TIC) en Segovia y, en concreto, en la PDI.
- El uso y grado de integración curricular de la pizarra digital interactiva en el aula de música de un centro educativo de infantil y primaria de ámbito rural.
- El grado de utilización de la PDI en cada sesión de un aula de música de 4º de primaria, detectando ventajas e inconvenientes de su uso.
- La metodología aplicada en la enseñanza de la música a través de la PDI.
- Los conocimientos, el grado de competencia digital y la implicación de los alumnos de 4º de primaria ante la utilización de la PDI en el aula.
- Las ventajas e inconvenientes que ofrece la PDI frente a la pizarra convencional en un aula de música de primaria.

CAPÍTULO IV.- DISEÑO Y METODOLOGÍA DEL ESTUDIO DE INVESTIGACIÓN

IV.1.- Introducción a la metodología utilizada

Nuestro estudio se enmarca en una investigación educativa que utiliza, fundamentalmente, una metodología cualitativa, aunque, por otro lado, no hemos obviado utilizar un instrumento de obtención de datos propio de la investigación científica con metodología cuantitativa, como es el cuestionario. Esta intrusión de la metodología cuantitativa a través del cuestionario nos ha permitido beneficiarnos de las ventajas de ambos tipos de metodología. Como apunta Punch:

> La investigación cuantitativa nos permite establecer fácilmente las relaciones entre variables, mientras que la cualitativa facilita la interpretación de las relaciones entre variables, ya que la cuantitativa no es tan sólida cuando se trata de explorar las razones de esas relaciones. (Punch, 2003, p.241)

Como posteriormente explicaremos, el cuestionario nos ha posibilitado un acceso directo, de manera rápida y simultánea, a la información recogida de cada uno de los alumnos pertenecientes al grupo de 4º de primaria donde se llevó a cabo el estudio de investigación.

En definitiva, nos decantamos principalmente por una metodología cualitativa porque consideramos que era una manera naturalista y humanista de abordar el estudio de casos, eje práctico de nuestra investigación. Para ello, como investigadores, necesitamos acogernos a un enfoque interpretativo partiendo, por un lado, de los problemas (Stake, 1998), pero dejando que los acontecimientos observados nos lleven a hechos cambiantes que determinen el carácter inductivo de la presente metodología y, en definitiva, al informe final del estudio de casos.

Consideramos que se trata de un diseño de investigación flexible (Taylor y Bogdan, 1987), que posibilita un acceso prolongado al campo; también favorece, de diferentes maneras, el que sea el investigador el principal instrumento de investigación: como participante y como observador participante pasivo, hasta llegar a obtener la plena confianza dentro del campo, utilizando técnicas que favorezcan la misma.

Hemos abordado la realidad que queríamos analizar en su contexto natural, tal como se va sucediendo, de la manera más objetiva posible e intentando apartar nuestras propias creencias en pro de una mayor credibilidad y validación del estudio.

Con la metodología naturalista pretendemos, como objetivo último, llegar a la comprensión del problema, entender las acciones que se desarrollan en el aula y poder razonar los motivos por los que se suceden de esa manera. Insistimos en la relevancia del fenómeno frente al rigor del enfoque racionalista de corte más cuantitativo. Por ello nos apoyamos en la metodología cualitativa dentro del contexto de la investigación educativa, porque dicha metodología aspira a comprender los procesos de investigación (Buendía, et al., 1998).

También queremos analizar la conducta observable (Pérez, 1994a) con la observación participante. Desde el inicio, teníamos claro que buscábamos interpretar en profundidad lo que sucedía en una situación concreta dentro del aula, observando la interacción entre todos los elementos de la situación elegida tal y como operan en su contexto natural. Con esta metodología se pretende, a través de un intenso y continuado contacto con el campo y con el objeto de estudio, entender su contexto natural y la complejidad del tema investigado. Dicha afirmación se constata en las diferentes referencias bibliográficas que encontramos, en las que se abordan aspectos relativos a los métodos cualitativos de investigación educativa, por citar algunos de los más relevantes encontramos a Taylor y Bogdan (1987); Pérez, G. (1994a); Bisquerra, R. (coord.) (2004); Buendía et al. (1998); Rodríguez et al. (1996); Cohen, Manion (1990); Goetz y LeCompte (1988); Arnal, Rincón y Latorre (1994); Popkewitz (1988); Santos (1990).

IV.2.- Diseño de la investigación y metodología

Cuando decidimos llevar a cabo la presente investigación, enmarcada dentro del ámbito educativo del cual formamos parte, tuvimos en cuenta los componentes más importantes que debían aparecer en la misma, en lo cual coincidimos con Imbernón (2002):

* La conceptualización que sustenta la investigación.
* El objeto y el sujeto o sujetos (cuál es el problema objeto de estudio y qué personas intervienen en el mismo).
* La institución, el contexto (para qué y para quién se investiga).
* Los actores (quién investiga y con quién).
* Su intención de recoger, interpretar y construir conocimiento sobre la educación.

Nosotros optamos por un diseño de investigación proveniente de las preguntas de la investigación, que permita a llevar a cabo una revisión de una amplia bibliografía que facilite la creación de puentes conceptuales (Stake, 1998), tanto fuentes primarias como secundarias, que aborden el concepto de la PDI y la utilización de la misma en la praxis educativa del profesor en el aula.

IV.2.1.- Problema objeto de estudio

Figura IV.1. Proceso de investigación

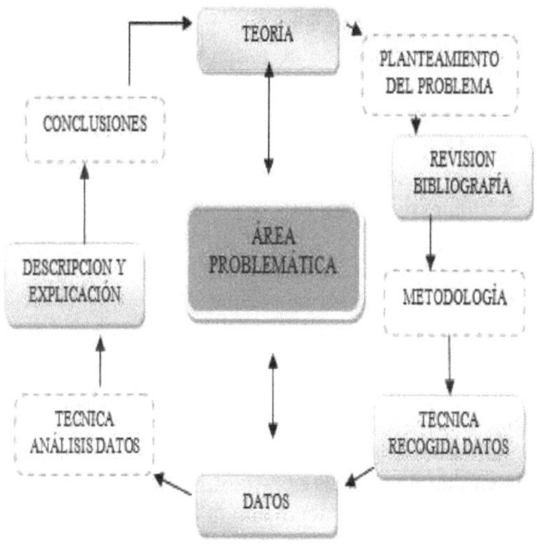

Fuente: Arnal et al. (1994)

En esta figura se aprecia un modelo de diseño de investigación que nosotros hemos considerado válido, y lo hemos tomado como referente para realizar nuestro estudio empírico.
Realizamos esta investigación considerando que el problema debía ser "abierto y emergente" (Goetz y LeCompte (1988), además de cambiante; un

problema al que se llega tras una continuidad de observación en el campo y una evolución cambiante del objeto de estudio en todo el proceso.

En nuestro caso, la elección del área problemática ha venido derivada del conocimiento y la experiencia de la investigadora (Angulo y Vázquez, 2003, p.18), y la podemos enclavar dentro de lo que se ha pasado a denominar Stake (1998), tema ético.

Dado que la investigadora es profesora de música y en la actualidad está ocupando un puesto de asesora de Formación e Innovación Educativa en el área de Música, Educación Física y Educación Artística en Segovia, le interesaba toda la temática relacionada con la integración de las TIC y la disciplina musical con aplicación en el aula. Por ello, el objetivo principal de nuestra investigación es conocer el uso y la integración curricular de la PDI en el aula de música de primaria a través de un estudio de casos único, que el análisis de los datos extraídos de la investigación nos determine el uso que se hace de la PDI en un caso concreto de docente de música que tiene adquirida la competencia digital de nivel avanzado.

Analizadas las fuentes primarias y secundarias y estudiadas ambas a dos niveles, -por un lado, las relacionadas con el marco teórico de nuestro estudio, y por otro, las relacionadas con estudios de carácter empírico-, pudimos comprobar que era muy reducido el número de investigaciones que abordaran, de una manera científica, la PDI como recurso didáctico dentro del área de música de primaria y la integración curricular de la misma en dicha área. Por tanto, se pretende identificar si el proceso de integración curricular existe como tal y si realmente se hace uso de la herramienta como recurso didáctico activo e interactivo con el alumnado, o si es una herramienta secundaria con la que trabaja el profesor, como pueden ser otros aparatos de uso cotidiano en el aula.
En buena lógica, pensamos que podría ser interesante para la comunidad educativa, conocer, desde el aprendizaje que aporta el estudio de casos único – como análisis de una muestra-, el uso real que se está haciendo de la herramienta, fundamentalmente a nivel didáctico y metodológico, dado que es una herramienta ya instaurada en centros de infantil y primaria españoles, por la que ha apostado económica y académicamente la Administración Educativa Central y las Consejerías de Educación Autonómicas, para facilitar el tránsito hacia las aulas digitales del s. XXI y al esperado cambio metodológico hacia el constructivismo.

IV.2.2. Preguntas de la investigación

En esta investigación no se ha llevado a cabo una formulación de hipótesis, sino que se ha partido de la formulación de preguntas (Bisquerra, 2004). Estas preguntas, que han estado presentes a lo largo de toda la recogida de datos, están categorizadas, como veremos posteriormente, y han servido de eje mediador y vertebrador para todo el proceso evolutivo e indagador de nuestra investigación. Éstas nos han ayudado a nosotros, no sólo como docentes, sino también como investigadores, a cuestionarnos nuestras propias ideas en relación a la integración curricular de las TIC, en concreto de la PDI y a cuestionar las teorías que poseíamos previamente de la realidad ahora estudiada.

Coincidimos con Rodríguez et al. (1996), en que la selección de los interrogantes que se abordan en el presente estudio no es una tarea que se asocie a un momento concreto, sino que es fruto de todo el proceso de investigación. Aunque tuvimos la pregunta principal clara desde el inicio, otras preguntas relacionadas con el objeto de estudio fueron saliendo a lo largo de la investigación y se formularán tras haber presentado los objetivos.

Las preguntas de investigación, que derivaron en la metodología que se ha utilizando (Buendía et al. 1998), se formularon una vez que se plantearon los objetivos de la investigación; éstos tienen la finalidad de señalar lo que se pretende y a lo que se aspira en el presente estudio, y fueron los siguientes:

* Conocer el clima del aula cuando se utiliza la PDI y el grado de motivación e interés del alumnado.

* Detectar el grado de adquisición de la competencia digital del profesor de música de un CEIP rural.

* Conocer el tipo de uso y grado de integración curricular de la pizarra digital interactiva en el aula donde se imparte música en un centro educativo de infantil y primaria de ámbito rural.

*Detectar ventajas e inconvenientes del uso de la PDI en el área de música en 4º de primaria.

*Analizar la metodología aplicada a la enseñanza de la música a través de la PDI y si se produce el cambio metodológico hacia el constructivismo.

*Conocer el grado de competencia digital y la implicación de los alumnos de 4º de primaria ante la utilización de la PDI en el aula.

Las otras preguntas relacionadas con el objeto de estudio y que fueron saliendo a lo largo de la investigación, son las siguientes:

*¿Cuál es el tipo de uso y el manejo de la PDI por parte del alumnado?

*¿Cuál es el grado de utilización que se hace de la PDI como recurso didáctico en el aula?

*¿Qué grado de integración curricular posee dicha herramienta en la asignatura de música a lo largo de todo el curso académico?

*¿Se produce un cambio de metodología por el hecho de usar en el aula la PDI?

*¿Cuáles son las ventajas y los inconvenientes de usar la PDI en el aula?

IV.2.3. Tipo de diseño: estudio de casos

Todo lo relacionado con la metodología cualitativa en general y el estudio de casos en particular, ha sido objeto de estudio, durante décadas, de muchos investigadores; lo cual se constata en las diferentes referencias bibliográficas que encontramos en las que se abordan dichos aspectos, tales como Carr y Kemmis, (1988); Cohen y Manion (1990), Cook y Reichardt (1986); Goetz y Lecompte (1988); Guba (1989); Hammersley y Atkinson (1994); Stenhouse (1990); Hopkins (1989); Latorre y González (1987); Latorre, Rincón y Arnal (1996); Martínez (1990); Pérez (1994a, 1994b); Popkewitz (1988); Rodríguez et al. (1996); Santos (1990); Stake (1998) y Vázquez y Angulo (2003), entre otros.

Consideramos que lo primero que debemos abordar en este sub-apartado es el significado del estudio de casos para, posteriormente, tratar la justificación del porqué se ha decidido escoger dicha metodología para abordar nuestra investigación.

De entre todas las definiciones encontradas en relación al estudio de casos, las que identificamos más con nuestro estudio de casos único, son las siguientes:

- Comprensión del objeto de estudio de una manera profunda e intensa, "un examen completo o intenso de una faceta, una cuestión o quizás los acontecimientos que tienen lugar en un marco geográfico a lo largo del tiempo" (Denny, 1978, p.370).

- Unicidad y complejidad del estudio de casos desde el análisis pormenorizado riguroso:

> El estudio de casos afronta la realidad mediante un análisis detallado de sus elementos y la interacción que se produce entre ellos y su contexto, para llegar, mediante un proceso de síntesis, a la búsqueda del significado y la toma de decisión sobre el caso. El estudio detallado permite clarificar relaciones, descubrir los procesos críticos subyacentes e identificar fenómenos comunes. (Arnal et al., 1994, p.207).

Pero la definición con la que nos sentimos más identificados ha sido la de Walker:

> El estudio de casos es el examen de un ejemplo en acción. El estudio de unos incidentes y hechos específicos y la recogida selectiva de información de carácter biográfico, de personalidad, intenciones y valores, permite al que lo realiza, captar y reflejar los elementos de una situación que le dan significado. (Walker, 1989, p. 45).

En todas las definiciones citadas existe un denominador común: el estudio de casos requiere de un proceso de indagación en profundidad de la realidad a estudiar; un proceso largo, meticuloso, cambiante y, a la par, apasionante, que deriva en la resolución de una serie de preguntas previamente planteadas y posteriormente susceptibles de modificación a tenor de los datos que se vayan recabando.

Coincidimos con Merrian (1988), en el carácter particularista (Stake, 1998) y descriptivo de nuestro estudio de casos único. Particularista porque se centra en un informante único y analiza un proceso que se da en tiempo, forma y momento en un centro concreto con unas características particulares y específicas. Esa característica particularista hace que el método nos resulte útil para el análisis de la pregunta a investigar como fenómeno práctico. Otra característica es el carácter descriptivo; en este caso la observación participante nos ha llevado a poder abordar este aspecto de manera amplia y así contribuir a realizar una rica descripción del objeto de nuestro estudio.
Con esta metodología pretendemos la comprensión del caso. Muchos teóricos como Stake (1998); Arnal et al. (1994), Rodríguez et al. (1996), Pérez (1994a), Goetz y Lecompte (1988), entre otros, coinciden en la necesidad de llegar en profundidad al caso, para lo cual se requiere un establecimiento de un vínculo entre teoría y práctica que nos exige llevar a cabo un proceso inductivo de comprensión. Dicho proceso se inicia en la observación de la actividad que se desarrolla en el aula y se concreta en la interpretación y

discusión de los datos obtenidos en el marco contextual en que adquieren sentido.

Dentro de la clasificación que hace Stake (1998), encontramos casos intrínsecos, instrumentales y colectivos. El nuestro entraría dentro de los instrumentales, que se distinguen porque se definen en razón del interés por conocer y comprender un problema más amplio a través del conocimiento de un caso particular. En nuestro caso, el problema más amplio sería abordar el uso de la PDI en particular y las TIC en general, dentro de la praxis educativa.

En opinión de Angulo y Vázquez, éramos conscientes de que:

> Trabajar en un caso es entrar en la vida de otras personas con el sincero interés por aprender qué y por qué hacen o dejan de hacer ciertas cosas y qué piensan y cómo interpretan el mundo social en el que viven y se desenvuelven. (Angulo y Vázquez, 2003, p.18).

Además, el objetivo último para mostrar a la comunidad educativa es aprender mediante el análisis de una muestra (Stake, 1998). En nuestro caso, resulta clave el análisis de un proceso de integración curricular de una herramienta tecnoeducativa en un aula de primaria del área de música. Por eso escogimos, dentro de la metodología cualitativa, el estudio de casos, porque encajaba perfectamente con nuestro objetivo, teniendo como primer criterio maximizar lo que podíamos aprender eligiendo, como hemos elegido, un caso que nos ofreciese oportunidades de aprendizaje.

IV.2.4.- Técnicas e instrumentos para la obtención de datos

A continuación vamos a pasar a detallar las técnicas e instrumentos utilizados para obtener los datos. Es fundamental hacerse preguntas tales como las que plantea Buendía et al:

- "¿Cuándo se recogerán los datos?
- ¿Dónde se recogerán los datos?
- ¿Con qué frecuencia se recogerán los datos?
- ¿Con qué instrumentos se recogerá la información?" (Buendía et al, 1998, p.31).

Estas preguntas, aparentemente primarias y básicas, son fundamentales a la hora de abordar, con una cierta garantía de calidad y rigor metodológico, el proceso de obtención y recogida de datos para su posterior análisis.

Cuando nos planteamos los métodos y los instrumentos de obtención de datos, se barajaron varias posibilidades: una de ellas, el llevar a cabo la observación participante, una de las importantes técnicas de recogida de datos dentro de la investigación con metodología cualitativa, dentro de la misma, preferimos decantarnos por la observación participante pasiva porque no requería tanta participación de los investigadores en el campo por explorar.

Desde el inicio consideramos que la acumulación de detalles de las notas, recogidas en el cuaderno de campo, y los comentarios nuestros a lo acontecido como observadores,-que se referían a lo visto y escuchado-, eran materiales que nos permitirían, posteriormente, ver de una manera objetiva la realidad práctica y entender, más en profundidad, la complejidad del objeto de estudio (Callejo, 2002), además de servirnos para realizar la triangulación metodológica, dado que se han empleado diferentes métodos sobre un mismo problema de investigación.

Las técnicas para la recogida de datos las podemos dividir en más estructuradas y menos: dentro de las más estructuradas reflejaríamos las entrevistas y dentro de las menos, el diario de la investigadora. En resumen, las estrategias y técnicas de obtención de datos han sido: observación participante y no participante, análisis de documentos, entrevistas y cuestionarios.

Tabla IV.1. Técnicas e instrumentos utilizados para la obtención de datos

TÉCNICAS E INSTRUMENTOS	APLICACIONES DE LAS TÉCNICAS E INSTRUMENTOS
ENTREVISTAS	- Profesor de música del CEIP rural
CUESTIONARIOS	- Alumnos de 4º de primaria
ANÁLISIS DE DOCUMENTOS	- Programación de aula - Exámenes - Unidades didácticas - Cuaderno de campo y diario de investigación - Cuaderno de la investigadora

Fuente: elaboración propia

IV.2.4.1. Observación participante

La observación participante sirve para obtener de los individuos sus definiciones de la realidad y los constructos que organizan su mundo. Puesto que todo ello se expresa mediante pautas de lenguaje específicas, es esencial que el investigador esté familiarizado con las variantes lingüísticas o la jerga de los participantes. (Goetz y LeCompte, 1998, p.126).

La observación participante es uno de los procedimientos de observación más utilizados en la investigación cualitativa (Rodríguez et al., 1996), ya que es una técnica de recogida de datos que ayuda a comprobar el contexto (Doyle, 1983).

Estamos de acuerdo en contemplar que se trata de una técnica intrusiva (Goetz y LeCompte, 1988, p.126) si hablamos de observación participante activa; pero no es una técnica intrusiva si hablamos de observación participante parcialmente pasiva, que en ocasiones, en concreto en la primera evaluación al inicio de la entrada al campo, estaría cercana a la observación no participante.

No estamos del todo de acuerdo con Goetz y LeCompte (1988), cuando apuntan que los investigadores actúan necesariamente con el profesor y el alumno, y por ello, los considera participantes. Puede que otros investigadores sí hayan optado por dicha actuación, pero nosotros no consideramos que el papel que hemos adoptado como observadores haya sido de participantes activos, sino pasivos, dado que, fundamentalmente, nos hemos limitado a observar y grabar todo lo que ocurría en la clase y transcribir dicha información en formato digital desde la observación más cercana al concepto de observación no participante. Hemos desarrollado un cuaderno de campo al que le hemos añadido comentarios del observador para dar mayor validez al documento de registro de datos.

Somos conscientes de que la labor que hemos desarrollado en el campo, como observadores participantes pasivos, ha sido no intrusiva y neutra.
En este punto no podemos dejar de mostrar la cita de Rodríguez et al. (1996) en relación a la observación participante:

> La observación participante favorece un acercamiento del investigador a las experiencias en tiempo real que viven las personas; el investigador no necesita que nadie le cuente cómo han sucedido las cosas o cómo alguien dice que han sucedido, pues él estaba allí y formaba parte de aquello. (Rodríguez et al. 1996, p.166).

Nuestra participación en la acción ha estado derivada de nuestra intención de no participar muy implícitamente en procesos centrales de enseñanza - aprendizaje en el aula con la utilización de la PDI; ha sido difícil adquirir dicho rol, porque al ser docentes, en varias ocasiones de cada sesión se prestaba a realizar alguna apreciación a lo explicado o se prestaba a ayudar en algún ejercicio a los alumnos, pero nos hemos mantenido como unos meros observadores adquiriendo, desde el inicio, el rol de observadores e investigadores.

El grupo clase nos podía considerar como observadores participantes pasivos conocidos, dado que el emplazamiento donde se grababa y seguían todas las sesiones siempre era el mismo, en la mitad superior del aula, al lado de la PDI, ya que esto posibilitaba poder ver a todos los alumnos y seguir perfectamente el desarrollo de cada sesión y también grabar, con cierta proximidad, todo lo que sucedía en la PDI.

IV.2.4.2. Análisis de documentos

Se refiere a todo tipo de documentación de índole educativa que pueda aportar información interesante para la investigación y, por tanto, que ha sido de ayuda para complementar a los otros documentos que antes hemos detallado.

En este tipo de investigaciones, como son los estudios de casos en el campo de la etnografía, los documentos utilizados suelen ser:

- Proyecto educativo de centro.
- La memoria final de la asignatura.
- Las calificaciones trimestrales de los alumnos.
- Programación del aula del área de música.
- Libro de texto del área de música de 4º de primaria.

En nuestra investigación también hemos utilizado documentos en diversos formatos, elaborados por el informante principal, como base de la integración curricular de la PDI en el aula de música.

La obtención de dichos materiales no ha supuesto ninguna dificultad para los investigadores, dado que, tanto el equipo directivo del centro educativo, que ha estado siempre receptivo a cualquier petición de documentos, como el profesor objeto de nuestra investigación, han sido extremadamente generosos y condescendientes a la hora de prestar los textos demandados.

En el análisis de documentos se revisó el material elaborado para PDI por el profesor informante clave de la investigación, el Proyecto Educativo de Centro al inicio de la entrada al campo, los exámenes y las actas de las evaluaciones de los alumnos de 4º de primaria, el libro de 4º de primaria del área de música de la Editorial Pearson y su material adicional. Además, también se ha revisado tanto la programación de la asignatura donde se perfilan los objetivos, contenidos y criterios de evaluación, como la memoria de música relativa al segundo ciclo de primaria.

Todos los documentos se han ido revisando conforme se ha ido avanzando en la investigación y según se iba desarrollando el curso escolar durante el que se produjo la inmersión al campo.

IV.2.4.3. Entrevistas

Nos acogemos a la definición que da Rodríguez et al. (1996) para comenzar este sub apartado, "la entrevista es una técnica en la que una persona (entrevistador) solicita información de otra o de un grupo (entrevistados, informantes) para obtener datos sobre un problema determinado" (Rodríguez et al. 1996, p.167).

Optamos por el formato de entrevista individual estructurada o semi estructurada, que potencia el uso de preguntas descriptivas y posibilita con ello un mayor número de detalles informativos. Esta técnica resultó de gran interés para la investigación. Somos conocedores de que una entrevista de estas características pasa por diferentes procesos de interacción: los primeros momentos, la fase de exploración, la cooperación entre el entrevistador y el informante y la participación del informante. Durante la elaboración de la entrevista fue muy importante delimitar bien el contenido de las preguntas, lo que se quería preguntar. Para no alargar en exceso el proceso de entrevista con la persona escogida a tal efecto, fue necesario encontrar un tiempo en el que, él, como maestro y secretario de centro, tuviese cierta tranquilidad laboral, por ello tuvimos, en dos ocasiones, que personarnos en el centro educativo en fracciones horarias que él mismo prefijó, para poder abordar íntegramente la entrevista.

Cuando se diseñó el documento, nos acogimos a la segunda dimensión de construcción de entrevista que plantean Schatzman y Strauss (1973), dado que se basa en la determinación y concreción de unas preguntas y la elaboración de un guión, por parte de los investigadores, que orientan el desarrollo organizado de la entrevista.

Se optó, como se puede apreciar en el anexo, por utilizar un lenguaje claro a la hora de formular las cuestiones para que el entrevistado las comprendiese sin necesidad de una segunda explicación más exhaustiva. Para ello nos basamos en Patton (1980), que prefiere preguntas simples que signifiquen una sola idea para el entrevistado y que no nos confundan a nosotros como investigadores, preguntas que se centran en el tema que se iba a investigar. También se optó por no formar juicios de valor sobre las opiniones dadas por el informante, permitiendo que hablara sin interrupción mientras se le prestaba profunda atención y un trato amistoso (Taylor y Bogdan, 1987).

A continuación se detalla el cuándo, cuánto, dónde y a quién se realizaron las entrevistas.

Tabla IV.2. Cuándo, cuánto, dónde y con quién se han realizado

CON QUIÉN	CUÁNTAS	CUÁNDO Y DÓNDE
Profesor de educación musical de un CEIP rural de la provincia de Segovia	Dos	Una en febrero y otra en marzo de 2011. Ambas se realizaron en un aula del CEIP que a dicha hora no estaba ocupada por ningún grupo – clase.

En ambas entrevistas se utilizó la grabadora del Smartphone Iphone 3G para registrar con fidelidad todas las interacciones verbales y así poder dar paso a la transcripción literal de todo lo expuesto en el cuaderno de investigadora. En el Anexo se reproducen de manera literal todas las entrevistas.

Entrevistas informales

Los aspectos que trata Woods (1997), en relación al concepto de entrevista informal dentro de la investigación cualitativa, nos indican que se trata de una entrevista no estructurada cuya principal característica es captar opiniones emitidas de manera sincera, aunque siempre el investigador debe mantenerse en posición neutral.

Por ende, entendemos como entrevistas informales aquellas que no llevan un guión prefijado; tampoco a éstas las consideramos desestructuradas, dado que son de corta duración, unos cinco o diez minutos a lo sumo, después de finalizar la sesión.

El objetivo de las mismas era claro: completar la sesión que se acababa de grabar sin tener al alumnado presente, y así recibir la información relativa a ciertas impresiones, in situ, del profesor, al término de la misma. Consideramos que dichas impresiones, pasado más tiempo desde que hubiera finalizado la sesión, hubieran variado quizás el contenido de las entrevistas, por eso consideramos oportuno realizarlas en el momento concreto, dado que, de ese modo, eran idóneas para percibir informaciones y percepciones que, de otra manera, hubiera sido difícil obtener.

Otro objetivo no menos importante, era obtener toda la información que pudiera enriquecer la investigación; por ello, el contrastar las respuestas de estas entrevistas informales con lo que se plasma en el resultado del diario de campo -en toda la observación participante pasiva grabada en la sesión-, nos permitía desarrollar el proceso de triangulación metodológica, adquiriendo la investigación un mayor rigor, credibilidad y una mayor fiabilidad a la hora de interpretar los datos obtenidos.

El proceso seguido durante todo el curso académico 2010/2011 era el siguiente: estábamos dentro de todas las sesiones grabando, o bien con el móvil iphone 3G o bien con una videocámara digital SONY, todo lo que se desarrollaba en las mismas y, una vez finalizada la clase, se comentaba con el profesor lo más significativo de lo que había acontecido. Cuando se salía del centro, además, se realizaba una grabación de voz con el Smartphone, que posteriormente se transcribía al "cuaderno del investigador", en la que exponía las impresiones de la observadora sobre la sesión y también los comentarios vertidos por el profesor que parecían más significativos para nuestro objeto de estudio.

A modo de conclusión: el hecho de utilizar las entrevistas, tanto semi estructuradas como las entrevistas informales, ha posibilitado recoger información sobre aspectos subjetivos del informante principal, como creencias y actitudes, opiniones y conocimientos, que con otra herramienta de obtención de datos hubieran sido difíciles de observar directamente en la realidad (Del Rincón, 1995).

IV.2.4.4. Cuestionario

Se trata de una de las técnicas de recogida de datos más características de la investigación científica. Es cierto que, como apunta Rodríguez et al. (1996), el cuestionario no es un instrumento de obtención de datos característico de la investigación cualitativa, sí lo es de la cuantitativa, pero en nuestro caso nos ha servido para recoger información de una manera inmediata a una muestra de veinticinco alumnos.

Por ello, aunque nuestra investigación es principalmente cualitativa y la observación participante pasiva juega un papel fundamental, requiere también de un instrumento de obtención de datos, como el cuestionario cerrado presecuencializado.

Su uso tiene una importante ventaja "pone al sujeto en una actitud menos obligada para que la respuesta sea inmediata, ya que habitualmente se permite un margen de tiempo en el que se puede intelectualizar y razonar la respuesta" (Selltiz, Wrightsman y Cook, 1980, p.404).

Con él buscábamos una información descriptiva y contaba con diferentes tipos de preguntas o cuestiones:

a) Una serie de preguntas abiertas de corte cualitativo sin límite preciso en la contestación, que buscaba la obtención de información descriptiva para dar la posibilidad al alumnado de poder explicar detalladamente los aspectos que en dichas cuestiones se les preguntan.

b) Preguntas cerradas, que son cuestiones que ofrecen al alumno posibilidades de respuesta tipo: mucho, bastante, normal, poco, muy poco. La ventaja de éstas es que al alumno se le forzaba a tomar una posición en uno u otro de los extremos de la cuestión.

Llegados a este punto, recordamos la definición de cuestionario que ofrece Rodríguez et al. (1996), "es una técnica de recogida de información que supone un interrogatorio en el que las preguntas establecidas de antemano se plantean siempre en el mismo orden y se formulan con los mismos términos" (Rodríguez et al. 1996, p.186).

El formato de cuestionario creado para la ocasión, dado que sólo se utilizó una vez, constaba de varios apartados. Los criterios de clasificación del mismo han sido abordados en párrafos anteriores. Con respecto a la codificación y el vaciado de datos, se ha utilizado el programa SPSS (Statistical Pakage for the Social Sciences) para Windows para la estadística inferencial, y la hoja de cálculo Excel para la estadística descriptiva.

La elección de las cuestiones ha venido derivada de la información que esperábamos conseguir de las mismas. Los apartados en los que nos interesaba incidir fundamentalmente, eran los relativos a:

- Las actuaciones que el alumno era capaz de realizar con la pizarra digital.
- Las ideas que el alumnado tuviera sobre el uso de la misma en el aula.

El cuestionario sufrió una fase de revisión y ajuste del mismo con la información aportada por los expertos externos. Sus sugerencias fueron acogidas modificando el borrador inicial del mismo y permitiendo, por tanto, la mejora de diferentes aspectos del cuestionario.
El cuestionario poseía un bloque de preguntas abiertas en el cual se invitaba a los alumnos a reflexionar sobre lo que saben hacer con la PDI y sobre la dinámica de las clases cuando está presente o ausente dicha herramienta tecnoeducativa. Las cuestiones estaban formuladas para obtener respuestas amplias, sin un límite textual en la contestación; estas preguntas nos aportaron información más detallada y personal, muy válida para el proceso de triangulación.

Como el cuestionario iba dirigido a alumnos de 4º de primaria, de nueve y diez años de edad, se elaboraron unas preguntas sencillas, claras, concretas y concisas para facilitar su resolución.

IV.2.4.5. Otros instrumentos de obtención de datos

- **Observación interna no participante**. La definición más acertada es la que apunta Santos (1990), al afirmar que la observación no participante es la observación del no participante conocido. Cuando estábamos llevando a cabo dicha técnica, nos sentábamos en el lateral derecho de la clase, próximos a la PDI, pudiendo ver así de manera globalizada todo el funcionamiento del aula. Consideramos el calificativo de "conocido" debido a nuestra presencia semanal en todas las sesiones de música que tenían con el profesor. Esta observación interna no participante tuvo lugar, fundamentalmente, en las sesiones iniciales de grabación, es decir, durante el primer trimestre del curso escolar 2010/2011.

- **Diario del investigador.** Se ha utilizado con una doble función; por un lado, como diario del entrevistador, así denominan Taylor y Bogdan (1987) al diario donde se recogen las interpretaciones e intuiciones del observador durante las entrevistas. Por otro lado, fue usado para tomar notas de todas las sensaciones y percepciones que el equipo investigador tuvo cada vez que salía de una sesión de observación grabada. Consideramos que ese carácter introspectivo que adquiere el diario es fundamental, dado que el observador es, en la investigación etnográfica, el principal responsable del análisis de datos. El hecho de que éste reflexione sobre todo lo que sucede dentro del campo es significativo, porque es una de las maneras de que adquiera una mayor comprensión del problema objeto de estudio y que se involucre en el mismo.

  Ha supuesto un instrumento vivo que nos requería media hora de redacción el mismo día en el que se realizaba la observación.

- **Cuaderno de campo**. Es un instrumento fundamental e insustituible en nuestro proceso de investigación. En el mismo se redactaba, de la manera más detallada y minuciosa posible, todo lo que acontecía en las diferentes sesiones de aula observadas y grabadas. No sólo se hacía especial incidencia en el problema objeto de estudio, sino también en otros parámetros que pudiéramos llamar secundarios, que facilitaban la comprensión del tema en cuestión y le daban mayor entidad si cabe; nos referimos, por ejemplo, a aspectos categorizados en el caso práctico, como el clima en el aula cuando se utilizaba la PDI, o el desenvolvimiento del alumno frente a dicha herramienta. Éstos, entre otros, eran aspectos a tener en cuenta en la investigación.

Diferentes autores abordan en sus estudios de investigación cualitativa el cuaderno de campo. Nos quedamos con la concepción de Taylor y Bogdan (1987) en relación a las notas de campo:

> Las notas de campo deben incluir descripciones de personas, acontecimientos y conversaciones. La secuencia y duración de los acontecimientos y conversaciones se registra con la mayor precisión posible. Las notas de campo procuran registrar en el papel todo lo que se puede recordar sobre la observación. Si no está escrito, no sucedió nunca. (Taylor y Bogdan, 1987, p.75).

La realidad investigadora se reduce a esa última frase "si no está escrito, no sucedió nunca"; por ello, siempre hemos tenido la disciplina y el rigor de realizar un número elevado de anotaciones y unas transcripciones minuciosas y detalladas, no dejando margen a la memoria a la hora de elaborar el cuaderno de campo. Consideramos que lo que está escrito siempre queda y es lo que nos ayuda, junto con la triangulación metodológica, a dar validez, fiabilidad y credibilidad al estudio de investigación.

- **Cuaderno del investigador.** Fue el instrumento utilizado para anotar observaciones de la investigadora y para transcribir las entrevistas realizadas al informante principal.

IV.2.5.- Metodología para el análisis de datos

Siguiendo la tesis de Rodríguez et al. (1996), consideramos el análisis de datos como un conjunto de manipulaciones, reflexiones y comprobaciones que realizamos sobre los datos para extraer el significado a nuestro objeto de estudio.

Tras hablar de la metodología utilizada y los instrumentos de obtención de datos, se hace necesario abordar el proceso de la categorización de los mismos.

IV.2.5.1.- Proceso de elaboración del sistema de categorías

Tal como apunta Stake (1998), cada caso es particular y único, y por ello se deben definir bien las distintas categorías. Por ende, el proceso, más completo de lo que a priori pueda parecer, está basado en la organización en base a categorías para poder llevar a cabo el último capítulo de la tesis: las conclusiones.

Buendía et al. (1998) expone la existencia de tres procesos diferentes a la hora de elaborar un sistema de categorías: el deductivo, el inductivo y el deductivo – inductivo. Nosotros, en nuestro estudio, hemos optado por el tercer proceso, aquel que se basa en un sistema de categorías, denominado por Buendía *macrocategorías*. Dicho proceso ha sido elaborado previamente a la entrada al campo, basándose en el marco teórico del estudio de investigación, para que, posteriormente, cuando se acceda al campo, se puedan crear unas subcategorías extraídas de lo observado en la escena natural.

Basándonos en el proceso deductivo – inductivo enunciado en el párrafo anterior, conseguimos delimitar ocho macrocategorías.

Tabla IV.3. Macrocategorías

1.- El clima del aula en relación con el uso de la PDI.
2.- El interés del alumnado por los contenidos tratados cuando se usa la PDI.
3.- La integración curricular de la PDI como herramienta principal en las sesiones.
4.- La integración curricular de la PDI como herramienta secundaria en las sesiones.
5.- El desarrollo de las sesiones sin el uso de la PDI.
6.- Ventajas e inconvenientes del uso de la PDI en el proceso de enseñanza- aprendizaje de los alumnos.
7.- Del proceso metodológico conductista al constructivista integrando

la PDI en cada sesión.

8.- La adquisición de la competencia digital en el alumnado.

Con respecto a cada macrocategoría, se establecieron numerosas preguntas, algunas de ellas tras haber empezado a realizar la observación en el campo. Estas preguntas entendíamos que daban respuesta a las dos preguntas fundamentales de la tesis:

a) ¿Cuál es el uso que se da a la PDI en el aula?
b) ¿Qué grado de integración curricular posee la PDI en el área de música de primaria?

Con respecto a la primera categoría, referida al clima en el aula, nos hacemos las siguientes preguntas:

- ¿El uso de la PDI por parte del profesor condiciona una mejora del clima de la clase?
- ¿El uso de la PDI por parte del alumnado facilita que el resto del grupo clase esté más atento a lo que ocurre en el aula a nivel académico?

Con respecto a la segunda categoría, referida a conocer el interés del alumnado por los contenidos trabajados con la PDI, nos hacemos las siguientes preguntas que intentaremos contestar en el estudio:

- ¿El interés del alumno por la asignatura está relacionado con su gusto por salir a realizar actividades relacionadas con la PDI?
- ¿El uso de la PDI por parte del profesor conlleva un mayor interés del alumno por aprender?
- ¿Merma el interés del alumnado si no son actividades que están relacionadas con la PDI?

Con respecto a la tercera categoría, relativa a la integración curricular de la PDI y el uso de la misma como herramienta tecnoeducativa principal en el aula, nos hacemos las siguientes preguntas:

- ¿Cuál es el grado de utilización de la PDI como herramienta principal en cada sesión?
- ¿Cuántas y cuáles son las actividades en las que utiliza de una manera más integradora la PDI dentro del currículo de la asignatura?
- ¿Cuál es el modo en el que el profesor lleva a cabo dicha integración?

Con respecto a la cuarta categoría, relativa a la integración curricular de la PDI y uso de la misma como herramienta secundaria en el aula, nos hacemos las siguientes preguntas:

- ¿Cuáles son los bloques de contenidos en los cuales se utiliza de una manera secundaria y por qué?
- ¿Qué tipo de uso se hace de la herramienta?
- ¿Con qué otros soportes informáticos se puede obtener el mismo resultado que con el uso secundario de la PDI?

Con respecto a la quinta categoría, relativa al desarrollo de las sesiones sin el uso de la PDI, nos hacemos las siguientes preguntas:

- ¿En qué bloque o bloques de contenido no se utiliza la PDI en las sesiones?
- ¿Cuáles son los motivos por los cuales no se utiliza la PDI?
- ¿Muestran interés y esfuerzo los alumnos con contenidos no trabajados sobre la PDI?

Con respecto a la sexta categoría, relativa a las ventajas e inconvenientes del uso de la PDI en el proceso de enseñanza-aprendizaje de los alumnos, nos hacemos las siguientes preguntas:

- ¿El uso que se hace de la herramienta realmente aporta ventajas para la transmisión de contenidos?
- ¿Favorece el trabajo en equipo?
- ¿Es una herramienta motivadora para los alumnos?
- ¿La utilización de la PDI reduce la brecha entre la escuela y la Sociedad de la Información (SI)?
- ¿Cuáles son las desventajas de utilizar la PDI en comparación con otros dispositivos?

Con respecto a la séptima categoría, relativa a si se produce realmente cambio metodológico por la integración curricular de la PDI en el aula de música, nos hacemos las siguientes preguntas:

- ¿Se cambia la metodología de enseñanza por la integración curricular de la PDI?
- ¿En qué momentos cambia la metodología de enseñanza usando la PDI?
- ¿El uso de la PDI potencia el trabajo en grupo y la autoformación del alumno?
- ¿El docente sigue utilizando la misma metodología conductista aunque cambien los medios informáticos utilizados?

- ¿Cómo afecta la formación permanente en el cambio en el paradigma educativo?

Con respecto a la octava y última categoría, relativa a la adquisición de la competencia digital del alumnado, nos hacemos las siguientes preguntas:

- ¿Favorece el desarrollo de la competencia digital en el alumnado el hecho de que utilice la PDI?
- ¿Cuáles son las actuaciones que son capaces de realizar con la PDI?
- ¿En otras asignaturas utiliza la PDI o sólo en música? Además, ¿está acostumbrado a utilizar el ordenador?
- ¿Los alumnos son capaces de elaborar presentaciones de trabajos y mostrarlas en la PDI?

IV.2.5.2.- Proceso de anonimato

Todo lo relativo al anonimato nos preocupó desde el principio (Barba, 2010), dado que se trataba de un estudio de casos único en el que se iban a observar y posteriormente analizar muchos parámetros directos e indirectos, con el objeto de estudio de la tesis, que iban a ayudar a entender, más en profundidad, el caso único, su especificidad y su complejidad.

Queríamos salvaguardar el anonimato (Bisquerra, 2004), porque considerábamos importante que fuéramos nosotros lo que desarrolláramos una sensibilidad especial ante posibles repercusiones que pudieran derivar del análisis de los datos y las conclusiones parciales y finales del estudio.

IV.2.5.3.- Proceso de codificación

La especificidad y unicidad del estudio de casos único obligaba al uso de una codificación detallada. Consideramos oportuno utilizar códigos que permitiesen identificar tanto a los directores de tesis, a los miembros del tribunal y a los lectores de la presente tesis, la procedencia documental de los datos que en la misma se reflejan.

En relación a la **codificación de documentos**, en el caso específico de las *entrevistas* se han realizado utilizando como primera letra la E. Seguido va la letra que referencia a la persona a la que se realiza la entrevista, el entrevistado, (M) – maestros – y por último va la letra indicadora del párrafo seguido de su numeración

Tabla IV.4.Ejemplo de codificación de las entrevistas semiestructuradas

Entrevista	Entrevistado	Número	Párrafo	Ejemplo de Código	Ejemplo de transcripción
E	M	1 ó 2	P y numeración	EM1P4-10	Primera entrevista al maestro. Párrafo 4 al 10

Tabla IV.5. Ejemplo de codificación de las entrevistas informales.

Entrevista Informal	Entrevistado	Número	Párrafo	Ejemplo de Código	Ejemplo de transcripción
EI	M	1 ó 2	P y numeración	EIM1P4-10	Primera entrevista al maestro. Párrafo 4 al 10

En el caso específico del *cuaderno de campo*, fundamental en el presente estudio de casos, la codificación se ha realizado utilizando como primeras letras DC. A continuación, el día y número de mes y, por último, el párrafo y la numeración.

Tabla IV.6. Ejemplo de codificación del cuaderno de campo.

Diario de campo	Día/mes	Párrafo	Ejemplo de Código	Ejemplo De transcripción
CC	Nº día/nº mes	P y numeración	DC2-12.4-10	Cuaderno de campo de la sesión de 2 de diciembre. Párrafo 4 al 10

En el caso específico del *diario del investigador,* la codificación se ha realizado utilizando como primeras letras DI. A continuación, el día y número de mes y, por último, el párrafo y la numeración.

Tabla IV.7. Ejemplo de codificación del diario del investigador

Diario del investigador	Día/mes	Párrafo	Ejemplo de Código	Ejemplo De transcripción
DI	Nº día/nº mes	P y numeración	DI2-12.4-10	Diario del investigador de la sesión de 2 de diciembre. Párrafo 4 al 10

En relación a la **codificación de personas**, en el caso de los *alumnos*, se ha realizado utilizando la primera letra A, indicando así su papel dentro de la comunidad educativa. A continuación, el curso y el nivel, 4º de primaria, luego el número de mes y, por último, el párrafo y la numeración.

Tabla IV.8. Ejemplo de codificación del alumnado

Alumno	Curso/ nivel	Nº de clase	Ejemplo de Código	Ejemplo De transcripción
A	Nº de curso/ nivel	Nº de clase	A4P10	Alumno de 4º de primaria que posee el número 10 en clase

En el caso del profesor, como era siempre el mismo, la codificación siempre era la misma: la letra P que indica que es profesor, seguido del curso que está impartiendo y el nivel, 4P, y, por último, el número 1 porque sólo es un profesor el que aparece en toda la investigación, Ej: P4P1.

IV.2.6.- Análisis de credibilidad del estudio

IV.2.6.1.- Aproximación teórica a los criterios de calidad en investigación cualitativa

Antes de adentrarnos en los criterios de calidad, nos gustaría apuntar que consideramos que la credibilidad en un estudio de investigación naturalista cualitativa queda avalada por la ética del investigador. En esta ética tienen cabida una serie de principios que ayudan a asegurar la veracidad del análisis interpretativo que aparece explicado en el siguiente capítulo, por ello nos referimos a la siguiente cita de Manzano (2006):

"Los principios fundamentales y universales de la ética de la investigación con seres humanos son: respeto por las personas, beneficiencia y justicia. Los investigadores, las instituciones y, de hecho, la sociedad, están obligados a garantizar que estos principios se cumplan cada vez que se realiza una investigación con seres humanos".(Manzano, 2006).

Estos principios son los que han guiado en todo momento nuestra investigación científica.

Guba (1989),[40] en su estudio sobre los criterios de credibilidad en la investigación naturalista, destaca los aspectos de credibilidad a tener en cuenta, proponiendo cuatro:

- Validez externa.
- Validez interna: rigor de la investigación.
- Fiabilidad.

[40] Para adquirir un mayor conocimiento de aspectos relativos a los aspectos de credibilidad en una investigación cualitativa es importante revisar escritos de algunos de los siguientes autores: Guba (1989); Goetz y LeCompte (1988); Walker (1989); Hopkins (1990); Santos Guerra (1990); Pérez Serrano (1994a); Stake (1998), Elliot (1986; 1990), Ballesteros y Lara (1997).

- Objetividad: neutralidad. Garantizada por el rigor metodológico.

La relación de dichos criterios de credibilidad, enmarcados dentro del paradigma positivista, se muestra en el siguiente cuadro extraído de Guba (1989).

Tabla IV.9. Relaciones entre los aspectos de credibilidad

ASPECTO	TÉRMINO CIENTÍFICO	TÉRMINO NATURALISTA
Valor de verdad	Validez interna	Credibilidad
Aplicabilidad	Validez externa	Transferibilidad
Consistencia	Fiabilidad	Dependencia
Neutralidad	Objetividad	Confirmabilidad

Fuente: Guba, E. (1989, p.153)

Como estamos afrontando un estudio de investigación basado en un estudio de casos único, nos preguntamos varias cuestiones:

¿Cómo demostrar la veracidad de los resultados de la investigación? Fundamentalmente a través del contraste de los resultados con diversas fuentes de las que se han obtenido datos, es decir, a través de la triangulación metodológica.

¿Cómo determinar el grado en que pueden aplicarse los descubrimientos que se han hecho en dicha investigación a otro contexto o a otros personajes?
Si bien es cierto que hay conocimientos extrapolables a otros contextos y personajes, como pueden ser la adquisición de la competencia digital o la integración curricular de la PDI en el aula, hay otros aspectos que son únicos de dicha casuística y, de hecho, ahí radica también la unicidad e importancia del caso en sí mismo, con su idiosincrasia.

Consideramos que también la credibilidad está supeditada al entorno y, fundamentalmente, a los sujetos investigados. Desde la objetividad y neutralidad se quieren mostrar los comportamientos acaecidos en el estudio y se pretende tener un compromiso último con el conocimiento, para lo cual no sólo nos quedamos con los criterios éticos, fundamentales en todo estudio científico, sino también en desarrollar un análisis interpretativo de calidad.

IV.2.6.2.- Análisis de credibilidad

Desde el prisma de Rodríguez et al. (1996), los rasgos que se han asociado a la calidad de la investigación educativa, desde el enfoque positivista, han sido la fiabilidad y la validez. Dichos enfoques han primado en nuestra investigación.

En este apartado vamos a analizar qué estrategias metodológicas se han utilizado para poder validar el estudio, siguiendo los principios de credibilidad, planteados por Guba en 1989, dentro del paradigma positivista.

Por ello, consideramos fundamental para abordar un estudio de investigación a nivel científico, que los criterios de validación del mismo sean férreos y consistentes, que el estudio esté fuertemente sustentado a nivel metodológico y ético y eso lleve a la comunidad científica a considerar que se trata de un estudio fiable y veraz.

Algunos autores, como Bell (1987), cuestionan el valor de los estudios de un solo evento. Nosotros apostamos por un estudio de casos único para profundizar de lleno en el mismo, comprender el caso, entender los motivos por los cuales los actos se desarrollan de esa manera y responder a los interrogantes de la investigación. Nos apoyamos en Rodríguez et al. (1996), para la fundamentación del estudio de casos único, "En la medida en que el caso único tenga un carácter crítico, en tanto que permita confirmar, cambiar, modificar o ampliar el conocimiento sobre el objeto de estudio" (p.95) además de su unicidad.

No todos los datos son válidos ni creíbles, sólo aquellos que tengan al menos dos entradas los podemos considerar válidos para nuestra investigación, siempre y cuando sean datos que nos aporten información significativa de nuestro objeto de estudio. Para ello nos hemos valido de la triangulación.

Pero, ¿qué se entiende por triangulación? Algunas definiciones que hemos escogido nos ayudan a comprender más esta estrategia fundamental para validar nuestro estudio,

Para Guba consiste en "recoger datos desde una variedad de perspectivas, usar una variedad de métodos y apoyarse en una variedad de fuentes para que las predicciones de cada investigador se comprueben tan tenazmente como sea posible" (Guba, 1989, p. 161).

Stake (1998) opina que, "para conseguir constructos útiles e hipotéticamente realistas en una ciencia, se requieren métodos múltiples que se centren en el diagnóstico del mismo constructo desde puntos de observación independientes, mediante una especie de triangulación" (Stake, 1998, p.81).

Coincidimos con Ruiz (2003), en la siguiente cita, "la triangulación busca el enriquecimiento de una investigación aplicándole un riguroso control de calidad o, dicho de otro modo, el investigador se empeña en controlar metodológicamente su investigación, persuadido de que con ello ésta se verá enriquecida"(Ruiz, 2003, p.327).

Como instrumento de contraste de diferentes informaciones, en nuestro caso se han realizado las siguientes estrategias:

- *Triangulación de métodos*: empleo de diversos instrumentos para contrastar varias informaciones. Se ha contrastado, de esta manera, la información obtenida en la observación participante, el cuestionario y las entrevistas, además de cotejar diferentes informaciones con las anotaciones del diario del investigador.

- *Triangulación de momentos*: esta triangulación también se ha llevado a cabo a través del análisis de distintos aspectos, organizados en categorías, a lo largo de distintas situaciones temporales.

En el presente trabajo de investigación hemos utilizado varias estrategias para conferir credibilidad al mismo; para obtener la validez interna relativa al **valor de verdad**, según la tabla de Guba, se ha llevado a cabo la triangulación metodológica de los siguientes aspectos:

- **Trabajo prolongado**: el período de acceso directo al campo de manera continuada ha sido de un curso académico completo, dentro del cual se ha asistido a todas las sesiones de la materia, de manera que se han seguido con continuidad los contenidos y la metodología utilizada. En principio, la investigadora tenía miedo de cómo iba a ser aceptada en el grupo y si su presencia iba a suponer un elemento anómalo, extraño para ellos, que no les permitiese interactuar con el profesor de manera habitual. También éramos conscientes de que corríamos el riesgo de asumir presencias preconcebidas por los observadores que pudieran afectar negativamente a la realidad observada; por ello quisimos que nuestra presencia no influyera cualitativamente en el espacio a analizar y tuvimos una posición neutral, sin visionar con ideas preconcebidas, intentando explorar todo de nuevo sin emitir juicios de valor, tratando el material con todo rigor y objetividad.

- **Observación reiterada**: posibilita una comprensión en profundidad del objeto de estudio. Es la manera de no establecer unos juicios precipitados que pudieran distorsionar la realidad estudiada y analizada. El hecho de llevar estructurado el proceso de metacategorías o macrocategorías, ya ha facilitado mucho fijar la atención en aspectos concretos dentro del campo, que luego, en el siguiente capítulo, serán analizados; también este hecho ha ayudado a observar otros que, aunque secundarios, han aportado información al caso concreto que nos ocupa. Ciertamente, la observación profunda reiterada en el tiempo, hace posible que los análisis de los registros observados adquieran una mayor solidez en cuanto a credibilidad, dado que se han recogido de manera sistemática y continuada.

La validez interna, con fiabilidad externa e interna, ha venido también determinada por la recogida de datos en tiempo y forma en el contexto apropiado.

El segundo criterio es el relativo a la **aplicabilidad**; es decir, al grado en el que pueden aplicarse los descubrimientos de una investigación concreta a otros sujetos o contextos. Está íntimamente relacionado con la validez externa, aquella que en nuestro estudio se justifica fundamentalmente por la definición en profundidad de las características y perfil del profesor, informante principal, y describir en detalle el contexto en el que se desarrolla el estudio.

Por ello, coincidimos con Goetz y LeCompte (1988), en que, a fin de asegurar esta transferibilidad, durante nuestro estudio hemos recogido abundantes datos descriptivos que permitan comparar este contexto con otros contextos posibles, a pesar de que se trate de un estudio de casos único.

El tercer criterio es el relativo a la **consistencia**, es decir, a la posibilidad de que pudiéramos obtener los mismos resultados al volver a realizar el estudio con los mismos o similares sujetos y/o contextos. Este criterio nos indica la estabilidad de la información (Leal, 2007).

En nuestro estudio, la consistencia viene avalada por el rigor metodológico, los métodos solapados – tipo de triangulación por el que se pueden usar distintos métodos a la vez-, las diferentes técnicas de recogida de datos y métodos de investigación que han posibilitado también compartir con otros informantes el análisis del estudio realizado.

El cuarto y último criterio se relaciona con la **neutralidad** de los hallazgos encontrados en el estudio, frente a las opiniones, motivaciones, o conocimientos teóricos de la investigadora (Cortón, 2012). En el estudio se demuestra la independencia de los datos con respecto al investigador. Para asegurarnos de dicha neutralidad, hemos optado por los siguientes procedimientos:

-Información de doble entrada, es decir, no se ha aceptado ningún dato que no fuera suficientemente evidenciado, garantizando así la

credibilidad de la investigación.
-Inclusión de transcripciones referidas a datos categoriales que aparecen en el informe final.
-Descripción minuciosa y narrada de los acontecimientos relacionados con el objeto de estudio.

Reiteramos que, en nuestro estudio, la neutralidad está asegurada gracias a las estrategias de triangulación. Ésta nos obliga una y otra vez a la revisión y a no hacer juicios de valor personales, sino a basarnos fundamentalmente en los datos provenientes de la observación o de otras técnicas de recogida de datos. La triangulación metodológica es la que ha posibilitado poder conseguir dicho criterio y aumentar el crédito de la interpretación. Estaríamos hablando de que el investigador optaría por una posición de imparcialidad sobre puntos de vista divergentes, según la cual no emitirá juicios de valor sobre sus propias opiniones en relación con el objeto observado. Para ello, siempre se dejó claro que la pretensión del estudio no era valorar ni juzgar la praxis con la utilización de la PDI, sino conocer el proceso y comprenderlo (Angulo y Vázquez, 2003).

Tabla IV.10. Procedimientos utilizados para asegurar el rigor y la veracidad

	Credibilidad	**Transferibilidad**	**Dependencia**	**Confirmabilidad**
Trabajo prolongado en el campo	SI			
Observación continuada	SI			
Triangulación	SI			
Recogida de datos descriptivos	SI			
Descripciones detalladas		SI		
Métodos solapados			SI	
Reflexión				SI
Revisión por observador externo			SI	
Revisión de la confirmabilidad				SI
Saturación				SI
Inclusión de diario de campo, diario de investigador y resto de material				SI

Fuente: elaboración propia

Para que se puedan cotejar en un futuro todos los datos emitidos en el presente estudio de investigación, se han hecho copias de seguridad, a través de grabaciones de audio y video, de todas las observaciones y entrevistas realizadas. En el Anexo aparece reflejada la aportación de copias del diario de investigador, cuaderno de campo (donde está recogida la observación participante), transcripciones íntegras de las entrevistas, etc.

En esta línea, en nuestro estudio, mediante la triangulación, perseguimos la comprensión de la manera de utilización e integración de la PDI en el aula y, al mismo tiempo, buscamos la validez del estudio.

IV.3. Cronología del proceso de investigación

IV.3.1. Fase creativa

IV.3.1.1. Elección del tema de investigación

La elección del tema tuvo su génesis antes de comenzar mis estudios de postgrado, que tuvieron su inicio en el curso académico 2008/2009. Realmente, el objeto de estudio no vino derivado del contenido de los cursos de doctorado en sí mismos, sino porque cuando accedí a dichos estudios tenía claro que debía aprender a investigar sobre el uso y la metodología de la PDI como recurso didáctico en el aula dentro del ámbito de la educación musical. El factor definitorio por el cual yo me decanté por dicha temática tiene una triple justificación:

1. Mi formación profesional: poseo el título profesional de profesor de piano del Conservatorio Profesional de Música de Valladolid y soy Licenciada en Filosofía y Letras con la especialidad de Musicología. Este último hecho me permitió obtener una plaza de funcionaria de carrera en el cuerpo de profesores de enseñanza secundaria en la especialidad de música e impartir docencia utilizando las TIC.

2. Mi labor como profesora asociada en la Universidad: he estado impartiendo docencia universitaria durante cuatro años, como profesora asociada en la Escuela Universitaria de Magisterio de Segovia, dentro del Departamento de Didáctica de la Expresión Musical. Gracias a los miembros de dicho departamento, aprendí la importancia de saber manejar e integrar la tecnología educativa dentro de la docencia, consiguiendo una integración curricular de herramientas tecnológicas que acerquen la clase a la realidad cotidiana del alumno que está en continuo contacto con las tecnologías, y también acercando el aprendizaje informal del alumnado en su vida cotidiana al aprendizaje formal en lo que a tecnologías se refiere, como hemos apuntado en párrafos anteriores, contribuyendo a reducir la escisión entre la escuela y la Sociedad de la Información.

3. Mi labor como asesora de formación del área de Música, Educación Física y Educación Artística en el Centro de Formación e Innovación Educativa de Segovia (CFIE) desde 2008, lo que me obliga a estar en continuo aprendizaje formativo en lo que a las TIC y la educación musical se refiere.

Mi intención al realizar esta tesis doctoral es aprender, de una manera más profunda, aspectos referentes a las TIC en relación con la educación musical, fijándonos preferentemente en la PDI como recurso didáctico y como objeto de estudio, dado que es una herramienta que se ha ido instaurando y consolidando en los centros educativos nacionales, preferentemente en los centros de educación infantil y primaria, y de manera más retardada en los centros de educación secundaria; desde nuestra percepción, consideramos que no se está haciendo un uso metodológico y didáctico adecuado de la misma, como veremos en el capítulo posterior del estudio de casos.

Mi intención de investigar la PDI fue, básicamente, porque en mis inicios de los cursos de doctorado estaba instaurándose la herramienta en los centros educativos y muchos docentes no sabían utilizarla. Consideraba importante tener un dominio de la misma y sacarle máxima rentabilidad, a nivel didáctico, para poder adaptar mi metodología de enseñanza a una metodología más acorde con la SI, una metodología que se alejara del conductismo y se acercara al constructivismo. Tras los cursos de doctorado realizados en el curso académico 2008/ 2009, realice en mi segundo año de doctorado un Trabajo de Investigación Tutelado (TRIT) que llevó por título *"Equipamiento, uso e integración curricular de la PDI entre el profesorado de música de los centros educativos de primaria, secundaria y conservatorio"*. Este fue el paso previo a la investigación que presento en formato de tesis doctoral.
Previo al inicio del TRIT, tuve la oportunidad de compartir inquietudes con mis dos directores de tesis, la Dra. Andrea Giráldez y el Dr. Alfonso Gutiérrez Martín, que me encauzaron para comenzar con la revisión bibliográfica sobre el tema.

IV.3.1.2. Selección del caso único y de informante

Siempre se tuvo claro que iba a ser un estudio de casos único por la particularización del mismo y su unicidad; las razones se detallan a continuación:

1.- Tras el resultado que se obtuvo con el trabajo de investigación tutelado (TRIT) en el que se abordó, entre otros aspectos, el grado de competencia digital del profesorado de música de los centros educativos de la provincia de Segovia, se pudo comprobar que era un profesor que impartía docencia en el CEIP rural, el que poseía una competencia digital excelente. A eso se sumó que dicho futuro informante actuó como ponente impartiendo cursos de formación presenciales en TIC para el Centro de Formación e Innovación Educativa de la Consejería de Educación de la Junta de Castilla y León. Era, lo que se denomina en el ámbito de Formación Permanente no Universitaria, un experto en tecnología educativa. Por todo lo expuesto en el presente párrafo, era el informante ideal para nuestro estudio. En ningún momento se planteó la posibilidad de realizar un estudio de casos múltiple comparativo a tenor de los datos que arrojó el trabajo de investigación tutelado previo.

2.- Conocía personalmente al informante seleccionado de competencia digital excelente, sabía su manera de trabajar y su trayectoria formativa y pensé que era acertado basar mi investigación en dicho estudio de casos único.

No contemplé la posibilidad de que fallara el acceso al campo dentro de todo el proceso investigador, porque también conocía al equipo directivo, fundamentalmente a la directora y al secretario, que era el informante principal de la investigación. Por tanto, tenía acceso a todos los documentos que solicitaba dado que el equipo directivo era muy respetuoso y comprensivo con mi trabajo y no me ponía inconvenientes ni obstáculos a la hora de adquirir ningún documento solicitado. Consideraba además que era fácil de abordar y que los receptores iban a tener a bien las indagaciones realizadas del objeto de estudio (Stake, 1998).

IV.3.1.3. El proceso investigador y la temporalización de la investigación

A continuación presentamos una tabla resumen con el proceso investigador.

Tabla IV.11. Proceso de investigación

- **Cronología de la investigación. Fases**
- **Trabajo de campo**
    - **Entrada al centro educativo**
      Negociaciones iniciales
      Selección del grupo de alumnos
- **Recogida de datos**
    - **Métodos interactivos:**

      Observación

Entrevistas **Cuestionarios** - **Métodos no interactivos:** **Revisión de documentos del centro** **Programación de aula del informante principal** • **Proceso de análisis de los datos** • **Abandono del campo** • **Informe final del estudio de casos**

Fuente: elaboración propia

Las diferentes fases en las que se ha llevado a cabo la presente investigación se detallan en la siguiente tabla. En lo que respecta al calendario, en la fase de observación se realizó un calendario que fue presentado a los directores de la tesis con el objetivo de cumplir lo más rigurosamente posible el mismo y modificar cualquier aspecto que ellos consideraran oportuno.

Presentamos a continuación la tabla con la cronología de la investigación.

Tabla IV.12. Cronología de la investigación

PRIMERA FASE	**Temporalización Junio 2010 -**	**Toma de contacto y negociación con el informante principal.**
Formación investigadora		**Primera conversación con el profesor que iba a ser objeto del estudio de casos.**
		Nuevos contactos con el profesor. Le explicamos con un mayor detalle las características del proyecto a desarrollar. Solicitud de permiso para realizar la investigación dentro del aula de los alumnos

		de 4º de primaria. Solicitud de permiso al equipo directivo del centro que siempre se ha mostrado cooperador en el proceso.
		Diseño de los instrumentos para la obtención de datos. Formación de la observadora sobre las técnicas de la observación participante y no participante, y preparación de la entrevista.
SEGUNDA FASE **Trabajo de campo intensivo en el aula**	Período: 11 de noviembre de 2010 – 16 de junio 2011	Observación participante una vez por semana, toda la sesión completa. Cuestionario para los alumnos de 4º de primaria y entrevista en profundidad.
TERCERA FASE	Marzo 2012	Reunión con mis directores de tesis y corrección del marco teórico de la misma.
	Abril 2012 – septiembre 2012	Organización de datos y análisis e inicio de la escritura del informe final. Análisis de datos arrojados por la observación no participante. Análisis de la entrevista en profundidad y de los cuestionarios. Contacto telefónico con el profesor.
CUARTA FASE Actualidad	Último trimestre del 2012	Mantengo el contacto con el profesor. Elaboración final del informe

	del estudio de casos.
	Reflexión crítica sobre los resultados.

Fuente: Elaboración propia

IV.3.2. Fase interactiva

Esta fase es fundamental en las tareas de trabajo de campo (Buendía et al. 1998). En la misma, se ha dado comienzo a la utilización del diario del investigador como instrumento de reflexión sobre lo que comenzaba a pasar en el acceso al campo y en todo el proceso de obtención de datos. También se comenzó a utilizar el cuaderno de campo, fundamental en el proceso, y el cuaderno del investigador, donde se recogían todas las transcripciones de las entrevistas informales y la entrevista presecuencializada.

IV.3.2.1. Toma de contacto y negociación

La investigación se llevó a cabo en un CEIP rural de una localidad a 30 km de la capital segoviana, las únicas personas que conocía la investigadora eran tres:

1.- El profesor tutor de los alumnos de 4º de primaria sobre los que iba a recaer el estudio.

2.- El profesor de música de dichos alumnos.

3.- La directora del CEIP.

La toma de contacto fue por citación previa con el informante clave, el profesor especialista de música del centro.
El profesor de música y el tutor de los alumnos de 4º de primaria fueron los que, previo a la inmersión de la investigadora en el aula, hablaron con los alumnos para explicarles el motivo por el cual una persona ajena al grupo iba a asistir a todas las clases de música impartidas por el informante clave en el curso 2010/2011.
La presentación informal corrió a cargo del profesor de música, que fue el que introdujo a la investigadora en el aula de una manera cordial y amigable y con una confianza, -como se demostró a lo largo de todas las observaciones-, que provocó que los alumnos se sintiesen cómodos con la presencia de una persona ajena a su entorno educativo y a su grupo clase.
Todos fueron informados del trabajo que se iba a llevar a cabo y todos eran conocedores de que se les garantizaba el anonimato.

IV.3.2.2. Problemas surgidos durante la investigación

No hemos encontrado problemas graves que influyeran decisivamente en el proceso de investigación. Sí pequeños problemas relativos al desarrollo de algunas sesiones presenciales; debido al cargo que el informante principal ocupaba de secretario de centro, en tenía que ausentarse del aula y ese hecho desconcertaba un poco a los alumnos y se perdía por tanto la dinámica de grupo, empezando a cambiar el clima del aula. Otro problema fue de índole personal de la investigadora principal, que tuvo que ausentarse del campo aproximadamente un mes, dado que estuvo de baja por enfermedad y no pudo llevar a cabo la observación de dichas sesiones que se celebraron durante el primer trimestre del curso 2010/2011. Salvo esos hechos, más que problemas hemos tenido ventajas dado que al docente, informante principal, le conocíamos de años anteriores, sabíamos su entusiasmo por el magisterio, su capacidad de interacción y comunicación con el alumnado y su entrega altruista a la ayuda de terceros. Por ello, el acceso al campo no tuvo mayor problema.

CAPÍTULO V. ESTUDIO DE CASOS

Abrimos este capítulo, referido íntegramente al estudio de casos y al análisis e interpretación de los datos, con la cita de Bisquerra, dado que consideramos que tiene mucha importancia la obtención de los datos y su análisis posterior; ambas circunstancias facilitadoras de una mayor comprensión del objeto de estudio, eje vertebrador de nuestra tesis doctoral.

Para abrir el capítulo tomamos prestada la cita de Bisquerra (2004), "el análisis de datos constituye una etapa clave del proceso de investigación cualitativa que aparece indisolublemente unido a la recogida de información"(Bisquerra, 2004, p. 357).

V.1. Escenario y personajes

V.1.1. Descripción del contexto

El centro protagonista del presente estudio es un centro público de educación infantil y primaria situado en Carbonero el Mayor, una localidad que cuenta con una población de tamaño pequeño, aproximadamente unos 2.500 habitantes, y que está situada al sur de la Tierra de Pinares y al norte de la Tierra de Segovia.

Tiene una extensión de 6.646 hectáreas, su altitud media es de 865 m y su cota más alta se eleva hasta los 969 metros en el paraje denominado "La Muela" (Escudero, López, Miguelañez, López y Herrero, 1991). Por tanto, es una escuela rural pero no un Centro Rural Agrupado (CRA), por ello el docente no posee la dificultad de impartir docencia en las aulas multinivel (López Pastor, 2002).

El pueblo cuenta con industrias del sector agropecuario, cerámica, madera y confección; se están mejorando las vías de comunicación y posee buena situación geográfica. Tiene una importante red de servicios tales como: IES "Vega del Pirón", EPA, (Educación Permanente de Adultos), Centro Comarcal de Salud, Centro de Animación Sociocultural de la Junta de Castilla y León, Telecentro con Aula Mentor, Centro Cultural "Los Caños", Biblioteca Pública Municipal, Cuartel de la Guardia Civil, CEAS de la Diputación Provincial, Hogar del Pensionista del INSERSO, matadero, dos polígonos industriales, dos residencias de ancianos, polideportivo, piscinas municipales y campo de fútbol, escuelas deportivas, escuela de música, emisora local de radio y tanatorio.

La escuela recibe, además, alumnos/as de otros municipios[41].

El alumnado del colegio procede de diversas nacionalidades; actualmente cuenta con un alto índice de inmigrantes: búlgaros, polacos, rumanos y ecuatoriano, de orígenes socio-profesionales diversos, desde agricultores, ganaderos, industriales, funcionarios, empleados de oficina, empleados de banca, hasta profesiones liberales. Consideramos que, con el alumnado inmigrante, debemos conseguir que la escuela rural defienda una educación intercultural que permita la igualdad entre las diferentes culturas (Barba 2010).

Hay alumnos que, como hemos apuntado antes, viven en el núcleo rural donde está sito el colegio y otros viven en localidades cercanas; por tanto, los niños y niñas que viven en el pueblo donde se encuentra el colegio están acostumbrados a convivir fuera del colegio, a diferencia de lo que ocurre en los colegios urbanos. Esto provoca que la convivencia entre iguales se desarrolle de una manera natural (López Pastor, 2006), lo cual puede tener un lado negativo, y es que los problemas de la calle entran con más facilidad al aula. En este capítulo abordaremos un episodio problemático, disruptivo, en cuanto a conducta entre iguales, resuelto por el informador clave (Ruiz Omeñaca, 2004).

Este centro promueve la educación y formación de niños/as de 3 a 12 años, constando de dos etapas:

1º) Educación Infantil, de la que se imparte el 2º Ciclo (3 a 5 años).

2º) Educación Primaria: Primer Ciclo, Segundo Ciclo y Tercer Ciclo (6 a 12 años).

Las unidades jurídicas con las que cuenta el centro educativo son cuatro en Infantil y nueve en Primaria.

---

[41] Alumnos de los municipios de Roda de Eresma, Tabanera la Luenga, Encinillas, Pinarnegrillo, Yangüas de Eresma, Estación de Yanguas y Carbonero de Ahusín.

El número de alumnos del centro oscila alrededor de los 250. La plantilla consta de 25 docentes, de los cuales seis viven en la misma localidad y el resto en otras localidades. El centro de educación consta de dos edificios, uno para los alumnos de educación infantil y otro, de mayores dimensiones, para los alumnos que cursan los estudios de educación primaria. El de primaria, que es donde he llevado a cabo la investigación, consta de dos plantas y una entreplanta y fue construido en el año 1936, con una distribución de espacios que luego detallaré.

Muchas de las clases son del tipo "aula – grupo", de modo que son los profesores los que se mueven de un aula a otra dependiendo del curso al que les toca impartir docencia.

El reparto de las aulas es el siguiente:
En la planta baja o primera planta, a la que se accede por el patio del colegio, están los grupos de 1º de primaria A, B, 2º primaria, educación compensatoria, 3º de primaria A y B, un aula de desdobles y el aula de audición y lenguaje. El aula de música está situada al lado del comedor escolar, en el edificio de menores dimensiones, junto al edificio principal donde se dan cabida todas las aulas.

En la entreplanta se encuentra el aula de 4º de primaria A y la biblioteca, y en la segunda planta se encuentran las aulas de los alumnos de 6º de primaria, 4º de primaria B, la sala de profesores, el despacho de la directora y resto de equipo directivo, el aula de informática y 5º de primaria A y B.

V.2. El aula de 4º de primaria

El aula en donde el profesor especialista en educación musical imparte la asignatura de música, ha sido la misma durante todo el curso 2010/2011. Se encuentra situada en el centro del pasillo del segundo piso.

V.2.1. Distribución del aula

Como veremos en el siguiente gráfico, se trata de un aula de tamaño medio, aunque desde nuestro punto de vista es insuficiente para poder desarrollar cualquier actividad motriz que tenga que ver con desplazamientos espaciales. La mesa del profesor está colocada cerca de la pared, como veremos en el gráfico que aparece a continuación, situada a la derecha de la puerta de entrada; detrás de la misma encontramos la pizarra tradicional y al lado, la PDI. Frente a la mesa se colocan las mesas y sillas de los alumnos, colocadas por parejas de dos en dos.

El aula es muy luminosa, con grandes ventanales que posibilitan usar luz natural en las sesiones lectivas.

Paso a detallar cómo es el resto del aula, cuyas paredes están ocupadas de la siguiente manera: una pared completa está ocupada por grandes ventanales, otra por las dos pizarras (PDI y tradicional), otra por la puerta de acceso al aula, percheros y un armario de tamaño medio, y la pared restante, la que queda a las espaldas de los alumnos cuando están sentados, está completada con multitud de estanterías con libros y material didáctico adicional, entre el cual no aparecen instrumentos musicales.

Gráfica V.1. Distribución del alumnado de 4º de primaria durante la primera observación[42]. Día 11 de noviembre de 2010

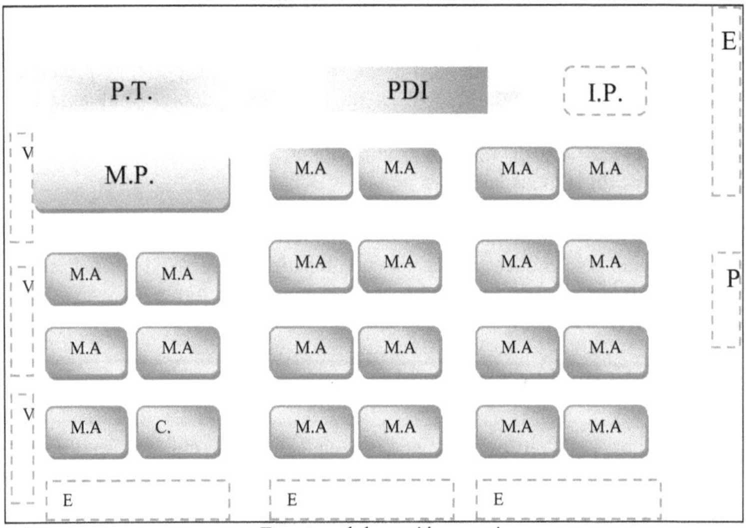

Fuente: elaboración propia

La distribución de las mesas y sillas está normalizada en muchas escuelas, en la que los alumnos pueden seguir el hilo conductor de los contenidos impartidos sin mayor problema; además, como no se sientan siempre en el mismo sitio, cambian voluntariamente de mesa según su conveniencia, y alternan los puestos de las últimas filas, a excepción de AP423 que siempre está sentado al lado de su cuidadora, puesto que es un alumno ACNEE[43]. Pero no es menos cierto que esta distribución por parejas no fomenta el trabajo en

[42] M.P.= Mesa del profesor de música. I.P.= Lugar donde se sienta la investigadora principal durante el tiempo de acceso al campo. P= Puerta y E= Estantería, V= ventanas, M.A.= mesa de alumno, PDI= Pizarra digital interactiva, P.T.= pizarra tradicional.

[43] Alumno con necesidades educativas especiales.

equipo, dado que al alumno sólo le permite interactuar con su compañero de mesa y eso provoca que se siga potenciando en parte el estándar ya, en ocasiones obsoleto, de metodología conductista.

Nos resultó llamativo que las clases de música no se impartiesen en el aula de música y se diesen en la clase donde los alumnos de 4º de primaria reciben el resto de las asignaturas. P4P1 valoró este hecho de la siguiente manera:

> *"...el impartir clase en el grupo clase y no en el aula de música, limita determinadas actividades que puedo hacer con ellos. En este aula hay PDI y yo quería trabajar con ellos con dicha herramienta".*
>
> *(EIM11.11P8-10)*

> *"Tengo el hándicap de que las pizarras no están en el aula de música, sino en el aula clase, y allí no tengo instrumentos, no está acondicionada".*
>
> *(EM1.P 65)*

Nos gustaría hacer algunas consideraciones en relación al tipo de aula en el que se ha impartido la docencia de un curso completo de música:

1.- Es un aula con un espacio limitado para cualquier tipo de actividad que conlleve ejercicio físico, es decir, no se puede impartir ninguna actividad en la que se trabaje la expresión corporal, movimiento y danza, dado que es un grupo numeroso (veintisiete alumnos), y no hay espacio físico real para que los niños se desarrollen motrizmente.

2.- El hecho de que se trate de un aula-clase y no de un aula-materia, imposibilita que en la misma se posea todo el instrumental Orff para que los niños puedan trabajar expresión instrumental y no sólo, como en el 97% de los casos, trabajar con la flauta que cada alumno trae de su casa (a alumnos de minorías étnicas, no se les facilita). Su explicación, a tal respecto, fue la siguiente:

> *"Tenemos flautas de sobra en el aula, pero no se las quiero dejar porque si no dejan de tener la obligación de comprar una y traerla a clase como hace el resto de los alumnos. Siempre son los mismos los que no traen la flauta". A4P26 y A4P27" (EIM 03.03P5-8)*

> *"No es un instrumento caro y quiero que ellos valoren y se integren en la asignatura, teniendo las mismas obligaciones que el resto". (EIM 03.03P10-12)*

3.- Tal como ha distribuido la clase, dicha colocación facilita el trabajo en parejas y el poder trabajar en grupos pequeños de cuatro personas, aunque en ninguna sesión se ha dado esta última casuística.

Por último, vamos a exponer el equipamiento, desde el punto de vista tecnológico, que posee la clase. Tiene un ordenador portátil, equipo de altavoces, conexión a Internet, proyector y PDI. Coincidimos con Giráldez en que "los recursos disponibles y la forma de utilizarlos determinarán, en gran medida, el tipo de uso y aprovechamiento de las TIC". (Giráldez. 2007, p.11).

V.2.2. Clima de trabajo y convivencia

El clima de trabajo es muy bueno, ayudado también por el clima positivo que logra el maestro especialista (Romero y Caballero, 2008). Para llegar a realizar esta afirmación, hemos llevado a cabo la triangulación metodológica, basándonos en los datos recogidos tanto en el cuaderno de campo como en las entrevistas informales.

Es constatable y demostrable en todas las sesiones, el refuerzo positivo que lleva a cabo el profesor. Éste influye en el aumento de motivación del alumnado, como luego veremos, y en su rendimiento académico (Woolfolk, 2006). No hemos encontrado ninguna sesión en la que no se evidencie, a lo largo de la misma, algún gesto cercano a ayudar a los alumnos y a favorecer el clima de atención y de trabajo en el aula.

Dado que se trata de una escuela rural, el informante clave manifiesta vocación, conocimiento del medio rural, adaptación al mismo, cualidades humanas de signo positivo (bondadoso, paciente) (Carmera y Regidor, 1984), como se ha podido apreciar en todas las grabaciones realizadas en su aula y en todas las conversaciones mantenidas con él fuera de la misma.

A continuación, exponemos algunas reflexiones de la investigadora derivadas del proceso de observación constante, a tenor del clima favorecedor que lograba el profesor:

> *"...en el ecuador de la sesión sacó a A4P13 a la PDI, le costaba mucho hacer la clave de sol en segunda, pero cuando, después de siete intentos, lo consiguió, él la alabó lo suficiente como para que se subiese la autoestima de la niña y fuera a su sitio contenta por el trabajo bien hecho, aunque hubiera tardado mucho tiempo en hacerlo de manera correcta". (CC 9-12.2)*

Cuando los alumnos realizaban los exámenes de flauta -uno por trimestre-, el proceso de realización de la prueba siempre era el mismo, y él intentaba calmar los nervios y la tensión previos a dicho momento con refuerzo positivo, un ejemplo de ello es la presente cita:

> *"En el examen de flauta, para animar a algunos alumnos más flojos académicamente, dice: "Has estudiado todo el recreo, macho, así que toca con más confianza". "Tenemos que echarle un poco de engranaje al coche,*

> *que se va pero bien" (se lo dijo a A4P2 cuando se examinó de flauta). El clima en el examen de flauta ha sido perfecto, los niños han sabido respetar el turno de cada alumno y han estado en silencio y atentos a las intervenciones de cada compañero." (CC 20-1.1)*

Para poder abordar el clima de trabajo dentro del aula, se llevó a cabo una observación sistemática, fijándonos en determinadas situaciones durante diez sesiones.

Tabla V.1. Situaciones observadas sobre el clima de trabajo en el aula durante trimestre y medio

SITUACIONES OBSERVADAS	REGISTROS REALIZADOS
Absoluto silencio en clase y todos los alumnos siguiendo las explicaciones del profesor.	8
Minoría de alumnos (10%) distraídos	2
Más del 50% de los alumnos distraídos, sin atender explicaciones del profesor.	0
Alumnos desconcentrados, que no siguen las explicaciones.	0

Fuente: elaboración propia

A tenor de los datos de la tabla, se puede apreciar que el clima del aula, en términos generales, ha sido muy bueno, no se han producido conductas disruptivas acusadas, excepto una que debemos mencionar.

Consideramos que las conductas disruptivas deterioran el aprendizaje y la comunicación a nivel afectivo de los alumnos y, ésta, en concreto, que tuvo lugar en el ecuador de una sesión de mediados del segundo trimestre, la consideramos una conducta disruptiva de nivel relacional (Mestre y Guil, 2004). La circunstancia derivó de una actividad de percusión corporal que estaban realizando; en un momento de la actividad era necesario trabajar por parejas un ejercicio relativo al entrechoque de palmas con el compañero del pupitre contiguo, a lo que una alumna se negó, porque con quien tenía que entrechocar sus palmas era un alumno inmigrante y así se lo manifestó al profesor, que no quería entrechocar con A4P27. En la entrevista informal llevada a cabo tras la finalización de la sesión, esto fue lo que comentó el informante principal:

> *"Ha habido un momento tenso, que no suele haber en este clase, donde se ha evidenciado que una alumna no quería trabajar las palmas con un alumno inmigrante porque "le daba asco tocarle". (EIM 10.03P2)*

Es un dato significativo teniendo en cuenta que, como hemos apuntado en el apartado III.1.1, hay un alto índice de alumnado inmigrante en el centro educativo, y lo que no se ve en una observación sistemática y prolongada de actividades de clase, sí se revela como un problema, fundamentalmente discriminación por razón de nacionalidad, en situaciones de posicionamiento personal, al tener que entrechocar palmas o trabajar otro tipo de actividades de índole físico.
Al margen del hecho puntual comentado en el párrafo anterior, es digno de mención que, siendo un grupo tan numeroso, veintisiete alumnos en clase, y siendo uno de ellos un alumno con necesidades educativas especiales, el clima del aula sea tan satisfactorio. Este alumno, A4P23, necesitaba una cuidadora que le acompañaba a todas las clases de las distintas materias y, por tanto, estaba presente en todas las clases de música. Esta cuidadora vigilaba todos los movimientos del alumno y sus impulsos descontrolados cuando éste escuchaba música.

Podemos concluir afirmando que el clima que se respiraba dentro del aula, no en relación con los contenidos de la asignatura, sino a nivel general, tanto en comportamiento individual como grupal, ha sido muy positivo. Como hemos apuntado al inicio del apartado, se ha triangulado la información proveniente de la observación participante, que ha quedado reflejada en el cuaderno de campo, con el diario del investigador que escribía al salir del aula y las entrevistas informales.

V.2.3. El profesor especialista de música. Formación en TIC y en concreto en PDI

Como ya hemos manifestado en el capítulo anterior, siempre se tuvo claro que se iba a llevar a cabo un estudio de casos único, cuyo informante principal tuviera dos características fundamentales:

- Tuviera adquirida la competencia digital excelente. Eso estuvo cotejado tras analizar los datos derivados del trabajo de investigación tutelado.
- Fuera experto en tecnología educativa en el área de música.

Brevemente vamos a describir al profesor especialista de música, informante principal:
Varón, de 37 años en 2010, que, a nivel académico poseía dos diplomaturas: Maestro en Educación Infantil y Maestro en Educación Musical, que terminó de cursar en 1997. En relación a su experiencia profesional como docente, aprobó las oposiciones a maestro especialista de música en el curso 2000 y en el curso 2001/2002 fue nombrado Funcionario de Carrera. Lleva trabajando

en el centro donde se ha realizado la investigación, desde el curso 2002, como profesor especialista de música[44].

V.2.3.1. Formación en TIC y en concreto en PDI

En el capítulo II, en el apartado II.5, relativo a la formación permanente del profesorado sobre PDI en la provincia de Segovia, se abordan en profundidad aspectos generales relativos a la formación en competencia digital. Por ello, en este apartado nos vamos a ceñir, concretamente, a los datos obtenidos de la investigación etnográfica en lo que respecta a la formación en TIC y en PDI del maestro especialista de música.

Vamos a centrarnos en la formación que ha recibido nuestro informante principal, y para ello se han validado los datos adquiridos, teniendo la información con doble entrada, por un lado la entrevista y por otro la observación persistente en el campo. Por otra parte, vamos a centrarnos en la formación que él ha impartido a otros docentes, labor que consideramos importante porque creemos que dicha formación también ha revertido en su propia formación; es decir, el hecho de prepararse sesiones de ponencias presenciales ante especialistas de música de otros centros educativos diferentes al suyo, y ante otro tipo de docentes maestros, ha hecho que él siente las bases de qué es lo que se debe trabajar con la PDI para conseguir que sea utilizada en el aula de manera eficaz, no sólo pensando en el aprendizaje del alumnado, sino en cómo enseñar al profesorado a crear materiales multimedia, con el software de la PDI.

Dentro de la formación en TIC y en PDI, nos pareció interesante conocer su percepción sobre si consideraba que tenía adquirida la competencia digital y cuál había sido el proceso de adquisición de la misma. Para ello, transcribimos un fragmento de la entrevista realizada al mismo:

> *"Investigadora:¿Por qué crees que tienes desarrollada la competencia digital? ¿Cómo la has conseguido?*
>
> *Profesor: Me comparo con mis compañeros de este colegio, de otros colegios; yo no he estudiado informática, todo lo que he aprendido ha sido por mi cuenta o por cursos o por amigos que pregunto, yo tengo mucha inquietud. Cuando me compré el primer ordenador, me acuerdo que el informático me dijo: toca todo lo que quieras, que no te lo puedes cargar, que es imposible cargártelo, que para cargártelo tienes que saber mucho. Pues a partir de entonces yo empecé a toquetear, a investigar, a jugar y me encanta.*

[44] Estuvo tres años como Jefe de Estudios (cursos 2004/2005, 2005/2006 y 2006/2007). Como Secretario trabajó tres cursos: 2009/2010, 2010/2011 y 2011/2012.

> *Cualquier programa que me llame la atención, lo busco y aprendo, soy autodidacta, tengo vicio por aprender. Hice un curso de música por ordenador en el Centro Superior de Formación del Profesorado, el curso estaba basado en la experiencia de un profesor de música de Soria y cómo tiene todo integrado en la programación."*
>
> *(EM1P1-3)*

Consideramos significativo este fragmento de la primera entrevista realizada al profesor el 28 de febrero de 2011, porque aborda aspectos que son de nuestro interés para comprender el problema a investigar.

Por un lado, la entrevista manifiesta su actitud pro tecnológica, -sin cuestionarse si los usos que se dan a la PDI son, en algunos casos, "perversos", si se adecúan a las directrices de la nueva escuela -, este dato queda validado por el uso que realiza de la PDI en cada sesión de aula, entre líneas deja ver su entusiasmo hacia las tecnologías, lo que le lleva a buscar información de su interés más allá de cursos de formación impartidos por expertos en tecnología educativa.

Por otro lado, aborda el tema de la formación permanente en TIC, no sólo la ofrecida por organismos oficiales específicos del ámbito educativo, sino también la autoformación, o digámoslo de otro modo, su propio auto aprendizaje, capacitándose en la búsqueda de programas que le resulten satisfactorios a nivel profesional.

Somos conocedores de que en la Consejería de Educación de la Junta de Castilla y León existe un documento, una tabla de autoevaluación[45], con la que se evalúa el nivel de competencia digital que posee el docente en relación con las TIC, enmarcadas en las cuatro dimensiones plasmadas dentro del programa regional de Escuela 2.0. Esta misma tabla, que aparece en el ANEXO I, es la que realizó el profesor y respondió afirmativamente a todas las cuestiones, algunas de ellas se muestran a continuación:

- "Conozco distinto software educativo y lo integro en las programaciones de aula junto con otra actividades con el fin de integrar las TIC en el proceso de enseñanza-aprendizaje y contribuir al desarrollo de la competencia digital de los alumnos".

- "Introduzco las TIC en el proceso de enseñanza-aprendizaje para facilitar los distintos ritmos de aprendizaje del alumno".

---

[45] Se trata de un documento elaborado por el equipo experto en tecnología educativa que desarrolló el programa Red XXI educacyldigital en Castilla y León.

- "Soy capaz de elegir los medios tecnológicos y las aplicaciones adecuadas para las tareas diarias".

- "Utilizo nuevas formas de producción de materiales que posibiliten diferentes formas de trabajo y evaluación". (Consejería de Educación JCyL, 2012, Anexo I)

El hecho de manifestar que es capaz de abordar cada uno de los enunciados que aparecen en el anexo, es sinónimo de que tiene adquirida la competencia digital en el nivel más avanzado, lo que podríamos denominar "competencia digital excelente". Otro caso bien distinto es que, en las sesiones observadas, no lleve a cabo los parámetros que sí hubieran sido necesarios para integrar de manera más eficaz la PDI en el aula de música y que aparecen reflejados en la tabla de autoevaluación.

En relación a la importancia que él otorga a que los docentes adquieran la competencia digital y la manera que él tiene de afrontar el uso de aparatos tecnológicos, destacamos este fragmento de la primera entrevista:

> *"Investigadora:¿Qué entiendes por competencia digital, crees que es importante para el profesorado?*
>
> *Profesor: Por supuesto, creo que es fundamental, lo que entiendo es que sé manejar un ordenador, y cuando me da un problema puedo buscar la solución a ese problema. El ordenador no me da miedo, no me asusta, no me altera que dé un fallo mientras estoy explicando algo en clase, lo soluciono y eso es fundamental para trabajar con cualquier equipo informático en clase, porque muchos compañeros me dicen: ... es que si al hacer esa presentación que haces, se bloquean... por eso tienes que tener soltura, porque aparte de conocer sistemas informáticos conozco el hardware de Windows." (EM1P 4 – 5).*

Como se aprecia en la transcripción, el entrevistado no se ciñe exactamente a la pregunta, porque en ningún momento define claramente qué es lo que entiende por competencia digital. Lo cierto es que sí la tiene adquirida, pero no le preocupa tanto el concepto en sí como el poder llevarla a cabo para mejorar los procesos de enseñanza-aprendizaje del alumnado.

En lo que respecta a los años en los que se ha formado en TIC, y más en concreto en PDI, y en relación a los organismos que han sido los promotores de la realización de dichos cursos, avanzamos un fragmento de transcripción de la entrevista que aborda dichos aspectos:

> *"Investigadora:¿Hace cuánto tiempo que llevas formándote? ¿Qué organismos has utilizado tú para formarte?*

> *Profesor: El Instituto de Cursos Online del Ministerio de Educación, el ITE, y el Centro de Formación e Innovación Educativa (CFIE). Luego he buscado material en la Red, viendo algún programa en profundidad.*
>
> *Investigadora: ¿Hay algún curso que te haya marcado de una manera especial, bien por el ponente o por los materiales o por ambas cosas?"*
>
> *Profesor: No en especial.*
>
> *Investigadora: ¿Recuerdas el título de algún curso concreto que te resultó significativo?*
>
> *Profesor: Hice uno hace muchos años, cuando era interino, que era de música, lo hicimos en el CFIE y era presencial. Hubo un profesor de Ávila que ya empezaba a trabajar con el ordenador y nos presentó algún trabajo con el Neobook que él había preparado y ese me llamó la atención y me animó a seguir.*
>
> *Investigadora: ¿Tú te has fijado una línea de trabajo, una línea formativa y sobre esa vas a trabajar?*
>
> *Profesor: Todos los cursos que he hecho me han gustado, de todos he aprendido.*
>
> *Investigadora: ¿Qué formación complementaria es la que consideras necesaria?*
>
> *Profesor: Conocer a más gente que trabaja con PDI ".*
>
> *(EM1P 28-38)*

En dicho fragmento se evidencia que comenzó a formarse cuando era interino de la Consejería de Educación, es decir, en 1999, y desde entonces ha ido seleccionando los cursos que le han ido pareciendo más interesantes. Algo común que se da en muchos profesores es que, pasado el tiempo de realización de los mismos, no recuerdan el título de los cursos que han recibidos, porque en muchas ocasiones son similares los títulos, tipo: Uso y funcionamiento de la PDI o la integración de las TIC en las aulas.

Nos resultaba interesante conocer cuáles fueron los cursos de formación específicos de música que recibió, aunque ya éramos conocedores de algunos porque este informante también fue uno de los que fueron encuestados cuando realizamos en el 2009 el Trabajo de Investigación Tutelado y en ese momento era el único encuestado que había recibido formación específica en TIC en relación con la educación musical. En dicho estudio evidenció que era el único en aplicar tecnologías como Hot Potatoes, Neobook, Clic, Jclic, Edilim, Webquest.

Es reseñable el espíritu abierto al aprendizaje que posee el entrevistado, la afirmación *"todos los cursos que he hecho me han gustado, de todos he aprendido"*, denota un interés por aprender y una actitud muy positiva ante nuevos aprendizajes. Esa actitud abierta y flexible es la que desprende en todas sus clases, y ha quedado reflejado en el cuaderno de campo de la investigadora.

En nuestro estudio no sólo nos interesaba saber cuál había sido su formación en TIC, y en concreto en PDI, también nos parecía muy interesante, como base para analizar sus actuaciones dentro del aula, cuál había sido su ejercicio profesional como ponente en PDI, porque nos ayudaría a entender su capacidad a la hora de transmitir conocimientos a docentes y a la hora de elaborar material y propuestas dentro del ámbito de la PDI de cara a la integración de la herramienta, como recurso didáctico, en las aulas.

Ha impartido doce horas del curso presencial *"Las TIC en el aula de música"*[46], dirigido a profesorado de música de primaria de la provincia de Segovia, ya que estaba dentro de un plan personal de equipo de profesores[47].

Entre los objetivos que abordó en dicho curso[48], estaba el de dar a conocer las herramientas y posibilidades didácticas de la PDI y enseñar a elaborar materiales didácticos para el área de música con PDI.
Cuando se le preguntó en la entrevista sobre su labor como ponente, transcribimos lo que manifestó:

> *"Investigadora: ¿Cuánto tiempo llevas haciendo ponencias?*
>
> *Profesor: Hace cinco años di un curso. En Carbonero y Navalmanzano di un curso de Promethean. En CFIE he dado de RED XXI y en el 2010/2011 un curso de PDI en el área de música dentro de un plan personal de equipo de profesores".*
>
> *(EM1P 45 - 46)*

El dato queda validado por la triangulación metodológica, por un lado, por la consulta de las actas[49] de cursos, y por otro la entrevista, desde el momento en

[46] El curso se desarrolló en el CEIP Eresma en la capital segoviana, tuvo una duración de quince horas (tres horas por sesión) y se desarrolló durante el primer trimestre del curso 2010/2011 de 18 a 20.30 h de la tarde. Realizaron el curso catorce maestros especialistas de distintos centros de la capital y provincia, y certificaron doce de ellos. La valoración global que realizaron los asistentes al curso fue de 7,82.

[47] Se trata de una modalidad de formación que potencia la formación entre especialistas del mismo ámbito.

[48] De dicho curso, en ese mismo curso escolar, se llevó a cabo un Grupo de Trabajo, "La PDI aplicada a la enseñanza musical" con una duración de veinte horas y cuyo objetivo principal era elaborar y diseñar materiales didácticos de música para PDI.

que él así lo manifiesta y la investigadora, al ser asesora de formación, fue la responsable de diseñar dicho curso y seleccionar los ponentes más adecuados para el mismo[50].

En el curso 2011/2012, un año después de haber llevado a cabo la entrada al campo para la recogida de datos, somos conocedores de que nuestro informante principal ha sido el ponente de un proyecto de formación en centro[51] que llevaba por título *"NNTT aplicadas a la educación (Básico – 1)"*. La actividad contaba con doce horas de formación presencial, treintaidós horas de elaboración de materiales y seis horas de aplicación en el aula. Entre los objetivos del proyecto de formación se encuentra el dominar las herramientas básicas del software Smart, descubrir las posibilidades educativas del software y elaborar distintas actividades para aplicarlas en el aula.

Estos datos han sido obtenidos de la página web del CFIE http://cfiesegovia.centros.educa.jcyl.es/sitio/index.cgi?wid_seccion=10&wid_item=63.

Por último, y para cerrar ese apartado, consideramos interesante mostrar la visión que tiene el profesor sobre la formación en TIC en la provincia y sobre si la oferta formativa es suficiente o no para los docentes:

> *"Investigadora: ¿Qué aspectos negativos ves tú de la formación en TIC y en PDI de la provincia en el área de música?*
> *Profesor: No es falta de formación. Lo negativo es que somos muy vagos. El problema está en el profesor, todos los años se piden necesidades formativas y siempre se obtiene el mismo resultado."*
>
> *(EM1P 43 - 44)*

Estamos de acuerdo con la afirmación del docente, en parte porque, aunque en la provincia hay amplia oferta formativa (se puede apreciar en el capítulo I y II de la tesis), se da un doble problema: por un lado, está la reticencia del profesorado a recibir dicha formación. A ningún docente en activo se le prohibió tener acceso a cursos de formación en relación a la PDI, pero dado su carácter voluntario, muchos de ellos optaron por no llevarlos a cabo. Y por otro, hay formación que no se adapta a la demanda del profesorado. Obviamente, sin formación en diferentes dimensiones, sobre todo en la técnica y metodológica, no se puede integrar de manera eficaz la PDI.

[49] Actas de cursos, como documentos internos, custodiados en el Centro de Formación e Innovación educativa de Segovia.
[50] El ponente que abrió el curso no fue nuestro informante principal, sino otro experto de tecnología educativa, colaborador del CFIE de Segovia.
[51] Se trata de una actividad formativa que se caracteriza por tener tres secuencias, la primera de ellas de formación presencial, la segunda de trabajo en grupo y la tercera de aplicación al aula.

V.3. La PDI en el Aula de 4º de primaria

V.3.1. El clima del aula en relación con el uso de la PDI

Antes de entrar al análisis de los datos, nos gustaría mostrar la siguiente definición de clima de aula con la que nos sentimos identificados en nuestro análisis del presente dato categórico: "percepción que cada miembro del aula tiene sobre la vida interna y diaria de la misma. Esta percepción promueve una conducta individual y colectica, una forma de relacionarse entre sí y con el profesor, una forma de estar..." (Pérez, Ramos y López, 2009).

Ciertamente, esta definición engloba cierta complejidad de análisis para poder validar datos relativos tanto a la conducta individual como la conducta grupal; son muchas variables que se complementan para poder abordar el clima real del aula donde se lleva a cabo el estudio.

Consideramos que, para poder contrastar las valoraciones sobre el clima del aula con el uso de la PDI, se hace necesario también analizar el clima del aula sin el uso de la herramienta tecnoeducativa a través de la observación participante sistemática, las entrevistas informales y los cuestionarios.

Para abordar esta primera categoría referida al clima en el aula, nos hacemos las siguientes preguntas:

- ¿El uso de la PDI por parte del profesor condiciona una mejora del clima de la clase?

- ¿El uso de la PDI por parte del alumnado facilita que el resto del grupo clase esté prestando más atención a lo que ocurre en el aula a nivel académico?

Comenzando a analizar el clima del aula cuando es el profesor el que usa la PDI, también encontramos otra variable, que es la relativa al bloque de contenido que se aborda, en concreto, a la temática a trabajar.

Se ha llevado a cabo una observación sistemática durante seis sesiones, seleccionando dos sesiones por trimestre, para poder ver si se modifica el clima del aula a tenor del transcurso del curso. Los resultados del recuento se plasman en las siguientes tablas que posteriormente comentaremos.

Tabla V.2. Situaciones observadas sobre el clima del aula cuando el profesor utiliza la PDI

SITUACIONES OBSERVADAS	REGISTROS REALIZADOS
Todo el alumnado atiende y está pendiente de las actuaciones que lleva a cabo el profesor	5
La clase está parcialmente en silencio y un grupo minoritario (5 alumnos) están distraídos	1
Más del 50% del alumnado está distraído o hablando con otro compañero	0
Los alumnos están distraídos casi en su totalidad	0

Fuente: elaboración propia

A tenor de los datos que nos arroja la presente tabla y cotejados con los datos que nos ofrecen las entrevistas informales, consideramos que el clima del aula mientras se está haciendo uso de la PDI por parte del profesor, es el adecuado, sin ningún elemento disruptivo que altere la dinámica de la clase. Mostramos el párrafo de una entrevista que consideramos relevante para validar la conducta observada:

> *"Investigadora: Estoy maravillada con la conducta que tienen los alumnos en clase.*
>
> *Profesor: Efectivamente, este tipo de grupos no es lo normal en las aulas, es un grupo muy bueno, a todos los niveles".*
>
> *(EIM 2.12P1-2)*

Consideramos importante aportar la transcripción de la observación registrada durante la cual se generó un poco de alboroto mientras el profesor utilizaba la PDI:

> *"En la parte de la sesión dedicada a corregir el ejercicio de lenguaje musical relativo a escribir el nombre de las notas, se genera a veces un poco de revuelo cuando se desorienta la PDI y P4P1 debe orientarla; los segundos que tarda en hacer la operación son suficientes para que un tercio de la clase se altere o se inquiete levemente, y empiecen a hablar los unos con los otros. P4P1 no les llama la atención y el murmullo va aumentando por momentos."*
>
> *(CC13-1.4-5)*

Tabla V.3. Situaciones observadas sobre el clima del aula cuando el alumno utiliza la PDI

SITUACIONES OBSERVADAS	REGISTROS REALIZADOS
Todo el alumnado atiende y está pendiente de las actuaciones que lleva a cabo el alumno	6
La clase está parcialmente en silencio y un grupo minoritario (5 alumnos) están distraídos	0
Más del 50% del alumnado está distraído o hablando con otro compañero	0
Los alumnos están distraídos casi en su totalidad	0

Fuente: elaboración propia

Es significativo que cuando un alumno sale a realizar una actividad utilizando la PDI, el clima del aula es aún más favorecedor al aprendizaje, si cabe, que cuando es el profesor quien utiliza la PDI. Es cierto que un tercio de la clase muestra gran predisposición a salir voluntario, en concreto: A4P8, A4P9, A4P10, A4P12, A4P13, A4P14, A4P16, A4P20 y A4P22. Consideramos que ello también es debido a que es el primer año en que en la asignatura de educación artística se imparte utilizando la PDI, tal como apuntó el profesor en una de las entrevistas informales llevadas a cabo en todo el proceso de campo y de la cual ahora mostramos un fragmento:

"Profesor: Es el primer año que les doy clase de música utilizando la PDI".
(EIM 2.12P4)

Tabla V.4. Situaciones observadas sobre el clima del aula cuando ni el profesor ni el alumno usan la PDI

SITUACIONES OBSERVADAS	REGISTROS REALIZADOS
Todo el alumnado atiende y está pendiente de las actuaciones que lleva a cabo el profesor	3
La clase está parcialmente en silencio y un grupo minoritario (5 alumnos) están distraídos	3
Más del 50% del alumnado está distraído o hablando con otro compañero	0
Los alumnos están distraídos casi en su totalidad	0

Fuente: elaboración propia

Dado que es el primer año que utilizan dicha herramienta con el profesor especialista, el clima de aula cuando no se utiliza la PDI requiere puntualmente de mínimas llamadas de atención por parte del profesor. Estas conductas están más bien relacionadas con los contenidos. Para corroborar dicha afirmación, mostramos fragmentos de transcripciones derivadas del trabajo de campo:

> *"Al final de la sesión ha habido un momento, antes de comenzar de pleno con la flauta, que un A4P10 ha tocado sin haber dado permiso P1P4 y le ha mandado levantarse castigado mientras el resto permanecía sentado en su silla".*
>
> *(CC2-12.5)*

En este primer fragmento, y tras haber analizado los datos que se han volcado de la observación participante en el cuaderno de campo, relacionamos el hecho derivado de tocar la flauta sin permiso a la inquietud y el gusto por tocar instrumentos. De hecho, usando o no la PDI, cada vez que se lleva a cabo la expresión instrumental dentro del bloque cuarto de interpretación y creación musical del currículo de E. Primaria[52], se genera una inquietud positiva para tocar (posteriormente lo abordaremos cuando tratemos los usos de la PDI y el trabajo realizado sin PDI).

> *"Hablan entre ellos en voz baja, otros sacan el libro, están un poco alborotados porque es el cumple de A4P23, A4P15 y A4P14, el primero es un alumno con necesidades educativas especiales que cumple 11 años (uno más que el resto de la clase)".*
>
> *(CC10-2.2)*

Hemos mostrado este fragmento como conducta puntual derivada de los acontecimientos extraordinarios que se sucedían dicho día en concreto.
Por último, y para finalizar el análisis de esta categoría, consideramos que el clima del aula está íntimamente relacionado con la actitud y comunicación que posee el profesor con el alumnado. En todas las observaciones llevadas a cabo durante el curso, el profesor siempre ha mostrado una predisposición favorable ante la dinamización y atención al grupo clase.

Cumple las cuatro actitudes que consideramos que debe tener un profesor para favorecer el clima del aula, que según Hinojo et al (2007) son:

- Escuchar las ideas de su alumnado.
- Ser respetuoso con las actitudes y la forma de ser de los demás.
- No hacer comentarios despreciativos ante las opiniones del alumnado.
- Valorar las diferencias de todo tipo que se puedan dar dentro del aula, como algo positivo y enriquecedor.

(Hinojo et al. 2007, p.169).

[52] Decreto 40/2007, de 3 de mayo, por el que se establece el Currículo de la Educación Primaria en la Comunidad de Castilla y León.

Hemos percibido que les tiene un cariño especial porque lleva dándoles clase de música desde que comenzaron la etapa de primaria. Mostramos unos fragmentos de una de las entrevistas informales donde él manifiesta sus sentimientos hacia ellos

> *"Investigadora: ¿Cuánto tiempo llevas dando clase a este mismo grupo de alumnos?"*
> *Profesor: Desde que comenzaron primaria, hace cuatro años; les conozco perfectamente.*
> *Investigadora: Se evidencia, sesión a sesión, que el trato con ellos es francamente bueno.*
> *Profesor: Es cierto, les tengo mucho cariño y son un grupo muy bueno. Este año les querían desdoblar porque eran muchos (27) y yo no quise que en educación artística se les separara, porque funcionan muy bien como grupo".*
>
> *(EIM 13.1.P3-6)*

Tras el análisis de los datos podemos abordar las dos preguntas que hicimos al comenzar el apartado de clima del aula: la primera de ellas hacía referencia a **conocer si el uso de la PDI por el profesor condicionaba la mejora del clima de la clase.** Tras la observación sistemática con registros, la observación participante y las entrevistas informales, hemos determinado que sí condiciona, aunque el clima de aula, usando o no la PDI, siempre tiende a ser favorable, dado que no sólo influye el uso de la herramienta sino la comunicación y relación profesor – alumno, entre otros factores.
La segunda pregunta que nos hacíamos era **si el uso de la PDI por parte del alumnado facilitaba que el resto del grupo clase estuviera más atento**, prestando más atención a lo que ocurre en el aula a nivel académico. La respuesta es claramente afirmativa, también ha sido validada por la observación sistemática persistente y otros mecanismos de obtención de datos, como las entrevistas informales. Cada vez que un alumno sale voluntario a la PDI, el resto de compañeros presta más atención.

V.3.2. El interés del alumnado por los contenidos tratados cuando se usa la PDI

Para abordar este punto, referido a conocer el interés del alumnado por los contenidos trabajados con la PDI, nos hacemos una serie de preguntas a las que intentaremos contestar a través de los datos que emanan de las entrevistas tanto informales como semiestructuradas, el cuestionario cumplimentado por el alumnado y el cuaderno de campo de la investigación, donde están recogidas de manera minuciosa todas las actitudes motivacionales que han sido grabadas por la investigadora y que ayudan a validar los datos obtenidos por otros mecanismos.

Dichas cuestiones son las siguientes:

- ¿El interés del alumno por los contenidos de la asignatura está relacionado con su gusto por salir a realizar actividades relacionadas con la PDI?

- ¿El aumento de interés y motivación del alumnado depende del grado de interactividad que posea la actividad diseñada con el software de la PDI?

- ¿Merma el interés del alumnado si no son actividades que estén relacionadas con la PDI?

Antes de comenzar el análisis, nos gustaría apuntar brevemente que encontramos, dentro de la literatura específica de la PDI y su relación con el ámbito educativo, multitud de escritos que tratan, en algún apartado de los mismos, de la motivación y el interés del alumnado hacia los contenidos impartidos utilizando la PDI.

Solemos encontrar fuentes secundarias, tales como Gallego, Cacheiro y Dulac (2009), donde se reflejan los resultados del proyecto de investigación Iberian Research Proyect y en ellos, habiendo llevado un trabajo de campo de 600 sesiones analizadas, se determina que el 9,25% de los alumnos están más motivados cuando utilizan la PDI. A nivel internacional también encontramos estudios científicos, muchos de ellos provenientes del Reino Unido, en concreto de la Universidad de Keele, donde se abordan estudios de investigación relativos a la motivación del alumnado frente a la herramienta (Miller et al., 2005a). En otro artículo de investigación, Glover et al. (2004) demuestra el poder de motivación de la herramienta siempre y cuando vaya acompañado de un cambio pedagógico basado en la interactividad.

Consideramos que la motivación del alumnado también está en consonancia con la motivación del profesor hacia la utilización de este tipo de dispositivos (Miller et al. 2003a). Esa motivación que muestra el profesor en cada sesión, la hemos recogido en el cuaderno de campo y en la entrevista semiestructurada. Copiamos un fragmento de transcripción de la misma:

> *"... de cualquier programa que me llame la atención, lo busco y aprendo; soy autodidacta,* ***tengo vicio por aprender****".*
>
> *(EM1P3)*

Aunque nuestro interés no es averiguar cómo el uso de la PDI ha influido en aspectos actitudinales – motivacionales del aula (Gil – Delgado y Sobrino, 2009), (Caramés, 2012), sí nos interesa saber si adquiere cierta relevancia motivacional, como comprobaremos con los datos que arroja la investigación.

Hubiera sido interesante analizar si ese nivel de motivación se mantendría intacto tras haberla utilizado durante varios años de manera continuada, si esa atención puede disminuir cuando pasa la fase de factor *wow* (Beachamp y Parkinson, 2005). Lo que sí hemos comprobado, es que en otras asignaturas[53] también han utilizado la PDI durante ese mismo curso académico.
La motivación que manifiesta el alumnado es un factor importante para analizar el grado de interés por los contenidos impartidos. Para averiguar la motivación que poseen o no los alumnos, les hicimos una serie de preguntas cerradas en formato de cuestionario que fueron complementadas con el análisis de los datos recogidos en el cuaderno de campo.

Los datos que se presentan en el siguiente punto son relativos a:

- Gusto por el uso de la PDI por el alumnado, y en concreto, interés por las actividades que poseen mayor grado de interactividad.

- Gusto por salir voluntario en actividades relacionadas con la PDI.

- Gusto por salir voluntario en actividades no relacionadas con la PDI.

- Interés por conocer todas las posibilidades de la PDI.

En relación al **interés y gusto por salir a utilizar la PDI**, si tenemos en cuenta la muestra en su totalidad (25 cuestionarios cumplimentados), podemos apreciar en el gráfico V.2 que al 84% de los alumnos les gusta salir voluntario a realizar alguna actividad de PDI; es un dato elevado y significativo, teniendo en cuenta que el hecho de salir a la PDI supone ponerse a prueba académicamente ante la actividad que se debe resolver. Este dato es indicativo también del tipo de grupo clase ante el que nos encontramos, con interés elevado por aspectos relacionados con el contenido de la asignatura.

[53] Del cuestionario se deriva que las asignaturas son: conocimiento del medio, inglés y lengua.

Gráfica V.2. Gusto por salir voluntario en actividades relacionadas con la PDI

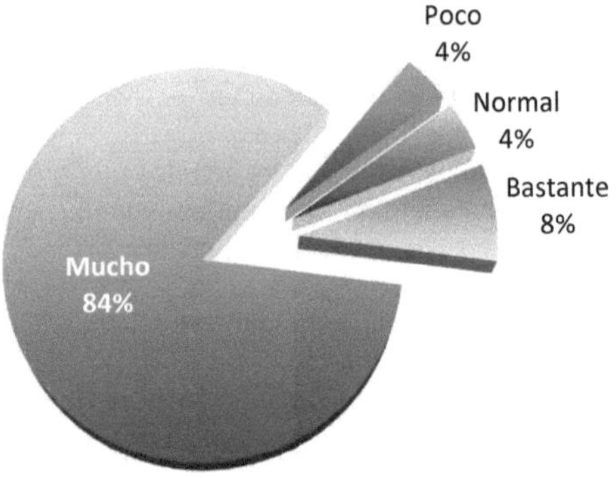

Fuente: elaboración propia

Este gusto también está relacionado con el grado de interactividad que posean las actividades diseñadas. Comprobamos durante el estudio, que se sentían muy motivados y receptivos a las actividades más atractivas, más coloristas, con más efectos interactivos y por tanto, más llamativas (Ponce, 2010). En relación al grado de participación y por otro lado, el grado de interactividad, pondremos sendos ejemplos basados en una misma actividad que se llevó a cabo como complemento de la Historia Musical: Pedro y el Lobo de S. Prokofiev.

Con respecto al grado de participación en función del tipo de actividad – cuento musical: Pedro y el Lobo, destacamos estos fragmentos de días consecutivos, derivados de la observación participante:

> *"Mucha participación. A4P23, alumno con necesidades educativas especiales, se anima escuchando la música y emite palabras en voz alta ante la mirada del resto de sus compañeros, especialmente con la audición del cuento "Pedro y el lobo" de S. Prokofiev. Los niños siguen muy atentos la exposición del profesor, del cuento, están muy pendientes de la audición y P4P1 realiza parcialmente la audición dirigida". (CC 3-2.2)*

Aunque la actividad no estaba diseñada para alumnos con necesidades educativas especiales, A4P23 disfrutó de las audiciones y del clima del aula de una manera colectiva. Como apunta Marquès (2004), la PDI facilita el tratamiento a la diversidad.

> *"En el repaso a la sesión anterior sobre el cuento musical de Pedro y el Lobo, se evidenció el alto grado de participación y voluntarismo entre los alumnos, mostrando un gran interés por adivinar qué instrumento hace cada uno de los personajes del cuento". (CC 10-2.3)*

Imagen V.1. Ejercicio interactivo básico con PDI

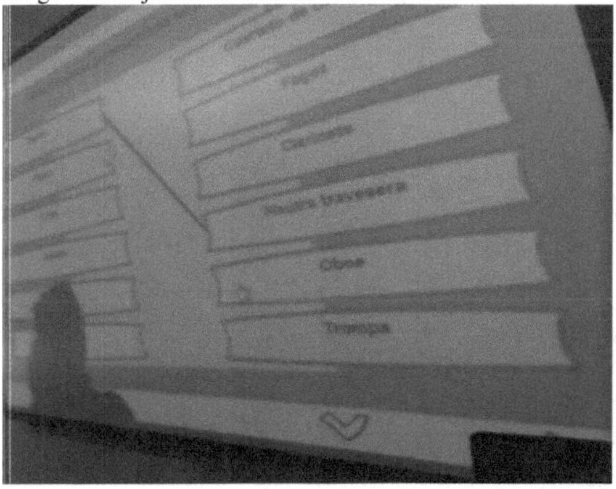

En esta captura de pantalla se muestra como un alumno une el personaje con el instrumento. Muestran gran motivación por salir a la PDI para unir palabras, a pesar de que se equivoquen; prima en ellos más el grado de participación, tanto individual como colectiva, que el poder cometer algún error.

La actividad más interactiva sobre la temática de Pedro y el Lobo estuvo elaborada por el equipo de autores de la editorial del libro de texto que utilizan, y fue muy llamativa para los alumnos:

> *"P4P1 cambia de actividad, más atractiva dado que es una diapositiva nueva, en la cual aparece un dibujo interactivo donde se muestran los personajes; si pulsas uno de ellos, se mueve y se escucha su melodía. Acto seguido, se abre un rectángulo en el que aparece el dibujo de tres instrumentos, se pulsa en uno de ellos si consideramos que es el que realiza la melodía del personaje y cuando aciertas suena una melodía agradable y el personaje se mueve por el dibujo. No es una actividad realizada por el profesor, sino del material de apoyo de la editorial".(CC 3-2.12)*

Imagen V.2. Muestra de la actividad interactiva atractiva para los alumnos

Nos interesaba conocer y analizar si los alumnos sólo se sentían motivados con actividades relacionadas con la PDI, si primaba la herramienta al contenido o viceversa, y pudimos comprobar que no, que prima el contenido, usando o no la PDI, como analizamos a continuación.

Gráfica V.3. Gusto por salir voluntarios en actividades no relacionadas con la PDI

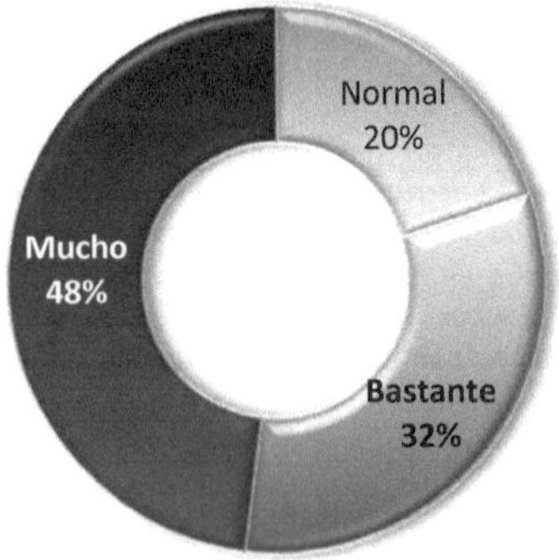

Fuente: elaboración propia

Como se aprecia en el gráfico, al 80% de los 25 alumnos que cumplimentaron el cuestionario, les gusta mucho o bastante salir voluntario a la pizarra en actividades no relacionadas con la PDI. Este dato evidencia que la motivación que muestran ante la participación en clase, ante el profesor y la asignatura per se, es independiente de que se use o no la PDI.

Esto se demuestra siempre en las sesiones de recordatorio previas a los exámenes trimestrales y en sesiones donde se repasan actividades llevadas a cabo en la sesión anterior. Mostramos un fragmento de un párrafo donde se muestra dicho comportamiento:

> *"En la página treintaiuno del libro del alumno, se intenta hacerles recordar quién era el compositor, Sergei Prokoviev, después, el profesor pasa a comentarles que cada personaje lleva asociado un instrumento. Pregunta a A4P3 qué instrumento lleva asociado el zorro y éste no lo sabe. Es la trompa. Luego pregunta a A4P10 qué instrumento lleva asociado el clarinete y éste responde que el abuelo. Falla y A4P4 responde que el gato. Bien. Siempre encuentra alumnos voluntarios decididos a contestar; mientras él entona la melodía, pregunta a A4P2 algún personaje más: el pájaro la flauta travesera, y así va pasando por diferentes alumnos".(CC 10-2.16-17)*

Como hemos apuntado antes, la motivación y afán de superación se muestra en estas sesiones de repaso previas al examen, como ocurrió el nueve de diciembre de 2010; lo reflejamos en un fragmento del cuaderno de campo:

> *"Durante el turno de repaso, los alumnos colaboran y responden a todas las preguntas que P4P1 va haciendo; en un momento para la clase y dice el profesor: bueno, A4P2, estás que te sales hoy, eh, que atentísimo estás... ¿vas a aprobar el examen? A lo que A4P2 responde: si. Y contesta P4P1: eso espero.*
> *La realidad es que este alumno suspendió la primera evaluación y en la segunda sacó un sobresaliente".*
>
> *(CC 9-12.4)*

Además, hay ciertas actividades en las que el profesor nunca utiliza la PDI; en concreto, los ejercicios relativos a la percusión corporal, que, cuando los realiza, los suele llevar a cabo al comienzo de la sesión y acostumbran a durar unos cinco minutos.

> *"Comienza la sesión sin utilizar la PDI. Durante dos minutos y medio estuvo trabajando diferentes secuencias rítmicas inventadas utilizando el cuerpo como instrumento de percusión. Los alumnos en bloque le seguían a la perfección y mostraban agrado por dicha actividad".*
>
> *(CC 9-12.18)*

Ante la pregunta directa de si muestran más interés por las explicaciones gracias a la utilización de la PDI en la clase, la respuesta es significativa para nuestro objeto de estudio:

Gráfica V.4. Mayor interés en las explicaciones por el uso de la PDI

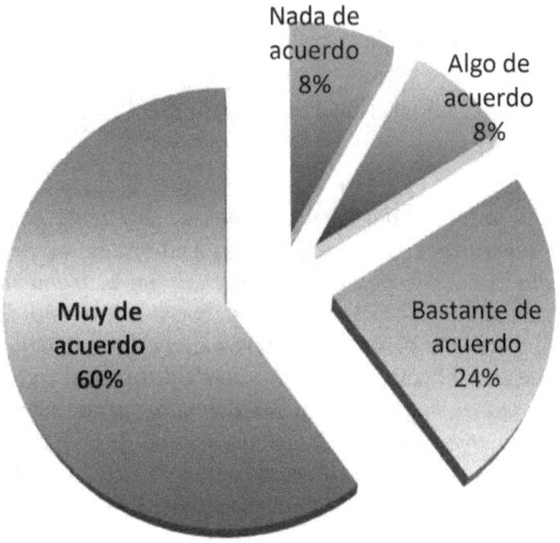

Fuente: elaboración propia

Resulta reseñable que el 84%, más de dos tercios de la totalidad de encuestados, manifiesten estar muy de acuerdo y bastante de acuerdo con la idea personal de que ellos muestren más interés por las explicaciones gracias a la utilización de la PDI en la clase.
El interés por seguir las explicaciones también lo ve reflejado a diario el profesor; lo comprobamos, como ejemplo, en este fragmento de la transcripción:

> *"...sólo con cómo están atentos todos en clase, sólo por eso, ya merece la pena. Porque en una clase de 4º hay que captar la atención y esta técnica les engancha y se quedan con más cosas. Pero es como todo, tampoco porque la tengas van a ser todos superdotados".*
>
> *(EM2P10)*

Para concluir este punto sobre el interés del alumnado por los contenidos tratados cuando usa la PDI, apuntamos, a tenor de todos los datos recogidos, que sí muestran interés, pero también lo muestran por actividades que no tienen nada que ver con la PDI, especialmente por las actividades de ritmo. Lo cual nos lleva a reflexionar el hecho de que el uso o no uso de la PDI no es excluyente para analizar el interés de los alumnos por la asignatura. Es decir, el grupo clase está motivado con o sin PDI. Es cierto que la novedad siempre hace que presten más atención de inicio, pero el grupo en su conjunto es muy trabajador, muy dinámico y muy participativo.

V.3.3. Integración curricular de la PDI

V.3.3.1. El por qué de la integración de la PDI

Un primer paso a analizar para saber si se ha producido o no la integración curricular de la PDI en el aula y en qué términos se ha producido la misma, es hacer algunas consideraciones previas desarrollando argumentos sobre los que se sustentará la base para poder llevar a cabo un análisis crítico de los datos recogidos en la fase previa de acceso al campo y en el trabajo de campo.

Desde el primer momento en el que se empezó a llevar a cabo la investigación, siempre tuvimos en mente la importancia de analizar cómo puede ayudar la tecnología al proceso de enseñanza y aprendizaje y al proceso de evaluación (Giráldez, 2007). Estamos de acuerdo con Giráldez en afirmar que "la utilización de tecnologías en el aula de música presenta algunas ventajas, ya que permite su integración como parte ordinaria del proceso de desarrollo curricular" (Giráldez, 2007, p.12).

Este proceso de desarrollo curricular del que hablamos, ha debido ser planteado por el profesor al inicio del curso, para poder llevar a cabo un plan donde la integración de las TIC, y en nuestro caso la PDI, esté añadido en su programación de aula.

Analizando diversos documentos del centro y de trabajo del profesor, tales como la Programación didáctica de la asignatura, el Proyecto educativo de centro y la Memoria de fin de curso de la materia, observamos que no está desarrollado un plan de integración de las TIC, aunque en el apartado quinto de la programación didáctica, relativo a planes especiales, encontramos en los puntos 5 y 6 referencias a las TIC:

- *Se trabajan las unidades, dependiendo de la disponibilidad horaria y de medios, a través del ordenador (actividades elaboradas por la editorial y otros elaborados por el profesor con programas como Clic, Neobook o Hot Potatoes) y a través de la pizarra digital.*

- *Con los cursos 4º, 5º y 6º se trabajan todos los contenidos través de la pizarra digital.*

(Programación de educación musical curso 2010/2011)

Estos dos puntos, los únicos en los que se sustenta el trabajo posterior, no aparecen detallados en un mapa procesual donde se pueda ver cómo afecta la integración curricular a cada contenido que aparece reflejado en la programación. Sin embargo, en la Memoria, aunque no de manera pormenorizada, sí se ha reflejado más cómo se ha conseguido integrar la herramienta:

"Los contenidos trabajados se han llevado a cabo partiendo del libro de texto del alumno/a de la Editorial Pearson Educación y de actividades preparadas con el software ***Smart Notebook*** *para PDI Las actividades han sido de presentación de contenidos, de desarrollo y de evaluación. Al ser el primer curso completo que se impartido a través de la PDI, se han detectado varias cosas a mejorar en el diseño de las actividades (sonido, bloqueos, mejor distribución usando más diapositivas, etc), que se tratarán de solventar para el próximo curso. También se han preparado ejercicios de refuerzo y ampliación con los programas* ***Edilim*** *y* ***Hot Potatoes****, secuenciado por cursos y contenidos según las evaluaciones. También se ha utilizado el software* ***Happy Note*** *para el aprendizaje de las notas musicales.*

Destacar el método de flauta, con canciones y armonizaciones preparadas por el profesor con el programa ***Encore*** *y grabadas posteriormente en CD".*
(Memoria de música curso 2010/2011. Apartado 7.3.2.)

Nos debemos preguntar el porqué de la necesidad de integrar de manera efectiva y eficaz la PDI en el aula de música. Las respuestas que consideramos oportunas son las siguientes:

1.- Porque para que la escuela avance a tenor de la sociedad tecnológica en la que vivimos, se hace necesario mirar hacia un cambio metodológico que se aleje del modelo conductista (Monreal, 2012) que lleva décadas instaurado en nuestras escuelas. Porque consideramos que ya no es posible depender únicamente de los valores recibidos y los saberes adquiridos; debemos conseguir que los alumnos sean personas que desarrollen la competencia de aprender a aprender y así desarrollen sus propios aprendizajes (Giráldez, 2003).

2.- Porque las TIC ofrecen entornos de aprendizaje diferentes a los utilizados en décadas anteriores y los alumnos se sienten más cómodos y más motivados con la utilización de herramientas tecnológicas más cercanas a su entorno cotidiano (no la PDI, pero sí como herramienta de acceso a Internet).

3.- Porque pueden facilitar el aprendizaje del alumnado si se fomenta la realización de actividades de tipo cooperativo y colaborativo.

4.- Porque encontramos software específicos para trabajar diferentes partes de contenidos prescritos en el currículo que facilitan una manera atractiva de enseñanza, ayudando al desarrollo de la creatividad y creación de música por parte de los alumnos (realizar actividades como la composición de una pieza musical de manera colaborativa).

5.- Porque con su integración eficaz, se podría facilitar la obtención de la competencia aprender a aprender, desarrollando las siguientes dimensiones (Giráldez, 2012): escuchar, interpretar, saber y crear[54].

6.- Porque es una herramienta que puede acercarnos al aprendizaje informal del alumno.

Habiendo realizado esta justificación previa al desarrollo del apartado, durante la investigación nos hicimos preguntas sobre las que queríamos obtener respuestas con el análisis de los datos, preguntas íntimamente ligadas al problema de investigación.

V.3.3.2. Preguntas categoriales

Abordaremos, primeramente, las preguntas relativas a la tercera y cuarta categorías, relativas a la integración curricular de la PDI y el uso de la misma como herramienta tecno educativa principal y secundaria en el aula dentro del bloque de contenido 3 y 4 del currículo[55].

Las preguntas son las siguientes:

- ¿Cuál es el grado de utilización de la PDI como herramienta principal en cada sesión y en qué contenidos?

- ¿Cuántas y cuáles son las actividades en las que utiliza de una manera más integradora la PDI dentro del currículo de la asignatura?

- ¿Cuál es el modo en el que el profesor lleva a cabo dicha integración?

Con respecto a la cuarta categoría relativa a la integración curricular de la PDI y uso de la misma como herramienta secundaria en el aula, nos hacemos las siguientes preguntas:

- ¿Cuáles son los bloques de contenidos en los cuales se utiliza de una manera secundaria y por qué?

- ¿Qué tipo de uso se da de la herramienta?

- ¿Con qué otros soportes informáticos se puede obtener el mismo resultado que con el uso secundario de la PDI?

---

[54] Estas cuatro dimensiones son abordadas por Giráldez (2012) en su artículo sobre motivación, práctica y estrategias para el auto aprendizaje musical.

[55] Decreto 40/2007, de 3 de mayo, por el que se establece el Currículo de la Educación Primaria en la Comunidad de Castilla y León.

V.3.3.3. Planificación de las sesiones

Antes de empezar vamos a hacer una breve reflexión sobre la planificación que el profesor hace de sus clases, una estructuración que suele mantener para generar un ritmo dinámico de trabajo, facilitador de motivación, sin caer en la monotonía.

No aborda sesiones de clase magistral en las que se evidencia una separación académica entre profesor y alumno. No se trata de un monólogo donde el profesor exponga contenidos y los alumnos escuchen, sino que intenta exponer dichos contenidos con la ayuda de los alumnos, también en las sesiones de repaso. A pesar de ello, seguimos encontrando uno (el profesor) frente a veintisiete (los alumnos).

Mostramos fragmentos de transcripciones de algunos ejemplos:

El primer ejemplo mostrado hace referencia a un fragmento de transcripción de una sesión de repaso previa a un examen trimestral. Aunque el profesor es el que introduce el contenido teórico, enseguida intenta que los alumnos intervengan en dicho discurso y aporten información al tema que se está tratando:

> *"Sigue repasando los contenidos que entran en el examen y pregunta por el compositor G. Rossini. Pide a A4P13 que le diga obras importantes del mismo, no se acuerda, A4P12 dice que Guillermo Tell, A4P25 dice el Barbero de Sevilla. Pregunta si se acuerdan cómo es la música de Guillermo Tell y pide a los alumnos en grupo que canten tarareando el tema principal de la obertura".*
>
> *(CC CC 9-12.24)*

En este segundo ejemplo que mostramos, se refleja cómo el profesor intenta refrescar la memoria visual y auditiva de los alumnos recordando el cuento musical Pedro y el Lobo de S. Prokoviev:

> *"En la página treintaiuno del libro del alumno, se intenta hacerles recordar quién era el compositor, Sergei Prokoviev, después, el profesor pasa a comentarles que cada personaje lleva asociado un instrumento. Pregunta a A4P3 qué instrumento lleva asociado el zorro y éste no lo sabe. Es la trompa. Luego pregunta a A4P10 qué instrumento lleva asociado el clarinete y éste responde que el abuelo. Falla y A4P4 responde que el gato. Bien. Siempre encuentra alumnos voluntarios decididos a contestar; mientras él entona la melodía, pregunta a A4P2 algún personaje más: el pájaro la flauta travesera, y así va pasando por diferentes alumnos".(CC 10-2.16-17)*

En este tercer ejemplo de transcripción, comprobamos cómo, al explicar la forma musical del canon, utiliza a los alumnos como complemento de contenido teórico, para hacerles partícipes del aprendizaje:

> *"A la mitad de la sesión pasa a la página treintaitrés y habla del canon, explica lo que significa y hace preguntas abiertas; intenta que lo comprendan a través de canciones que ellos conocen de años anteriores, después ejemplifica un canon sacando a A4P13 y a A4P4. Con ellos hace un ejemplo de canon rítmico. Primero el profesor hace con percusión corporal el tema rítmico completo: se trata de tres compases de 4/4, en cada compas 4 negras, en el primer compás hechas por palmas, en el segundo por muslos y el tercero pies. Explica que él es la voz uno, A4P13 la voz dos y A4P4 la voz tres, da las indicaciones a los dos para que sepan hacerlo. Les sale a la primera".*
>
> *(CC 10-2.4-5)*

Procura planificar actividades que duren, como mucho, quince minutos. Hay algunas, como las de percusión corporal, que ayudan a la adquisición de la competencia rítmica, que duran de dos a cinco minutos, y otras de interpretación vocal y/o instrumental que pueden durar veinte minutos; depende de muchos factores, entre ellos, el clima y motivación dentro del aula y el tipo de actividad.

Dedica en sus clases mucho tiempo a la interpretación musical y muy poco, a nuestro parecer, a la creación musical. Se aprecia que el bloque relativo a la escucha tiene presencia en todas las sesiones.

V.3.3.4. Contenido del bloque 3: Escucha, Bloque 4: Interpretación y Creación Musical; ambos trabajados con PDI como herramienta principal y secundaria

Es necesario, en este punto, hacer referencia a la legislación educativa, marco normativo sobre el que se sustenta el currículo sobre el que se basan las enseñanzas artísticas en la Educación Primaria. De entre todos los postulados que alberga el Real Decreto 1513/2006 de 7 de diciembre, en el que quedan establecidas las enseñanzas mínimas de la educación primaria, en concreto, en su anexo II, nos quedamos, por su importancia y contenido, con el siguiente:

La Educación Artística involucra lo sensorial, lo intelectual, lo social, lo emocional, lo afectivo y lo estético, desencadenando mecanismos que permiten desarrollar distintas y complejas capacidades con una proyección educativa que influye directamente en la formación integral del alumnado, ya que favorece el desarrollo de la atención, estimula la percepción, la inteligencia y la memoria a corto y largo plazo, potencia la imaginación y la creatividad y es una vía para desarrollar el sentido del orden, la participación, la cooperación y la comunicación. (Real Decreto 1513, 2006, p. 43070).

De la misma manera, el Decreto 40/2007 de 3 de mayo, por el que se establece el Currículo de la Educación Primaria en la Comunidad de Castilla y León, en su artículo cinco, nombra a la Educación Artística como una de las áreas de conocimiento que se cursarán en todos los ciclos de primaria. En el Anexo queda reflejada la educación artística como un compendio de la educación plástica y la educación musical, entendidas como formas específicas de expresión.

El párrafo transcrito está cargado de simbolismo y contenido intrínseco. Consideramos que todo lo potencialmente valioso que alberga la enseñanza de la educación artística viene acompañado, en la era digital, por la motivación a la hora de desarrollar la creatividad que, en ocasiones, puede transformarse en potenciación del aprendizaje con la integración curricular de las TIC dentro del arte. Tal como se apunta en la normativa legislativa que emana del Real Decreto 40/2007 en su anexo, dedicado a la Educación Primaria, "las tecnologías de la información y de la comunicación se constituyen en un **recurso metodológico** y en un contenido propio, necesario para adaptarse a la era digital y a lo que ella conlleva en cuanto a la adquisición de nuevos conocimientos en cualquier ámbito del saber". (Decreto 40/2007, 2007, p.9856).

La creencia en que las TIC puedan ser recursos didácticos metodológicos efectivos, se basa, como hemos apuntado en anteriores capítulos, en la formación inicial y permanente del profesorado en relación con la dimensión didáctica y metodológica de las TIC, en nuestro caso concreto de estudio, de la PDI. Este parámetro es el que vamos a tratar más en profundidad en nuestro estudio, llevando a cabo un análisis de cada uno de los contenidos reflejados en la programación didáctica del profesor, contenidos que, a su vez, están íntimamente relacionados con los que aparecen prescritos en el Decreto 40/2007 de 3 de mayo, por el que se establece el Currículo de la Educación Primaria en la Comunidad de Castilla y León.

En los principios metodológicos generales que se exponen al comienzo del anexo dedicado al currículo de Educación Primaria[56], se puede leer:

"Desde el aula se favorecerá la implicación del alumno y el continuo desarrollo de una inquietud por la observación, la búsqueda activa, la investigación, la organización y la autonomía. El aprendizaje debe generar estrategias personales para acometer nuevos aprendizajes de manera autónoma, favorecer la percepción que tiene de sí mismo, propiciar la explicación de sus éxitos y fracasos y estimularle para que se plantee nuevas metas. En suma, debe facilitar el desarrollo de una educación esencialmente

[56] Decreto 40/2007, de 3 de mayo, por el que se establece el Currículo de la Educación Primaria en la Comunidad de Castilla y León.

activa, que suponga la mutua implicación de profesores y alumnos en los procesos del aula". (Decreto 40/2007, 9856).

Antes de entrar en detalle con cada uno de los contenidos, queremos retomar un fragmento de una entrevista en relación con las acciones que es capaz de hacer el profesor con la PDI:

> *"Investigadora: Acciones que eres capaz de hacer con la PDI, ¿Qué potencial tiene la PDI que tú hayas descubierto y que seas capaz de desarrollar?*
>
> *Profesor: Añadir sonidos, videos, añadir hipervínculos, enlaces externos, exportar, incorporar ejercicios hechos con otros programas como programas hot potatoes, hacer video montaje (música con imágenes) y transformarlos en flash para incorporarlos en el Notebook".*
>
> *(EM2 P26 – 27)*

A esta afirmación se añade que es la primera vez que utiliza la PDI con los alumnos de 4º de primaria y que, obviamente, conoce su uso pero no la ha utilizado en todas sus posibilidades, ni sabe realizar actividades con archivos flash, como se refleja en el siguiente fragmento de transcripción de entrevista:

> *"Investigadora: Objetivamente, ¿ qué actividad no sabrías diseñar con la PDI?*
>
> *Profesor: Me gustan las animaciones flash pero son difíciles de crear. Me descargué un curso de animación flash, empecé en casa solo pero me resultó difícil y vi que llevaba mucho tiempo. Trabajar las danzas con la PDI tampoco sé. Estoy en fase de aprendizaje. Tengo el hándicap de que las pizarras no está en el aula de música sino en el aula clase y allí no tengo instrumentos, no está acondicionada".*
>
> *(EM1.P64-65)*

De todo lo que contestó en dicha entrevista, lo que no ha llegado a hacer en el aula es el video montaje ni transformar actividades en flash. Como venimos viendo a lo largo del estudio de casos, lo que realiza con la PDI lo puede llevar a cabo también con un ordenador y los programas correspondientes.

Antes de enlazar con los contenidos propios del bloque de audición, nos quedamos con la afirmación de Díaz (2007):

"Las llamadas nuevas tecnologías, recursos informáticos o también tecnologías de la información y la comunicación, han venido a revolucionar el panorama ya que proporcionan al oyente la posibilidad de curiosear, de probar, de investigar enormes cantidades de música de todos los estilos, de todas las épocas y de todos los lugares del mundo".(Díaz, 2007, p.18).

Efectivamente, compartimos esta afirmación. Aunque ya en el 2012 las TIC están totalmente instauradas en la sociedad, y esas posibilidades que expone Díaz se pueden llevar a cabo en el ámbito de la audición musical a través de la PDI en las sesiones de aula, lo cierto es que no ha dado la oportunidad a los niños de comprobar dichas posibilidades en todo el curso académico, utilizando la PDI como herramienta de búsqueda en la Red.

V.3.3.4.1. Contenidos del bloque 3: Escucha[57], trabajados con PDI como herramienta principal y secundaria

Los contenidos que aparecen en el nivel de concreción inferior a la normativa educativa emanada del Gobierno Central, es decir, los contenidos base sobre los que el profesor tiene que determinar sus propios contenidos para cada nivel de segundo ciclo, aparecen reflejados en el Decreto 40/2007 y son los siguientes:

Bloque 3. Escucha.

- Escucha activa y comentario de músicas de distintos estilos y culturas, del pasado y del presente, usadas en diferentes contextos.
- Análisis de la música en diversos medios de información y comunicación.
- Reconocimiento y clasificación de diferentes registros de la voz.
- Las agrupaciones vocales e instrumentales más comunes del repertorio escolar.
- Los instrumentos acústicos y electrónicos. El ordenador como instrumento.
- Las formas musicales. Identificación de repeticiones y temas con variaciones.
- La grabación en el aula. Escucha y análisis del repertorio propio del grupo o clase.
- La escucha como base de documentación. Las fuentes de información.
- La escucha de espacios naturales y artificiales. Paisaje sonoro en los distintos entornos de Castilla y León.
- Técnicas básicas de recogida de datos para la construcción del pensamiento musical.
- Conocimiento y práctica de actitudes de respeto en audiciones y otras representaciones musicales. Comentario y valoración de conciertos y representaciones musicales.
- El criterio musical. Valoración e interés por la música de diferentes épocas y culturas.

[57] Contenidos que aparecen en la programación didáctica de profesor del curso 2010/2011.

- La contaminación acústica. Identificación de agresiones acústicas y contribución activa a su disminución y al bienestar personal y colectivo.

Antes de abordar cada uno de los contenidos, debemos incidir en lo que entendemos por integración curricular de la PDI en la enseñanza de música en 4º de primaria. Consideramos que un docente integra curricularmente la herramienta tecnoeducativa cuando la utiliza como un recurso didáctico facilitador del aprendizaje del alumnado, es decir, cuando el profesor contempla de una manera coherente, en la programación de la materia, el uso de la PDI en los distintos contenidos; no hace de ella un uso secundario, sino un uso principal que posibilite la interacción de los alumnos con los contenidos que se abordan.
De estos contenidos, el profesor ha determinado cuáles de ellos va a trabajar en el nivel de 4º de primaria, dado que se trata de contenidos de ciclo, no de nivel. Ahora vamos a analizar cuál ha sido el uso y la integración curricular de la PDI en los contenidos que aparecen reflejados en la Programación Didáctica del profesor de música. Para abordar el análisis de datos, hemos considerado interesante reflejar todos los contenidos que el profesor tiene marcados en su programación e ir viendo, uno a uno, si se produce o no integración curricular de la PDI y su grado de integración, es decir, si se usa como herramienta principal o secundaria.

1) Cualidades de los sonidos. Discriminación auditiva, denominación y representación gráfica.

Este es quizá el contenido que más ha desarrollado a lo largo de todas las sesiones, con y sin uso de la PDI. Ciertamente, a priori puede aparecer descompensado si analizamos el peso específico que ha dado al resto de contenidos del bloque Escucha, pero consideramos que es fundamental para desarrollar la memoria auditiva de los alumnos y educar el oído.

En este contenido se dan cabida tanto a las cualidades del sonido en un sentido conceptual, como sus representaciones gráficas que, a veces, parecen unidas irremediablemente a contenidos relativos a la interpretación vocal y/o instrumental.

Con uso de la PDI como herramienta principal, ha abordado aspectos relativos a:

1.- La altura del sonido y su representación gráfica, las notas musicales. Utiliza la PDI de diferentes maneras para explicar las notas musicales. Genera diapositivas sencillas con el Notebook en las que aparece cada nota musical. No está hecho con el Finale. La única interacción que posee viene derivada de la audición del sonido de cada nota; ha integrado curricularmente la herramienta como si hubiera integrado la pizarra convencional con un ordenador donde se reproduzca el sonido de cada nota.

También aborda la altura del sonido en el tercer trimestre del curso de una manera distinta a la tratada durante el mismo, en esta ocasión utiliza la PDI como pizarra convencional de reconocimiento del nombre y posición de las notas dentro del pentagrama utilizando la clave de Sol en segunda línea. Los alumnos escriben sobre la PDI de la misma manera que pudieran hacerlo sobre la pizarra tradicional: la actividad también refleja visos de innovación. A continuación, muestra una actividad muy motivadora, de reconocimiento de notas, elaborado con las *Lesson Activity Toolkit 2.0,* que posibilitan que el alumno arrastre el nombre de la nota a la grafía de nota que corresponda y, si se equivoca, pone el nombre donde debiera colocarlo.

2.- En lo que corresponde a la rítmica, en ocasiones utiliza la PDI pero de manera no interactiva, simplemente como pantalla donde aparecen compases rítmicos de 4/4 sobre los que los alumnos tienen que decir la estructura rítmica con distintas sílabas, como Pa, que utilizó en la sesión del 9.12.10., o con palabras rítmicas del tipo, sol luna o astronauta (más utilizadas en otras sesiones).

Con estas palabras también trabaja la prosodia rítmica: integra la PDI, porque crea compases rítmicos que ayudan a practicar los distintos ritmos propuestos; pero la actividad podría haberse resultado igual si en vez de una PDI hubiera integrado simplemente un ordenador con un proyector donde se proyectara una partitura realizada con cualquier editor de partituras; por tanto, en este caso no hay innovación didáctico – metodológica.

3.- Duración del sonido: abordado con la PDI a través del estudio de las figuras y los silencios. Para explicar la página veintiocho del libro utiliza la PDI, creando una diapositiva donde aparezca un cuadro similar a éste:

Cuadro V.1.Figuras musicales

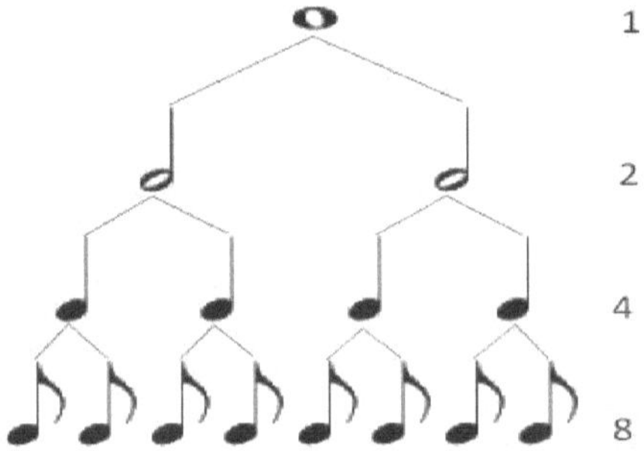

Utiliza la pantalla de la PDI como mero proyector de imagen, porque no se produce ningún tipo de interactividad con la misma a la hora de explicar el nombre de las figuras y las equivalencias entre ellas. Podemos encontrar en la Red multitud de actividades elaboradas con la PDI donde se potencia la discriminación auditiva de la duración del sonido a través de las figuras musicales, por ejemplo en: http://mariajesuscamino.wordpress.com/2011/06/02/actividad-flash-sobre-las-figuras-musicales/

Un fragmento de una transcripción del cuaderno de campo nos puede acercar al proceso de utilización de la PDI en este aspecto:

> *"En la siguiente diapositiva, aparecen en pantalla cuatro formas de cuadrado: un cuadrado con negra, otro con corcheas, otro con semicorcheas y por último uno con silencio de negra. P4P1 apoya su dedo sobre cada cuadrado y los alumnos deben decir la palabra [58]correspondiente según la pulsación que P4P1 marque. No hace un tratamiento interactivo con la PDI y se podía haber utilizado una pizarra convencional".*
>
> *(CC 20.1.P. 16 – 17)*

Imagen V.3. Figuras y silencios

La actividad se completa con una actividad de colocación de líneas divisoria para trabajar los compases. Es en la única ocasión en todo el año que ha utilizado la opción de Sombra de Pantalla que permite la PDI; dicha opción le ha permitido ocultar toda o parte de la pantalla de trabajo. En primer lugar ocultó toda la pantalla excepto el tercio superior, donde muestra al alumnado

[58] La palabra relativa a la negra es Sol, a las dos corcheas, Luna, y a las cuatro semicorcheas, Astronauta.

el primer bloque de compases rítmicos en 2/4. La actividad consiste en dibujar, con el lápiz de la PDI o simplemente con el dedo, las líneas divisorias. Esta actividad podría haberse realizado de igual modo con la pizarra convencional.

En cuanto a las figuras, también en el segundo trimestre, aborda actividades relativas a las figuras musicales, en este caso, para relacionar cada silencio con su figura. Aparecen dibujadas en la PDI desde la redonda hasta la semicorchea y sus correspondientes silencios; la actividad consiste en colocar cada figura con su silencio correspondiente. Debemos considerar que no añade ningún elemento atractivo que ayude a los alumnos a discriminar auditivamente las distintas duraciones de las figuras.

4.- Discriminación melódica: se trata de actividades con PDI para distinguir escalas ascendentes y descendentes. Pulsando sobre el pentagrama de una u otra, suena la escala ascendente o descendente, según cuál corresponda.

Imagen V.4. Escala ascendente y descendente

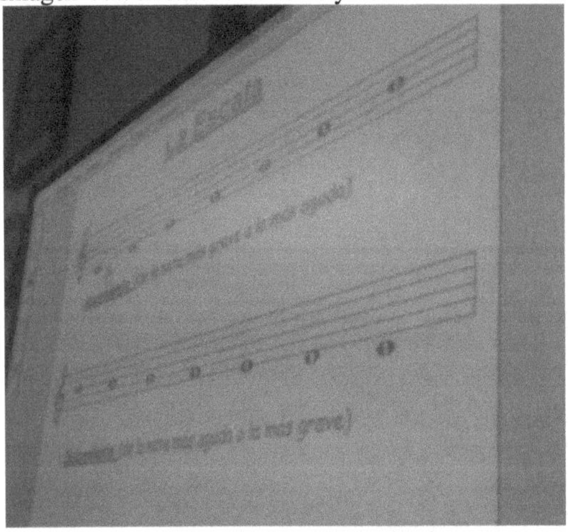

A priori, consideramos que se podía haber realizado alguna diapositiva en Notebook más colorista, dinámica, más atractiva visualmente y con un mayor grado de interactividad, potenciando que se escuchara cada nota si se pulsaba cada una de manera independiente, y no que al pulsar el pentagrama suenen todas correlativamente; está bien, pero sería necesario que se pudiese escuchar cada nota de manera individual para favorecer la educación auditiva del alumno.

Tras la breve explicación teórica, elabora unas actividades sencillas que ayudan a trabajar la discriminación auditiva en relación a las escalas, un fragmento de cómo es la actividad se explica en esta transcripción:

> *"El ejercicio está conformado por cuatro subejercicios. A4P8 hace los dos de la parte inferior; se trata de arrastrar la palabra ascendente o descendente al dibujo del aparato de música que corresponda, donde el alumno haya escuchado la melodía en la que se haya utilizado una u otra escala". (CC 27.1. P.18 - 19)*

2) Rasgos característicos de la música vocal e instrumental de distintos estilos y culturas. Agrupaciones vocales.

Este contenido está abordado poco significativamente de manera globalizada con el bloque relativo a la interpretación, dado que el profesor no aportaba mucha información a cada composición que iban a interpretar o a escuchar; no mucho más de lo que los alumnos podían encontrar en el libro. No hizo mucha incidencia en autores, características musicales etc. Los aspectos técnicos y formales, por lo general, no son tratados en profundidad y, en raras ocasiones, hace algunas puntualizaciones al respecto.

No ha abordado el concepto de agrupación vocal, ni los tipos de agrupaciones que existen tanto en música académica como en música popular. Con la PDI Smart podría haber utilizado las *Lesson Activity Toolkit* 2.0 para preparar actividades interactivas relativas a las agrupaciones vocales, o buscar en Internet recursos didácticos y unidades que trabajen dichos conceptos.

3) Instrumentos musicales y su clasificación según diversos criterios.

Tras la observación participante reiterada y en profundidad, hemos observado que aborda la organología utilizando la PDI como herramienta principal, sin utilizar la pizarra convencional y como complemento a los contenidos reflejados en el libro del alumno.

Un ejemplo de ello lo tenemos en la página dieciocho del libro del alumno, que aborda el concepto de instrumentos de percusión y su clasificación. Fue el único día que abordó decididamente la explicación de los instrumentos de percusión utilizando la PDI como herramienta principal; en el mismo, utiliza la PDI como instrumento principal en el aula. Tras una breve definición del grupo de instrumentos, aparece su clasificación dividiéndolos en madera, metal y parche con dibujos de los instrumentos más representativos de cada una de las categorías. Como complemento a esta página del libro, el profesor crea una actividad con varias diapositivas con el software de la PDI Smart, Notebook, donde aparecen las imágenes de los instrumentos (las mismas que aparecen en el libro), y a cada imagen le tiene otorgada una función; se pulsa sobre la misma y se escucha su tímbrica. El profesor añade una categoría más a las reflejadas en el libro, que es la de mezclas.

Vamos a reflejar un fragmento de la transcripción de la sesión donde se aborda con la PDI esta actividad interactiva, en realidad el grado de interactividad es bajo porque se limita a pulsar una imagen poder escuchar el timbre del instrumento.

> *"A4P6 le manda que toque en la PDI el dibujo de los crótalos, A3P17 no titubea y acierta el instrumento en el primer intento. A4P16 le manda que toque el triángulo y lo hace bien a la primera. A4P3 le manda a P4P1 que escoja un instrumento para ver si lo reconoce y lo toque en la PDI. El instrumento que escogió fueron los platillos. P4P1 manda a A4P17 que pare el triángulo que seguía sonando después de que sonaran los platillos. P4P1 les pregunta a todos qué instrumento falta por mencionar que aparece en la diapositiva y A4P24 dice que es el carillón, pero A4P17 tiene dudas y no sabe exactamente qué instrumento es, a lo cual P4P1 manda salir a A4P24 a la PDI para que indique cuál es dicho instrumento, pulsa la imagen y suena. Aprovecha P4P1 para explicar las diferencias entre el metalófono y el carillón. P4P1 dice que falta un instrumento por seleccionar, A4P8 levanta la mano, y cuando le da el turno dice que el instrumento que falta son los cascabeles, y P4P1 pregunta si los cascabeles son de metal, A4P17 asiente con la cabeza". (CC 2-12.9 – 11)*

Dentro de la misma temática de organología realiza otras actividades de relacionar la palabra con el instrumento correspondiente, como aparece en la imagen.

Imagen V.5. Actividad de relacionar el nombre del instrumento con el instrumento correspondiente

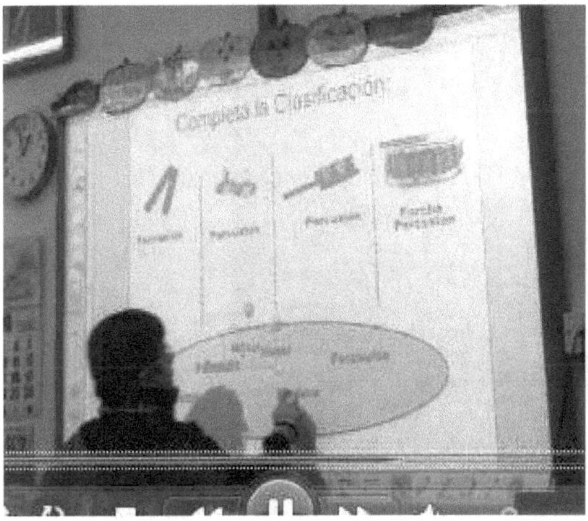

Nos hubiera parecido más interesante que hubiera utilizado dispositivos al alcance de cualquier usuario, como Popplet, para organizar ideas de una manera gráfica y así poder mostrar al alumno, a través de la PDI, un mapa interactivo donde tuvieran cabida videos, previamente seleccionados, de los instrumentos explicados.

La integración curricular de la PDI en el contenido de instrumentos vino determinada por el material adicional que facilitó la editorial al profesor, como en el caso concreto de la historia musical "Pedro y el Lobo" de S. Prokoviev. Es una actividad que complementa a la página treintaiuno del libro del alumno y tiene como objetivo principal trabajar la discriminación auditiva. De manera previa a la visualización del material de la editorial, el maestro aborda la introducción al tema con diapositivas de Notebook relativas al creador de la composición sobre la que van a trabajar y un video con un fragmento de uno de sus ballets, *La cenicienta.*

Imagen V.6. Biografía S. Prokoviev y fragmento de video del ballet *La Cenicienta*

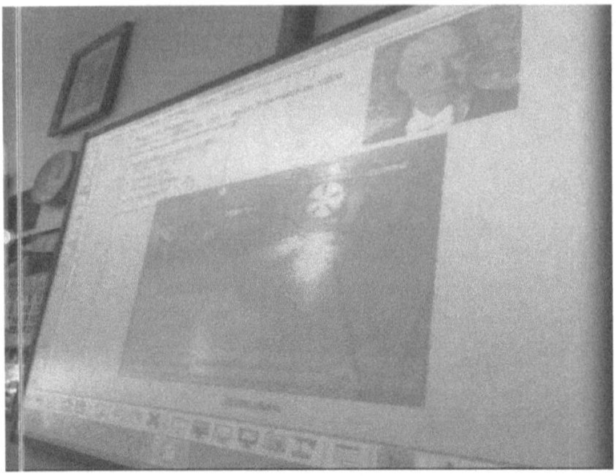

A través del procesador de texto que incorpora, nos permite crear textos mecanografiados, es decir, el texto que aparece puede que haya sido cogido de la Red o puede ser de creación propia. El procesador te permite cortar y pegar en la diapositiva y modificar dicho texto.

Imagen V.7. Actividad del cuento musical *Pedro y el Lobo*

Esta es la tercera diapositiva del conjunto de diapositivas realizadas por el profesor como antesala a la exposición del cuento musical. Está formada por los instrumentos que representan a cada uno de los personajes con los dibujos de los mismos. El profesor ha insertado previamente sonido a cada imagen, y por ello cuando pulsa sobre la misma suena su melodía con el instrumento correspondiente.

> *"P4P1 empatiza con el alumnado cuando trabaja la discriminación tímbrica, para alcanzar un mayor grado de implicación del alumnado a la hora de fijarse en la tímbrica de cada instrumento. P4P1 introduce cada instrumento ejemplificando la secuencia que van a escuchar".*
>
> *(CC 3-2.8)*

Consigue trabajar la discriminación tímbrica a través de la audición, pero queda como un efecto pobre en cuanto a interactividad con el alumnado; hubiera sido más recomendable insertar un musicograma activo en flash (SWF) con los temas principales del cuento. Sin embargo, sí permite interactuar con él cuando relata el cuento, expone las acciones y explica de manera pausada para que presenten atención a todos los leitmotivs.

El momento de más interactividad, comentado como uno de los de mayor motivación en todo el curso (ya expuesto cuando se abordó la motivación en el apartado V.3.2. del presente capítulo), fue la actividad que corresponde al material de apoyo que entregan los comerciales de la editorial al profesor, donde los animales del cuento se movían por la pantalla cuando el alumno acertaba el leitmotiv correspondiente al personaje.

Para concluir con este contenido dedicado a los instrumentos, debemos apuntar que sólo se ha utilizado la PDI de manera principal, como recurso más representativo del aula. La ha utilizado como recurso didáctico valiéndose del material elaborado por los expertos en tecnología educativa de la Editorial Pearson Alhambra y valiéndose de su formación en TIC, y en concreto en PDI. Como hemos comentado con las actividades expuestas, la PDI se podría haber utilizado de manera más interactiva, posibilitando una mayor participación del alumnado, siendo ellos los que crearan los propios contenidos accediendo a la Red con la PDI, y haciéndose más autónomos de su propio aprendizaje. No se ha reflejado claramente un cambio metodológico, sino una manera de continuar haciendo lo mismo pero con algo más de motivación propiciada por actividades más atractivas.

4) *Reconocimiento y manipulación de instrumentos populares de Castilla y León.*

Este contenido relativo al folklore regional no ha sido abordado a lo largo del curso académico 2010/2011. En Internet se puede tener acceso tanto a instrumentos típicos del folclore castellano–leonés, como a recursos multimedia para poder abordar dicha temática utilizando la PDI, pero no se ha hecho ninguna mención para abordar dicho contenido, por tanto no hacemos referencia a él en este apartado.

5) La frase musical y otros recursos formales. Consolidación mediante la experiencia práctica.

La PDI como recurso didáctico posibilita la creación de actividades relativas a adivinar las estructuras formales de las composiciones que vamos a trabajar en clase: lo que denominamos forma musical externa y forma musical interna. Nos detendremos en la forma musical interna como esqueleto de la obra musical, y para ello, los alumnos pueden, de una manera visual e interactiva, trabajar sobre el formato de la PDI en distintas actividades que les faciliten la discriminación auditiva de cada tema o frase musical y el sentido completo de toda una obra.

El profesor sobre el que se está desarrollando el estudio de casos único es, además de profesor de música, músico profesional[59], por tanto está en continuo aprendizaje y contacto directo con la música. Este hecho le da la certeza de saber que es muy importante que el alumno discrimine auditivamente una forma musical con respecto a otra.
El nivel de discriminación no es elevado, porque en este curso académico no han profundizado mucho en el análisis de las formas musicales; de hecho, él no ha hecho referencia a formas musicales externas, excepto cuando ha abordado la forma musical canon y la forma canción.

En lo que se refiere a la forma musical interna de las canciones abordadas durante el curso, como, entre otras, por ejemplo:

- Tres hojitas madre,
- Trébole patiné,
- Había un pastorcito,
- La feria de San Andrés,
- Con el trípili o
- Lukaidó, lukaidá,

no utiliza la PDI como recurso didáctico sobre el que pueda crear actividades interactivas relativas a que sean capaces de discriminar melódicamente cada sección o tema musical de cada forma musical externa. A lo más que llega es a utilizar a la PDI como herramienta tecnológica con la que puede exponer el texto y/o la música de la canción y explicar la estructura de la canción de modo textual. Sin embargo, con el canon utilizó la PDI como recurso didáctico, aunque no interactivo, como vemos a continuación.

---

[59] Es integrante de un grupo de música rock, en el que toca la batería. Hacen giras de conciertos fundamentalmente en el territorio regional.

A la mitad de la sesión del diez de febrero, cuando aborda la página treintaitrés, habla del canon, explica lo que significa y hace preguntas abiertas a los alumnos. La técnica de las preguntas abiertas la utiliza como fórmula para que los alumnos, dentro de su aprendizaje informal, asocien canciones que ya tienen aprendidas con conceptos que aborda el profesor; lo utiliza para que comprendan el concepto abstracto desde canciones concretas que ellos conocen de años anteriores. Después ejemplifica un canon sacando a A4P13 y a A4P14. Con ellos, trabaja un ejemplo de canon rítmico: primero el profesor hace con percusión corporal el tema rítmico completo, se trata de tres compases de 4/4, en cada compas 4 negras, en el primer compás hechas por palmas, en el segundo por muslos y el tercero, pies. Explica que él es la voz uno, a A4P13 le asigna la voz dos y a A4P14 la voz tres. Da las indicaciones a los dos para que sepan hacerlo y les sale a la primera.

En la diapositiva del Notebook aparecen varios pentagramas del tema A y del tema B para trabajar el canon melódico; cada tema lleva asociado su melodía correspondiente. Para trabajar metodológicamente dicha forma musical, divide la clase en dos. Cada vez lo hacen con más intensidad hasta llegar a un forte, no por indicaciones de P4P1 sino que ellos mismos quieren gritar más para ser oídos por encima de los demás.

Exponemos un fragmento de la transcripción relativa a la exposición de cómo se trabaja el canon utilizando la PDI como recurso didáctico:

> *"En la segunda diapositiva aparecen en pantalla dos temas melódicos (A y B). El profesor pulsa la parte A y suena la melodía, lo mismo hace con la melodía del tema B (no canta la melodía con las notas, sino que tararea). Enseguida, los alumnos recuerdan la melodía y cantan la canción con el texto original (una canción que ya había aprendido en cursos anteriores). Después, pulsa la partitura ya en canon y escuchan la polifonía. Lo hacen con la voz, los niños hacen los dos temas mientras que el profesor hace lo mismo pero en canon". (CC 10.2 P 8)*

Este fragmento evidencia que, a pesar de que el profesor utiliza la PDI como recurso didáctico, no pasa de asociar audición a objeto, en este caso a partitura, sin mostrar un mayor nivel de interactividad en la actividad ni favorecer actividades relativas a desarrollar más la discriminación auditiva mediante un musicograma más atractivo y motivador.

Imagen V.8. Ejemplo de canon con el software de la PDI Smart

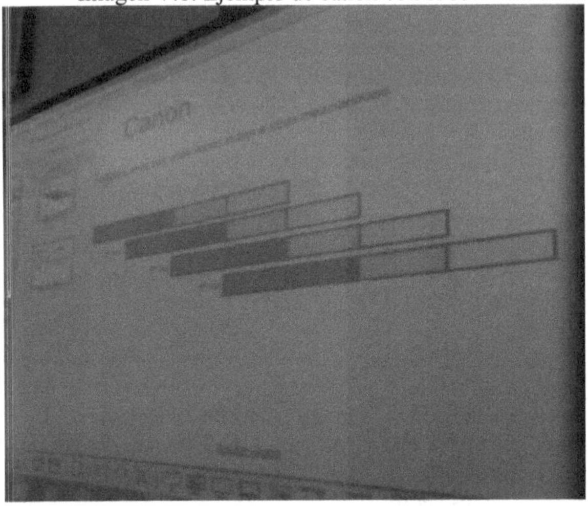

6) La partitura. Concepto y aplicación práctica mediante esquemas inventados como guía para la audición.

El concepto relativo a la partitura, engloba otros conceptos relacionados tanto con las cualidades del sonido y su representación gráfica, como con el concepto de forma musical. Por ello, no vamos a abordar este concepto de manera aislada, porque consideramos que está implícito en varios contenidos del bloque escuela y del bloque interpretación y creación musical, y se comentará conjuntamente con los mismos.

Ya que no se ha observado ninguna actuación relativa a trabajar una partitura de nueva creación de manera interactiva con la PDI, los alumnos no han creado con la PDI ninguna partitura, ni han modificado las partituras creadas por el profesor, ni tampoco han desarrollado su creatividad en dicho ámbito. El grado de implicación del alumnado en este concepto es bajo, porque el profesor ha sido el que ha elaborado las partituras con el programa Encore y ha utilizado la PDI para mostrárselas a los alumnos, no ha utilizado ningún programa que posibilite que pulsando una nota se escuche exclusivamente esa y no toda la partitura.

7) Conocimiento y práctica de actitudes de respeto en audiciones y otras representaciones musicales. Comentario y valoración de conciertos y representaciones musicales.

Este contenido va en total consonancia con el grado de disciplina que existe de manera casi permanente en el aula. A veces, el respeto se transforma en emoción en determinadas audiciones:

> *"Los alumnos son disciplinados, aunque a veces tienden a emocionarse con la música y dejarse llevar... " (CC 11.11. P. 1)*

A veces usa la PDI como mero reproductor de audio, lo mismo que podría hacer un lector de CD. Observamos que no se refleja ningún factor o elemento innovador en dicho uso, dado que los alumnos están acostumbrados a escuchar, prestan atención a las audiciones cuando requieren de una motivación mayor, bien porque estén unidas a actividades de discriminación auditiva, o bien porque lleven aparejado un segundo bloque añadido de expresión vocal como es la caso del fragmento de transcripción que copiamos:

> *"Para repasar el comienzo de la unidad tres, en concreto, la página veintisiete, utiliza la PDI como instrumento secundario, dado que lo utiliza como reproductor de audio y perfectamente le hubiera valido con un aparato reproductor de CD. Sin previo aviso y sin ejercicios de calentamiento de voz, pone la audición y les hace, sin preparación, coger el hilo de la misma. Después de que han interpretado todos la canción y como no ha salido del todo bien, intenta dividir la interpretación entre chicos y chicas a ver si con esa medida favorece el que los alumnos se impliquen de mayor manera".*
> *(CC 27.1.P 23 – 24)*

En definitiva, tras la observación reiterada en el campo, se puede asegurar que el profesor siempre cumple normas de convivencia y disciplina que potencian que los alumnos muestren interés por la asignatura y sus contenidos. Es cierto que se refleja un gran respeto ante todas las audiciones mostradas durante el curso, no siendo ninguna de ellas objeto de burla por ningún alumno del grupo clase. La actitud que muestran ante las audiciones, que suelen ir acompañadas de interpretaciones vocales, es muy buena.

De los aspectos relativos a este contenido hablaremos cuando tratemos el bloque de interpretación y creación musical.

8) *Los lenguajes musicales a partir de la escucha de audiciones originarias de distintos estilos y culturas. La riqueza en la diversidad cultural.*

La utilización que se ha llevado a cabo de la PDI dentro de este contenido no ha sido como recurso didáctico, sino como mera herramienta facilitadora de reproducción de audiciones, es decir, con un equipo de música o un radio CD se podía hablar suplido la utilización de la PDI.

No utiliza la PDI como recurso desde el que se pueda acceder a páginas web u otros enlaces desde donde se pueda escuchar de manera activa audiciones de distintos estilos y culturas. En ningún momento la ha utilizado como herramienta de acceso a Internet.

Tampoco ha posibilitado que los alumnos desarrollaran su capacidad de indagación y búsqueda en la Red de diferentes músicas de distintas culturas, porque no ha dado opción a la realización de trabajo colaborativo ni en equipo; los alumnos sólo han accedido a la pizarra para resolver actividades creadas por el profesor, no para mostrar y compartir actividades hechas por ellos.

No ha habido posibilidad de comprensión de nuevos lenguajes musicales a través de la PDI, porque no se ha utilizado para abordar dicho contenido.

9) *Interés por el descubrimiento de obras musicales de distintas características.*

Quizás el caso más llamativo de interés por el descubrimiento de una obra musical tuvo lugar el veinticuatro de febrero de 2011, cuando trabajó, a través de un musicograma "*La máquina de escribir*" de Leroy Anderson.

En relación con el clima, nos gustaría reflejar este fragmento de la observación participante recogida en el cuaderno de campo:

> *"El clima para un mejor aprendizaje se produjo exactamente cuando abordaron la actividad de la audición "La máquina de escribir" de Leroy Anderson. La concentración era máxima dado que tenían que seguir un musicograma (elaborado por el profesor) y tenían que ejecutar con mímica el mismo".*
>
> *(CC 24.2.P3)*

Con la composición *"La máquina de escribir"* de Leroy Anderson, repasa cada una de las partes del musicograma (imagen que tenemos después del presente párrafo). Él va dando las indicaciones y todos, excepto A4P23 (ACNEE), hacen los movimientos correspondientes a escribir en la máquina. Con la PDI pone el video, descargado de YouTube previamente en su casa, y sin el musicograma delante, y por imitación, desarrollaron los movimientos del profesor representando la audición.

Hay que señalar que la actividad ya la había llevado a cabo en la sesión del diecisiete de febrero, esto era un mero recordatorio. Pero fue un recordatorio que revitalizó el ánimo grupal de la clase y fue un momento de entusiasmo contenido, de diversión con la música.

Sobre la audición destacamos esta transcripción del cuaderno de campo:

> *"Pregunta a A4P3 de dónde provenían los tres sonidos que se desprendían de la máquina de escribir: el timbre, el teclado y el rodillo. Pregunta lo que suena durante más tiempo, y A4P6 dice que el teclado y de vez en cuando algún timbre y el rodillo. P4P1 dice: ¿lo hacemos? Responden que sí, y les pregunta que con qué lo hacían, y responden que con un musicograma que ha hecho P4P1. Repasa lo que significa cada parte del musicograma y recuerdan cómo sería siguiendo el musicograma. Todos los alumnos siguen el musicograma. Luego pone el video sacado de you tube que los alumnos ya visionaron en la sesión anterior y, sin musicograma, son capaces de seguir el discurso melódico. Siguen también las indicaciones del profesor y lo hacen muy bien". (CC 24.2.P.22-25)*

V.9. Musicograma de la composición *"La máquina de escribir"*

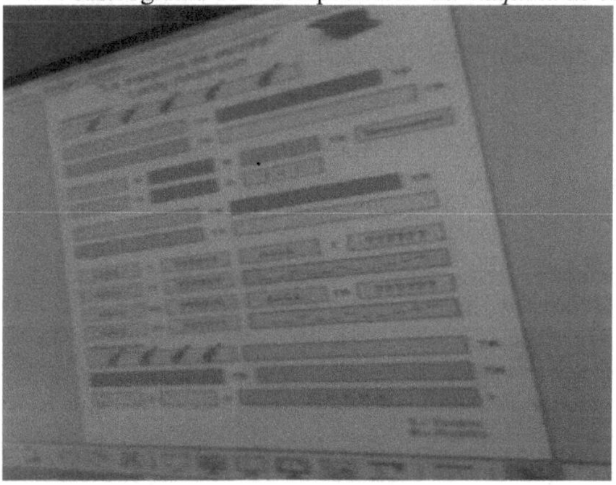

Este musicograma está elaborado con el software de la PDI. Se ha hecho un uso de la misma como recurso didáctico, pero no interactivo porque no se puede interactuar con el musicograma, sólo verlo, y guiados por las indicaciones del profesor, seguir cada uno de los temas.

Para hacer esta actividad, tal y como se ha planteado, no hubiera tenido necesidad de realizarla con la PDI, podía haber utilizado simplemente un documento de Word. Esto es un claro ejemplo de infrautilización del recurso, no se le ha sacado el potencial didáctico del mismo y ha quedado como un mero instrumento de representación gráfica.

10) Actitud atenta y silenciosa y respeto a las normas de comportamiento durante la audición musical.

Este contenido meramente actitudinal tampoco se aborda, porque se han mostrado ejemplos a lo largo del presente capítulo que han validado el dato de actitud correcta y silenciosa, respetuosa ante la audición musical. Por eso no se va a incidir nuevamente en este punto.

V.3.3.4.2. Contenidos del bloque 4: Interpretación y Creación Musical; trabajados con PDI como herramienta principal y secundaria.

Los contenidos que aparecen en el nivel de concreción inferior a la normativa educativa emanada del gobierno central, es decir, los contenidos base sobre los que el profesor tiene que determinar sus propios contenidos para cada nivel de segundo ciclo, aparecen reflejados en el Real Decreto 40/2007 y son los siguientes:

1) El sonido y la expresión musical. Interpretación y creación basadas en emociones y experiencias. Creación vocal e instrumental.
2) La voz y los instrumentos. Higiene y hábitos en la interpretación y la postura corporal.
3) Repertorio de canciones al unísono, cánones y piezas instrumentales sencillas. Repertorio de músicas populares de Castilla y León.
4) Técnicas de interpretación vocal o instrumental. Coordinación y sincronización individual y colectiva.
5) Repertorio de danzas y secuencias de movimientos fijados. Aproximación a pasos y coreografías básicos.
6) Danzas sencillas de Castilla y León.
7) La partitura. Grafías convencionales y no convencionales para la interpretación de canciones y obras instrumentales sencillas.
8) La puesta en escena de las actividades de interpretación y creación. La responsabilidad y el interés individual en una obra conjunta.
9) El ritmo y la melodía. Improvisación sobre bases musicales dadas.
10) El acompañamiento para canciones y piezas instrumentales. Utilización de bases pregrabadas.
11) La creación de una pieza musical. Composición a partir de elementos dados.
12) Coreografías inventadas para canciones y piezas musicales breves.
13) Interés y responsabilidad en las actividades de interpretación y respeto a las normas.
14) El sentido musical a través del control corporal.
15) Construcción de instrumentos originales y similares a otros existentes.
16) Interés por ajustar el proceso de creación musical a las intenciones inicialmente previstas.

17) Grabación en el aula como recurso creativo: puzles y collages sonoros.
18) Utilización de la danza como medio de expresión de diferentes sentimientos y emociones.

Este bloque cuarto es un bloque que se presta mucho a desarrollar la creatividad del alumno, para ello, con las TIC, sí que pueden potenciar situaciones de aprendizaje activo (Reparaz, et al. 2000), en las que aumenta la capacidad del alumno para crear y resolver problemas a través de las TIC.

Para el análisis del bloque se van a unir algunos contenidos que poseen un eje temático común, como es el caso de la danza escolar, pero que, como no han sido tratados utilizando la PDI ni sin hacer uso de ella, -simplemente no se han trabajado-, hemos decidido unirlos y comentar algunos de los motivos de esta realidad.

Vamos a analizar cómo se ha integrado curricularmente la PDI en contenidos que se prestan a la utilización de las TIC, en este caso, la PDI como recurso didáctico. Un recurso, tal como apunta el profesor de música, al que no se le ha sacado todo el rendimiento necesario porque, en ocasiones, no se ha roto el aprendizaje pasivo y acumulativo de contenidos y no se ha conseguido llegar a la fase interactiva y el aprendizaje activo.

Consideramos que el tratamiento multimedia en el que se debieran abordar los contenidos iba a propiciar un mayor acercamiento de los alumnos a la materia que se quiere trabajar, y por tanto sería una estimulación positiva hacia una potenciación del aprendizaje autónomo.

Tras el análisis de cómo se ha abordado el uso de la PDI en los contenidos del bloque cuarto, podremos comprobar que no existe, por parte del profesor, un plan establecido, un proyecto que utilice la PDI como recurso didáctico dentro de una metodología puramente constructivista. En determinadas actividades sí se puede apreciar una cierta innovación de carácter metodológico con propuestas didácticas más elaboradas y creativas, pero en otras no se vislumbra la innovación, porque siguen los parámetros tradicionales pero con el uso de la PDI, sin una integración de la herramienta como recurso didáctico.

Otro reto que consideramos que se debiera lograr con la PDI es que los alumnos adquieran la competencia de aprender a aprender. En palabras de Giráldez (2012), "aprender a aprender música debería ser uno de los grandes objetivos de la educación musical en la escuela" Giráldez (2012, p.60).

Tal como apunta en su interesante artículo sobre motivación, práctica y estrategias para el auto aprendizaje musical, debemos facilitar al alumno mecanismos para que pueda auto aprender. Consideramos que las TIC, y en concreto la PDI, pueden facilitar dichos mecanismos, siempre y cuando la herramienta sea usada como recurso didáctico interactivo, atractiva para el alumnado y potencialmente adaptada para desarrollar la creatividad del alumno; mientras sea una herramienta con la que se haga lo mismo que con la pizarra tradicional, no estaremos asistiendo a ninguna innovación ni avance en el ámbito educativo.

Tras estas breves reflexiones, vamos a dar paso al análisis de los datos derivados de las entrevistas, semiestructuradas e informales, y fundamentalmente de los datos obtenidos tras la observación participante pasiva y reiterada en el aula.

De manera previa al análisis pormenorizado contenido por contenido, nos gustaría resumir el tratamiento que se ha dado con las TIC de los dos sub bloques en los que se ha utilizado la PDI. Consideramos que se ha dado un peso totalmente descompensado del uso de la herramienta a tenor de los objetivos que marca el Real Decreto 40/2007 que regula las enseñanzas mínimas de la Educación Primaria en Castilla y León. Esta descompensación de integración de TIC y de tratamiento del bloque relativo a la creación, viene derivado por las reducidas ocasiones en las que el profesor ha abordado actuaciones en el aula relativas a desarrollar la creatividad de los alumnos. De todas las sesiones observadas, sólo en el 10% se ha podido comprobar que se han abordado actividades relativas al desarrollo creativo del alumno.

En el caso del bloque relativo a la interpretación, es cierto que el profesor se ha volcado en desarrollar dicha capacidad de interpretación, tanto vocal como instrumental, sin embargo, no ha planificado actividades realizadas con la PDI como recurso didáctico que faciliten la técnica a la hora de interpretar ni que complementen las partituras a tocar o cantar; en el 90% de las ocasiones, simplemente se reduce a un uso secundario de la herramienta, que sirve como soporte sobre el que poder escuchar una audición.

1) El sonido y la expresión musical. Interpretación y creación basadas en emociones y experiencias. Creación vocal e instrumental.

El primer epígrafe, el relativo al sonido y la expresión musical, es un contenido que se aborda de manera transversal en gran cantidad de sesiones . Sin embargo, el relativo a la creación vocal e instrumental es prácticamente inexistente. No se puede intentar conseguir que el alumno adquiera la competencia de aprender a aprender, cuando no se le deja explorar por sí sólo sus potencialidades creativas en lo que a la música se refiere.

Tampoco se incide en lo relativo a la interpretación y creación basadas en emociones y experiencias, porque en ningún momento se ha posibilitado que el alumno introduzca en el aula contenidos abordados de una manera informal, sobre música que él consuma fuera del ámbito académico. Por este motivo, sus experiencias en dicho ámbito no están cubiertas en este contenido, porque no se abordan, con o sin PDI. Podría haber sido un complemento a propuestas realzadas por los alumnos, pero no se ha utilizado como tal.

2) La voz y los instrumentos. Higiene y hábitos en la interpretación y la postura corporal.

No se integra la PDI de manera curricular en este contenido, ni como herramienta facilitadora de obtención de contenido en la Red, ni como recurso didáctico para el que se haya elaborado previamente material didáctico sobre el que pueda trabajar el alumno.

Tampoco ha posibilitado que el alumno, individualmente o en grupo, haya explorado e indagado sobre las características de la voz e instrumentos a través de Internet mediante el uso de la PDI. No se ha llevado a cabo ninguna actividad de carácter colaborativo a tal respecto.

En lo que respecta a la higiene y hábitos, en ningún momento de todas las sesiones observadas se ha llevado a cabo la realización de ejercicios de calentamiento de voz previos a la ejecución vocal, no se trabajan ejercicios de respiración, dicción ni resonancia de voz (Bernal y Calvo, 2004). No trabaja la postura corporal en sí, porque los alumnos nunca se levantan para cantar, siempre lo hacen desde sus asientos.

Tras analizar todas las sesiones grabadas tras la observación participante, constatamos que el profesor siempre utiliza las mismas estrategias metodológicas cuando va a proceder a trabajar una actividad relativa a la expresión vocal. En este caso mostramos un fragmento de transcripción de una actividad en la que utiliza la PDI, no como recurso didáctico sino como soporte donde proyectar un video de la canción de Vangelis *"La conquista del paraíso"*:

> *"Metodología para el aprendizaje: primero tatarean con boca cerrada la melodía del leitmotiv de la canción. Cuando empieza el texto, los niños lo cantan en latín pero no lo interpretan de pie. El profesor detiene la canción en la última frase, en el gloria. Primero lo canta P4P1 y luego lo repiten los alumnos.*
>
> *Observaciones del bloque de expresión vocal: no realiza ejercicios de calentamiento de la voz, no les prepara la voz para cantar, no escuchan primero la audición antes de la interpretación y no es muy perfeccionista en cuanto a la ejecución de la canción; le importa más que no pierdan el tempo de la misma. La interpretación tiene fallos, sobre todo cuando interpretan el término "gloria" que lleva un melisma y, por tanto, mayor ornamentación vocal". (CC 11.11 P.22 – 23)*

Consideramos que se podría haber trabajado esta actividad de una manera más colaborativa, habiendo hecho partícipes a los niños de la obtención de información sobre el grupo musical, sobre la película de la que la canción forma parte de su banda sonora, haber elaborado la partitura con un programa de edición de partituras y haber utilizado un programa que reproduzca cada una de las notas. En resumen, el uso de la PDI ha sido meramente secundario y podría haber hecho lo mismo sin la necesidad de la misma.
Por poner otro ejemplo, aunque la metodología siempre es la misma, reflejaremos la transcripción de otro día en la que trabajó la expresión vocal:

> *"Trabaja el bloque de expresión vocal. Los alumnos miran la página quince del libro del alumno donde aparece la audición: "Tres hojitas madre" (canción popular de Asturias). Utiliza la PDI como soporte para poder escuchar la canción y para que puedan leer la letra sin necesidad de leerla en el libro. No siguen las indicaciones del libro y los alumnos se limitan a entonar la canción sin levantarse del asiento".(CC 2.12 P 18)*

Como el proceso siempre es el mismo, como se puede comprobar en la transcripciones que aparecen en el anexo del cuaderno de campo, no nos vamos a detener más en analizar esta parte de contenido. Consideramos que la integración curricular de la PDI es inexistente, dado que no se utiliza como recurso didáctico, sino como reproductor de audio y video, y dicha utilización no reviste ninguna innovación.

En el ámbito de la expresión instrumental, con respecto a la higiene y los hábitos en la interpretación y en la postural corporal, el proceso es similar al explicado, en párrafos anteriores, con la voz. Depende de la dificultad técnica de la partitura a interpretar con flauta. La expresión instrumental se basa fundamentalmente en la utilización de la flauta, dado que, al no estar en el aula de música, el 95% de las interpretaciones instrumentales que llevan a cabo son con flauta, sólo en dos ocasiones utilizaron otros instrumentos que no fueron la flauta dulce.

En lo que respecta al uso y la integración curricular de la PDI para abordar dicho contenido relativo a la higiene y a los hábitos en la interpretación y postural corporal, no la utiliza en absoluto.

3) Repertorio de canciones al unísono, cánones y piezas instrumentales sencillas. Repertorio de músicas populares de Castilla y León.

Siempre hemos considerado que la capacitación de un alumno a la hora de la interpretación, facilita la vivencia de una manera más cercana de la pieza musical y eso genera, a su vez, una satisfacción personal por ser capaz de interpretar, por sí sólo, de manera autónoma, una composición musical.

Este contenido es trabajado en todas las sesiones analizadas, pero ninguna de las que aborda está integrada en el repertorio de músicas populares de Castilla y León, dado que, excepto una[60], el resto son partituras creadas por el profesor, o son partituras que aparecen en el libro de texto del alumno.

Dentro de las sesiones observadas se ha determinado la siguiente tabla:

Tabla V.5. Canciones y composiciones instrumentales interpretadas por los alumnos durante las sesiones grabadas

TÍTULO DE LA CANCIÓN	**LIBRO DE TEXTO**	**UNÍSONO CANON INSTRUM**	**USO PDI*1**
La conquista del paraíso (Vangelis)	no	Unísono	1,3
Tres hojas madre	Pág 15	Unísono	1,4
Trébole patiné	Pág 27	Unísono	1,4
Había un pastorcito	Pág 29	Unísono	1,4
La feria de San Andrés	Pág 30	Unísono	1
Bomberos	Pág 33	Canon	1
Canción con el trípili	Pág 39	Unísono	1,4
Iukaidí iukaidáá	Pág 50	Unísono	1
A la orilla del agua	Pág 52	Canon	1
TÍTULO DE LA COMPOSICIÓN INSTRUMENTAL	**LIBRO DE TEXTO O NO**	**INSTRUMENTO**	**USO PDI*2**
En la vieja factoría	No	Flauta	1,2
Canción rusa	No	Flauta	1,2
Para decirte adiós	No	Flauta	1,2
Pentatónica	No	Flauta	1,2

Fuente: elaboración propia

Las numeraciones que aparecen en la última columna de la tabla, corresponden, en el caso del uso de la PDI *1:

1.- Utilización de la PDI como soporte que produzca la canción que tienen que interpretar.

[60] Canción de Vangelis: *"1492 la conquista del paraíso"*.

2.- Utilización de la PDI como recurso sobre el que se reproduce la partitura elaborada con el programa Encore.

3.- Utilización de la PDI con el software Notebook donde aparecen texto, imágenes y la música de las canciones.

4.- Utilización de la PDI para mostrar el material didáctico elaborado por la Editorial del libro del alumno con respecto a la canción a interpretar.

En el caso del uso de la PDI *2:

1.- Utilización de la PDI como soporte que reproduzca la composición instrumental que tienen que interpretar.

2.- Utilización de la PDI como recurso sobre el que se reproduce la partitura elaborada con el programa Encore.

Como se puede apreciar, en lo que respecta a la interpretación vocal, el uso que hace de la PDI difiere según las canciones, y, fundamentalmente, viene determinado por el grado de dificultad de ejecución de la misma, el tempo, la técnica y el texto.

Dos de las más difíciles de interpretar fueron: "*Trebolé patiné*" y "*En la feria de San Andrés*".
En la canción "*En la feria de San Andrés*" utilizó la PDI para reproducir el audio de la canción, pero no ralentizó el tempo y resultó de bastante difícil ejecución. Lo reflejamos en este fragmento de transcripción del cuaderno de campo:

> *"La canción "En la feria de San Andrés" tiene un tempo rápido y les cuesta seguir la interpretación. Antes de pedir voluntarios, interpretan de manera conjunta la canción. Después pide voluntarios y salen los solistas de la primera tanda y saca a A4P3, A4P14, A4P21, A4P18, A4P13, A4P16, A4P17, A4P10. Orden de instrumento: trompeta, guitarra, violín, flauta, piano, clarinete, maracas, pandero. Mientras cada uno hace su parte solística de frente a todos sus compañeros, el profesor hace con mímica la manera de ejecución de cada uno de los instrumentos, y entonces el alumno solista imita al profesor. Los alumnos interactúan poco, les agarra y hace que puedan interactuar y moverse". (CC 10.2. P.9)*

Consideramos que, en este caso, podría haber utilizado la PDI como recurso didáctico si hubiera elaborado material adicional que facilitara al alumno la imitación de la manera de tocar cada instrumento que se ilustraba en la canción, pero se limitó a utilizar la PDI de manera secundaria como reproductor de audio. En esta ocasión, no se evidencia integración curricular eficaz como recurso didáctico, ni innovación metodológica. En realidad, sí se

usa como recurso didáctico, pero la manera de hacerlo consideramos que no es la adecuada.
Para las composiciones instrumentales, en cada observación detallada llevada a cabo, observando, por un lado, la metodología utilizada para afrontar las composiciones instrumentales, y, por otro, el uso y la integración de la PDI como recurso didáctico para apoyar de una manera más motivadora, hemos llegado a estas evidencias:

1.- La metodología con la que enseña una composición instrumental para flauta, siempre es la misma:

a) Explicación de parámetros del lenguaje musical que se evidencian en la partitura.

b) Solfeo de la partitura pentagrama a pentagrama y luego lectura total de la partitura.

c) Interpretación instrumental conjunta con la flauta sin base musical.

d) Interpretación instrumental conjunta con la flauta con base musical.

Detallamos, a modo de ejemplo, una transcripción de un fragmento del cuaderno de campo:

> ***"Trabajo conjunto: "En la vieja factoría"***
> *A4P21 pregunta en qué compás está, pregunta por la nota más grave, re, y la más aguda ,si.*
> *P4P1manda tocar la progresión desde , el re hasta el si (re, mi, sol, la, si).*
> *Con la partitura mostrada en la PDI, los alumnos tocan la escala pentatónica, solfean todos la primera línea del pentagrama.*
> *Trabajan con la partitura el ritmo y la solfean directamente: sol sol sol re mi mi re si si la la sol.*
> *Tras solfearlo, lo tocan todos pero no les sale bien la primera frase musical.*
> *A4P21 lo mide y les va indicando sobre la PDI (utiliza la PDI como soporte visual pero al pulsar no suena la audición).*
> *Tras estudiar la segunda línea, la tocan todos desde el principio. Hace incidencia en compases de mayor dificultad, trabajando la tercera línea que siempre es con el mismo sonido: sol.*
>
> *Metodología: los alumnos intentan seguir al profesor pero les cuesta un poco, a la tercera repetición les sale mejor el primer pentagrama. Algunos manifiestan sus dificultades. Considero que no han estudiado lo suficiente la partitura para poder hacer bien el cuarto compás. Va un poco rápido. Intenta conseguir compases de enlace.*
> *Les manda tocarla entera; él no ayuda con las notas, solo en enlaces: Sí ayuda cuando aparecen silencios, con la medida y el tempo y cerrando el final.*

Aprenden la partitura en diez minutos, la metodología usada: primero por pentagrama, pregunta que expliquen el pentagrama, y así con todos los pentagramas
Con el ordenador, busca en su pen drive la audición instrumental y se la pone, es la base rítmica y musical sobre la cual los niños van a tocar la partitura".

(CC 11.11 P. 16 – 21)

En este fragmento se evidencia el uso que da a la PDI, su nula integración como elemento facilitador del aprendizaje, porque su incorporación en el proceso no genera ningún tipo de innovación.

Pese a que no lo hace, consideramos importante realizar un ejercicio memorístico del diseño melódico, en concreto, la entonación del mismo para que el alumno sea capaz de vivenciarlo e interiorizarlo. Y también vemos importante que realice ejercicios de calentamiento previos a la ejecución instrumental, ejercicios escalísticos, para adquirir estrategias de digitación, que faciliten el que posteriormente le resulte sencillo interpretar la partitura.

2.- En cuanto al uso y la integración curricular de la PDI como herramienta y como recurso didáctico, siempre la utiliza como reproductor de audio; no hay innovación metodológica, porque ese mismo hecho lo puede realizar con un simple reproductor de CD. En relación con el uso de la PDI como reproductor de partitura, al no ser ninguno de ellos interactivo, también podría haber utilizado un proyector con ordenador y pantalla para proyectar o, simplemente, como suele hacer, dar una fotocopia de la partitura a cada uno de los alumnos para que lo sigan de manera individual.

4) Técnicas de interpretación vocal o instrumental. Coordinación y sincronización individual y colectiva.

Como hemos apuntado en contenidos anteriores, no utiliza la PDI para desarrollar ningún tipo de técnica de interpretación vocal y/o instrumental. Es cierto que hay otros parámetros, como el relativo a la coordinación y sincronización individual y colectiva, y debe ser el profesor el que canalice dicha coordinación.

Ahora vamos a abordar los contenidos siguientes de manera conjunta, los contenidos son:

5) Repertorio de danzas y secuencias de movimientos fijados. Aproximación a pasos y coreografías básicos.

6) Danzas sencillas de Castilla y León.

11) Coreografías inventadas para canciones y piezas musicales breves.

14) El sentido musical a través del control corporal.

19) *Utilización de la danza como medio de expresión de diferentes sentimientos y emociones.*

Estos cinco contenidos tienen un nexo común: la danza escolar. En esta tesis nos interesa conocer los motivos por los cuales no se han abordado ninguno de los contenidos con la PDI como herramienta principal en el aula.

Tras la observación participante, las entrevistas semiestructuradas y las entrevistas informales, hemos comprobado cómo no se ha trabajado ningún tema relativo a la danza y expresión corporal en el aula durante el curso académico 2010/2011.

Compartimos un fragmento de transcripción de entrevista informal donde apunta las razones de no trabajar la expresión corporal:

> *"Investigadora: ¿Cuáles son los motivos por los que no trabajas la danza en el aula?*
>
> *Informante principal: Fundamentalmente porque no hay espacio físico para desarrollar la disciplina. Con la PDI aún no tengo material elaborado para trabajarla".*
>
> *(EI 5.5 P1-2)*

En dicho fragmento queda evidenciado que no tiene material para trabajar los contenidos correspondientes a la expresión corporal, pero no queda evidencia de que hubiera buscado material en la Red. La observación participante determina que ni se ha trabajado como lección magistral, ni desde la práctica, ni se ha potenciando la autonomía ni el autoaprendizaje del alumno.

Consideramos que pudiera haber integrado curricularmente la PDI en el aspecto de la discriminación auditiva entre temas musicales y pasos coreográficos, también como recurso que facilite la elaboración del material por parte del profesorado.

7) La partitura. Grafías convencionales y no convencionales para la interpretación de canciones y obras instrumentales sencillas.

Ha utilizado la PDI para trabajar las grafías convencionales, no las no convencionales, de signos y símbolos que aparecen en las partituras, pero no como recurso didáctico sobre el que se elaboren unos materiales interactivos

que potencien las destrezas para dibujar, por ejemplo, la clave de sol u otro tipo de signos.
La ha utilizado siempre de dos maneras: por un lado, como pantalla de proyección sobre la cual se mostraba una partitura, fundamentalmente en las partituras vocales o instrumentales que iban a interpretar, y por otro lado, como pantalla interactiva sobre la cual escribían los alumnos las notas y otras grafías, fundamentalmente en aspectos relativos al lenguaje musical. Un ejemplo de esta segunda utilidad es la imagen que se muestra a continuación.

Imagen V.10. Alumno escribiendo figuras de compases rítmicos, de la sesión del 9 de diciembre 2010

En realidad, no hay innovación en ninguna de las dos actuaciones que hace con la PDI, porque, en el caso de la segunda, podría haber utilizado la pizarra convencional.
Hubiera sido interesante que hubiera indagado en la Red y buscado recursos didácticos para PDI de música en primaria, en relación con las grafías de las partituras, en los blogs de aula y en repositorios de materiales multimedia.

8) La puesta en escena de las actividades de interpretación y creación. La responsabilidad y el interés individual en una obra conjunta.

Para abordar este contenido no ha utilizado la PDI, ni como herramienta tecnoeducativa ni como recurso didáctico.

9) El ritmo y la melodía. Improvisación sobre bases musicales dadas.

No se lleva a cabo ninguna actividad directamente relacionada con la improvisación a nivel rítmico o melódico sobre una base musical dada.
En lo que respecta al ritmo, en concreto la percusión corporal, el profesor siempre lo trabaja sin PDI, como vemos en el siguiente fragmento de transcripción:

> *"Cuando trabaja el ritmo por imitación, no suele utilizar la PDI, ni tampoco la pizarra convencional. Trabaja por imitación. Los dos primeros minutos de clase los ha dedicado a trabajar el ritmo, a modo de calentamiento, para que los alumnos se concentraran y se soltaran rítmicamente". (CC 20.1. P 12)*

Cada vez que trabajaba la percusión corporal, el 90% de las ocasiones en los primeros minutos de la sesión, nunca lo hacía utilizando como soporte la PDI, sólo a través de la repetición por imitación.

10) El acompañamiento para canciones y piezas instrumentales. Utilización de bases pregrabadas.

En el análisis del contenido tercero del bloque cuarto, aparece un cuadro donde se señalan las canciones y piezas instrumentales que se han interpretado durante el curso.

De las mismas, sólo cuatro de ellas poseen una base pregrabada por el profesor, estas composiciones instrumentales son:

- En la vieja factoría.
- Canción rusa.
- Para decirte adiós.
- Pentatónica.

Estas bases han sido creadas por el profesor a través del programa de edición musical Encore[61]. Él mismo lo confirma en el siguiente fragmento de entrevista:

> *"Investigadora: ¿Generas material de nueva creación con el Notebook?*
>
> *Informante principal: En alguna ocasión, sí. Pero el texto de instrumental lo hago siempre yo. La metodología siempre es la misma: interpreto con la voz tres sonidos y los niños tocan con la flauta de maneras colectiva.*
>
> *Investigadora: ¿Has creado algún programa para trabajar con la PDI?*

[61] Encore es un programa de edición musical que se puede utilizar con los sistemas operativos Microsoft Windows y Macintosh. Fue creado en 1990.

> *Informante principal: No, sólo trabajo con el Encore. Tengo mucho material".*
>
> *(EM 2. P 33 – 36)*

El acompañamiento de las canciones, excepto la de Vangelis, ha sido elaboración del equipo didáctico de la editorial del libro de texto del alumno. El profesor no ha aportado ninguna base pregrabada nueva en las composiciones vocales. Además, utilizaba la PDI como reproductor de audio para escuchar las bases musicales.

11) *La creación de una pieza musical. Composición a partir de elementos.*

Este contenido no se ha llegado a abordar, ni con PDI, ni sin ella.

20) Interés y responsabilidad en las actividades de interpretación y respeto a las normas.

El grado de interés no lo vamos a valorar en este apartado, porque ya se ha analizado en el apartado IV.3.1. relativo al clima del aula en relación al uso de la PDI. En el mismo se evidencia que, con o sin uso de la PDI, los alumnos muestran gran interés por los contenidos relativos a la expresión instrumental y vocal que aborda el profesor. En lo que respecta a la interpretación, citaremos algunos fragmentos de la observación participante para corroborar dicha afirmación en diferentes casuísticas:

1.- Tras una sesión de tocar la flauta:

> *"El interés por la flauta se hace latente cuando, al finalizar la parte de la sesión dedicada a la misma, A4P20 pregunta si en la siguiente sesión hay que estudiar flauta, a lo que responde P4P1 que se descansa en esa sesión de flauta. Se evidencia el interés de los alumnos por continuar cada sesión practicando la expresión instrumental a través de la flauta, porque dicho bloque se aborda principalmente con dicho instrumento". (CC 27.1 P.2)*

2.- Antes de comenzar a interpretar una canción:

> *"El clima de aprendizaje es fantástico, excepto el alumno ACNEE, todos se implican de una manera extraordinaria en el apartado de expresión vocal, les gusta cantar".*
>
> *(CC 27.01 P 4)*

3.- Antes de interpretar una canción en la que el profesor solicita voluntarios:

> *"Para la interpretación de la canción "La feria de San Andrés" hay un interés creciente porque salgan todos voluntarios a hacer los solos de la canción".*
>
> *(CC 10.2 P2)*

> *"Pide voluntarios y salen los solistas de la primera tanda y saca a: A4P3, A4P14, A4P21, A4P18, A4P13, A4P16, A4P17, A4P10. Orden de instrumento: trompeta, guitarra, violín, flauta, piano, clarinete, maracas, pandero. Mientras cada uno hace su parte solista de frente a todos sus compañeros, el profesor hace con mímica la manera de ejecución de cada uno de los instrumentos; entonces, el alumno solista imita al profesor. Los alumnos interactúan poco, les agarra y hace que puedan interactuar y moverse".*
>
> *(CC 10.02 P 10)*

15) Construcción de instrumentos originales y similares a otros existentes.

No se ha abordado este contenido, ni con PDI, ni sin ella. Por ello hemos dicho que el apartado de creación, tanto manual como intelectual, utilizando el sonido como materia prima de las composiciones, no ha tenido peso específico dentro del aula.

16) Interés por ajustar el proceso de creación musical a las intenciones inicialmente previstas.

17) Grabación en el aula como recurso creativo: puzles y collages sonoros.

Tanto el contenido 16 como el 17 no se han llevado a la práctica ni se han trabajado en el aula.

V.3.3.5. El desarrollo de las sesiones sin PDI

Con respecto a la quinta categoría, para validar los datos hemos contado principalmente con el cuaderno de campo, el cuestionario de los alumnos y las entrevistas informales al informante principal.

La quinta categoría es la relativa al desarrollo de las sesiones sin el uso de la PDI. Nos hacemos las siguientes preguntas:

- ¿En qué bloque o bloques de contenido no se utiliza la PDI en las sesiones?

- ¿Cuáles son los motivos por los cuales no se utiliza la PDI?

- ¿Muestran interés y esfuerzo los alumnos con contenidos no trabajados sobre la PDI?

Con respecto a la primera pregunta, de en qué bloque de contenido no se utiliza la PDI, fundamentalmente es en el de interpretación y creación musical, sobre todo cuando trabajan la percusión corporal en distintos ejercicios rítmicos inventados por el profesor. Esa actividad, como se puede comprobar en las anotaciones que reza el cuaderno de campo, nunca se lleva a cabo con PDI.

Uno de los motivos por los cuales no se utiliza la PDI, es que este tipo de actividad se lleva haciendo con los alumnos, con diferentes grados de dificultad, desde que les empezó a dar clase en 1º de primaria; ya en 4º de primaria tienen asimilada la técnica y le sirve al profesor de actividad de calentamiento y concentración ante cada sesión, a pesar de que no lo utiliza en todas las sesiones.

Para dar respuesta a la tercera pregunta, tal como comentamos en el apartado V.3.2., al 80% de los alumnos les gusta salir a la pizarra de manera voluntaria en actividades en las que no se usa la PDI, y eso, intrínsecamente, tiene otras lecturas. Si les gusta salir de manera voluntaria, es que les agradan los contenidos al margen de la herramienta utilizada para transmitirlos. En palabras del profesor:

> *"Investigadora: De lo que lleva de curso, como investigadora educativa observadora, me está pareciendo un grupo muy trabajador, buenos chicos.*
>
> *Informante principal: Es un grupo potencialmente bueno académicamente. Tienen inquietudes y se esfuerzan bastante; es un buen grupo, no todos son así".*
>
> *(EIM 12.5 P 1-2)*

V.3.3.6. Ventajas e inconvenientes del uso de la PDI

Con respecto a la sexta categoría relativa a las ventajas del uso de la PDI en el proceso de enseñanza-aprendizaje de los alumnos, en el presente estudio de investigación nos hacemos las siguientes preguntas:

- ¿Aporta realmente ventajas para la transmisión de contenidos el uso que se hace de la herramienta?
- ¿Favorece el trabajo en equipo?
- ¿Es una herramienta motivadora para los alumnos?
- ¿La utilización de la PDI reduce la brecha entre la escuela y la SI?

Y con respecto a las desventajas del uso de la PDI en el proceso de enseñanza-aprendizaje de los alumnos, la pregunta que nos planteamos es la siguiente:

- ¿Cuáles son las desventajas de utilizar la PDI en comparación con otros dispositivos?

Nosotros, en la actualidad, no poseemos una visión tan optimista de la herramienta, a tenor de los datos analizados y del estudio realizado, y a propósito de la formación de la propia investigadora principal y del desempeño de su cargo como asesora.

Se desmontan esas ventajas que para algunos son la panacea de las TIC en la realidad del aula. Nos deberíamos preguntar cuántos docentes utilizan de manera satisfactoria y eficientemente las TIC, y en concreto la PDI; cuántos están preparados, no sólo técnicamente, sino metodológicamente, para adecuar el contenido a una herramienta que utilicen como recurso didáctico y que potencie el trabajo colaborativo y, a su vez, autónomo del alumno.

Algunas de las ventajas que nos propone Gervilla (2010, pp.120, 121), son:

1.-Potencia la atención y motivación del alumno.
2.-Proporciona la visualización de las imágenes para comprender mejor los contenidos.
3.-Permite utilizar los recursos de la Red en el aula.
4.-Ayuda a la realización de actividades creativas y de investigación en el aula.
5.-Hace que las clases sean más interactivas y que el alumnado se implique y participe más.
6.-Ayuda en la realización de actividades colaborativas.
7.-Se pueden realizar correcciones colectivas.
8.-Se comparten recursos didácticos de la Red.
9.-Mejora el tratamiento a la diversidad del alumnado.
10.- Facilita una renovación metodológica que promueve la innovación didáctica.
11.- Permite mantener teleconferencias.
12.- Favorece el desarrollo de videos y exposiciones.

De las doce ventajas potencialmente posibles con el uso e integración curricular de la PDI, sólo cinco de ellas han sido aprovechadas por el profesor de música, en concreto los números: 1, 2, 5, 7 y 9. Del resto no hay evidencias en la observación participante.

Según su perspectiva, las ventajas son las siguientes:

"Investigadora:¿Cuáles son las que consideras las ventajas más importantes?

Informante principal: Una de las ventajas es la motivación, que es mayor. También las metodologías, la exposición, la posibilidad de trabajar con muchos programas, de búsqueda de recursos".

(EM 7.3 P 39 – 40)

El primero de ellos lo hemos abordado en la primera macrocategoría analizada en el presente capítulo, por ello no vamos a insistir más en él.

El segundo lo ha utilizado siempre que ha tenido que hacer referencia a un compositor o a una obra musical de reconocido prestigio, como el caso del 3 de febrero, cuando explicó parte de la biografía de S. Prokofiev y puso su imagen como complemento del texto a exponer, que se podía ver en la PDI.

El quinto, relativo a las clases interactivas, efectivamente, las hace más interactivas si el profesor utiliza la PDI como recurso didáctico interactivo, que en nuestro caso concreto de estudio, no siempre es así. En actividades que hemos analizado en apartados anteriores, ya hemos abordado el grado de interactividad ligado a la motivación, como por ejemplo, con la audición del cuento musical de *Pedro y el Lobo* de Prokoviev del 3 de febrero de 2010.

El séptimo, es el relativo a que se pueden realizar con la PDI correcciones colectivas, y sólo ha sido utilizado en dos ocasiones a lo largo de todas las sesiones y ha sido con la colección de recursos interactivos que el profesor puede configurar de Smart, las *Lesson Activity Toolkit*. A los alumnos les encantan este tipo de actividades, se ofrecen voluntarios y les engancha tener que resolver actividades en un tiempo limitado por la aplicación.

El noveno es el relativo a la mejora del tratamiento a la diversidad. En la sesión del 19 de mayo de 2010, presentó en clase una serie de actividades que iban dirigidas a trabajar la discriminación auditiva con A4P23, el alumno con necesidades educativas especiales, con el que pudo trabajar la discriminación auditiva de manera interactiva con el uso de la PDI. No se ha utilizado la PDI para actividades de la misma temática, con el mismo eje de contenido común, de manera diferente o diversificada, o gradualmente de menor a mayor dificultad, para trabajar la diversidad en el contexto de aula.

Coincidimos con el profesor de música en que, aunque para algunos, la mejor manera de utilizar la PDI sea utilizando material ya elaborado, puede ser comprensible en aquellos casos en los que el profesor no haya adquirido la competencia digital suficiente como para saber desarrollar actividades interactivas; para otros, como nosotros y el profesor, el material debe estar adaptado al nivel del grupo de clase:

"Investigadora. ¿Has buscado recursos por Internet?

Informante principal: Tuve una temporada en que estuve mirando por Internet páginas de recursos de PDI. Me convencí de que prefería hacer yo mismo el material, porque yo sabía lo que necesitaban mis alumnos. Antes buscaba por buscar, no miraba una por una y al final paso, lo hago yo".

(EM 1 P41 – 42)

En lo que respecta a las desventajas o inconvenientes de la PDI, Gervilla (2010, p.121), apunta algunos de ellos:

1.- Fallos en la conexión a Internet.
2.- Fallos de la red eléctrica.
3.-Se necesita más tiempo para preparar las clases y conocer los recursos didácticos que hay en la Red.
4.- Problemas de funcionamiento de la pantalla.
5.- Problemas de funcionamiento del software de la PDI: la visualización de las letras en el teclado virtual, problemas con el idioma, reconocimiento de la letra manuscrita, debido a la extensión de algunos archivos creados con la PDI, éstos no pueden ser leídos por el servidor.
6.- Mantenimiento de los equipos y el elevado coste de las lámparas.

Si tenemos que destacar una desventaja que se ha producido en cada una de las sesiones, ésta ha sido, como se puede comprobar en el siguiente fragmento de transcripción:

"La sombra que proyecta el alumno cuando sale a la PDI no permite, al resto de los compañeros, ver lo que aparece proyectado en la pantalla".

(CC 16.6 P.14)

Imagen V.11. Sombra que proyecta una alumna
y que impide ver toda la pantalla

"El consumo de la lámpara del proyector".

(CC 5.5 P.16)

"El cansancio visual tanto de alumnos como del profesor, al estar casi toda la sesión mirando la PDI encendida".

(CC 5.5 P.17)

En las entrevistas semiestructuradas se preguntó al profesor de música sobre los inconvenientes que veía en la PDI. Transcribimos un fragmento de la misma:

"Investigadora: ¿Qué inconvenientes ves que tiene la PDI?

Informante principal: Fundamentalmente la sombra, y que con la pizarra tradicional es más rápido corregir si te equivocas".

(EM 7.3 P 21 – 22)

Dado que en todas las sesiones, excepto en los exámenes trimestrales (uno por trimestre), ha utilizado la PDI en, al menos, tres cuartos de cada sesión, es llamativo que no haya buscando soluciones al problema de la sombra de pantalla, porque el profesor es además ponente, y también cometía el error de colocarse mal ante la PDI y proyectaba esa sombra que imposibilita al resto de la clase ver la pantalla en toda su extensión.

V.3.3.7. Del proceso metodológico conductista al constructivista integrando la PDI en cada sesión

Comenzamos este subapartado con la cita de Pablos (2009):

> Las TIC no generan por sí mismas una verdadera renovación pedagógica. Es decir, para que una determinada tecnología o herramienta llegue a representar una contribución sustantiva a la mejora de la enseñanza y de la formación, lo que es imprescindible es que los **docentes** que la utilicen cuenten con **modelos pedagógicos** bien armados y justificados para ello. (Pablos, 2009, p.56).

Prácticamente nadie hoy en día duda de que la relación educación - TIC es una relación de primer orden que ha supuesto una auténtica revolución en cuanto a disponibilidad de recursos por el hecho de favorecer un cambio metodológico en el aula (Marrero, 2011).

Tal como apunta Monreal (2012), consideramos importante reflexionar, antes de abordar el análisis de la presente categoría, sobre la necesidad de que se produzca un cambio real en el paradigma educativo que posibilite llevar a cabo nuevos retos en la educación, que deriven hacia una escuela en la que los

docentes utilicen una metodología constructivista más centrada en favorecer la autonomía del alumno que en su propio aprendizaje.
Es importante ser consecuentes y no caer en la utopía de pensar que todos los docentes con recursos digitales a su disposición se vuelven mejores profesionales: no consideramos cierta esta afirmación. Son muchos los condicionantes, quizá el más importante sea la valía personal y profesional del docente, que se forja con su formación académica y permanente y sus buenas prácticas, al margen del uso o no de la tecnología.

Vemos con dificultad que un profesor integre curricularmente la PDI en su área, si no está preparado formativamente y no posee una determinada concepción de los contenidos, la enseñanza y la evaluación utilizando en su docencia directa las TIC.

Para la llegada al constructivismo, consideramos clave la labor del profesor, ya que su eficacia será resultado no sólo de las características y potencialidades como recurso didáctico de la PDI, sino también de su adecuación al contexto educativo.

En este apartado vamos a cotejar distintos datos obtenidos de diferentes instrumentos de obtención de los mismos –entrevistas y observación participante-, y vamos a analizar si realmente se ha dado ese cambio en el paradigma educativo hacia el constructivismo o seguimos viviendo anclados en el conductismo, pero utilizando la PDI.

Para responder a esta cuestión, debemos ser conocedores de en qué consiste el viejo modelo, un modelo basado en el conductismo, un modelo vertical, reproductor, en el que el profesor es un transmisor de contenidos y el alumno es un receptor pasivo de los mismos, un modelo que utiliza el examen como instrumento principal de evaluación. Un modelo unidireccional que contempla el perfil de aula de 1 frente a los 27, es decir, siguen siendo veintisiete niños sentados frente a una pantalla, delante de un profesor.

A mediados de curso, cuando llevamos a cabo las entrevistas semi estructuradas al informante principal, ya habíamos observado que su metodología estaba más cerca del viejo modelo conductista que del modelo constructivista. Sin embargo, el resultado de la pregunta formulada fue la siguiente transcripción:

"Investigadora: ¿Consideras que sí es importante la PDI? ¿Es importante adquirir la competencia digital? ¿Se favorece el estilo docente flexible? ¿Consideras que permite un estilo docente participativo de trabajo en grupo?

Informante principal: Sí que se puede, están las tablets. Con los miniportátiles, también. Con la Promethean hay un mando a distancia que pueden pulsar todos a la vez.

Investigadora: ¿Piensas que cambia con el uso de la PDI la metodología tradicional?

Informante principal: Claro que la cambia, sobre todo en la interactividad".
(EM 7.3 P 9 – 12)

A tenor de los datos observados, no es coincidente la mentalidad del profesor, que aparentemente puede pensar que sí está en pro de acercarse a una metodología constructivista, con la realidad.

Para comprobar si difería en algo la metodología usada en una clase con PDI y en una clase sin PDI, nos adentramos en una sesión de la clase de música de 3º de primaria, el viernes 11 de marzo de 2011, en la que él también es profesor. Esta clase se imparte en el aula de música, en la que no hay PDI.

Pudimos comprobar que su estilo expositivo y de potenciación de aprendizaje, era el mismo en dos aulas distintas. Su capacidad de motivación, teniendo la PDI en las explicaciones, también se hizo patente en la sesión sin PDI. Con respecto a los utensilios o aparatos utilizados: en la clase sin PDI recurrió al teclado electrónico (que nunca utilizó en su clase de para los ejercicios de escalas. También tuvo que recurrir a un reproductor de CD, algo que nunca empleó en el aula de 4º, pues el ordenador y la PDI le servían de soporte de audio, pero básicamente la metodología era la misma. Seguimos encontrando, pues, la secuencia de profesor frente a 27 alumnos; esto no constituye un cambio en el paradigma educativo. Esta afirmación la sustentamos en las siguientes premisas:

1.- No trabaja en equipo con los alumnos. Los alumnos no trabajan de manera conjunta ni cooperativa.

2.- Los alumnos no construyen sus propios aprendizajes por indagación: no tienen posibilidad en el aula.

3.- No utilizan las TIC en casa como complemento a las clases[62].

4.- Los alumnos nunca presentan trabajos en la PDI.

5.- La PDI no les fomenta la creatividad, porque no se realizan actividades que la potencien.

[62] No utiliza la aplicación *Pizarra Digital en Casa*, creación de Luis Torres Otero para que los alumnos puedan repasar lo que se ha explicado en clase.

6.- No se consigue una clase más participativa con la PDI dado que, en concreto, esta clase es muy participativa, con o sin PDI.

7.- El profesor no cambia su manera de evaluar ni los instrumentos de evaluación aunque haya utilizado durante todo el curso la PDI; sigue evaluando igual que en cursos anteriores.

Por todo lo anteriormente expuesto, determinamos que el docente sigue utilizando la misma metodología conductista, aunque cambien los medios informáticos utilizados para impartir docencia.

V.3.3.8. Adquisición de la competencia digital del alumnado

Con respecto a la octava categoría relativa a la adquisición de la competencia digital del alumnado, nos hacemos las siguientes preguntas:

- ¿Favorece el desarrollo de la competencia digital en el alumnado el hecho de que utilice la PDI?

- ¿Cuáles son las actuaciones que son capaces de realizar con la PDI?
- ¿En otras asignaturas utiliza la PDI o sólo en música? ¿Además está acostumbrado a utilizar el ordenador?

- ¿Los alumnos son capaces de elaborar presentaciones de trabajos y mostrarlas en la PDI?

En relación a esta categoría, nos parecía interesante investigar si en un ámbito rural están acostumbrados, en su vida cotidiana fuera de las aulas, a utilizar el ordenador y si les gusta todo lo relacionado con las tecnologías; por tanto les preguntamos si estaban acostumbrados a utilizar con frecuencia el ordenador y si tenía uno en casa para que pudieran utilizarlo.En definitiva, nos interesa saber si la tecnología está integrada en la vida de las familias de los alumnos, si ellos están acostumbrados a utilizar ordenadores y si les gusta todo lo relacionado con el mundo del ordenador, los juegos educativos, etc.
Las respuestas se recogen en el siguiente gráfico.

Gráfica V.5. Costumbre del alumno en utilizar con frecuencia el ordenador

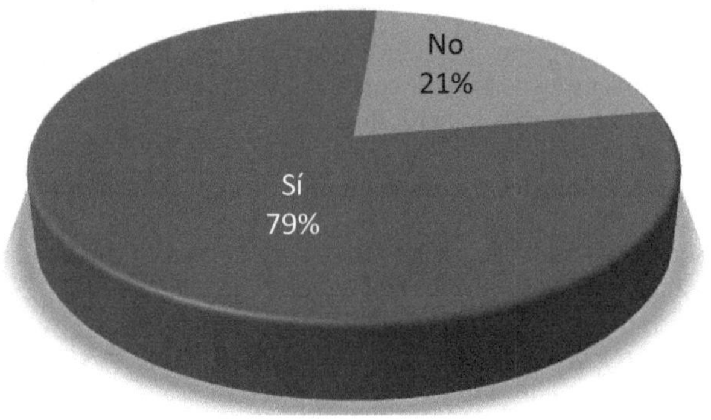

Fuente: elaboración propia

En relación a la Tabla V.6, se puede apreciar que casi las tres cuartas partes del alumnado, el 79,2%, tiene costumbre de usar el ordenador en su domicilio, por lo tanto, no podemos dejar a un lado todo lo relacionado con el aprendizaje informal que desarrolla el alumno fuera del ámbito académico; eso nos ayudará a conectar más con ellos a nivel académico y personal. Es curioso el dato si lo comparamos con los alumnos que tienen ordenador en casa, un 96%. Sólo un alumno no tiene ordenador, este dato contrasta con la idea que tiene el profesor de música, para lo que reproducimos el siguiente fragmento transcrito:

> *"Es cierto que a los niños que tienen dificultades económicas, se les nota en clase, pues no traen el material escolar, no tienen ordenador en casa, ni Internet…… ".*
>
> *(EM 28.2 P.19)*

No concuerda con la impresión que posee el profesor con respecto a los alumnos que tienen dificultades, porque todos excepto uno tienen ordenador en casa.

Gráfica V.6. Gusto por lo digital, ordenador, juegos educativos, etc.

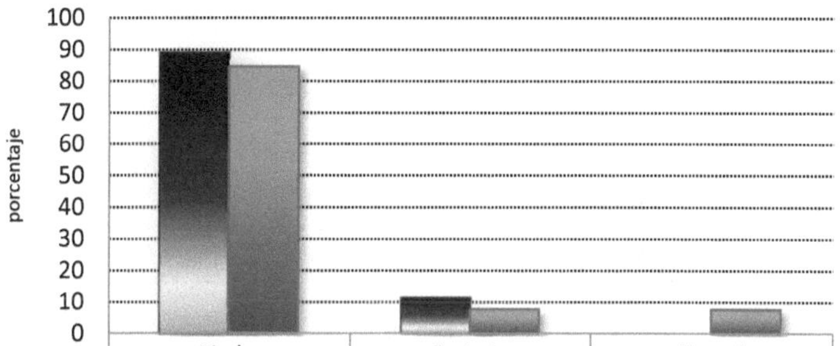

	Mucho	Bastante	Normal
Hombre	88,9	11,1	
Mujer	84,6	7,7	7,7

Fuente: elaboración propia

Con respecto a los alumnos que manifiestan que les gusta todo lo relacionado con el ordenador, en el gráfico se aprecia que el porcentaje es aún mayor. Nos pareció interesante cruzar la variable con el sexo de los alumnos, para comprobar si son los varones los que tienen mayor gusto por todo lo relacionado con las tecnologías, si bien tampoco es excesivamente relevante la diferencia con las mujeres, como se puede apreciar en el gráfico.

En relación a la PDI, ya hemos avanzado en el presente capítulo, el gusto de los alumnos por salir voluntarios a actividades relacionadas con ella, la motivación que tienen cuando se explica algo con dicha herramienta, pero nos faltaba saber si estaban interesados por conocer todas las posibilidades de la PDI: los datos son claros, puesto que casi el 99% están interesados, tal y como se refleja en el siguiente gráfico.

Gráfica V.7. Alumnos interesados en conocer las posibilidades de la PDI

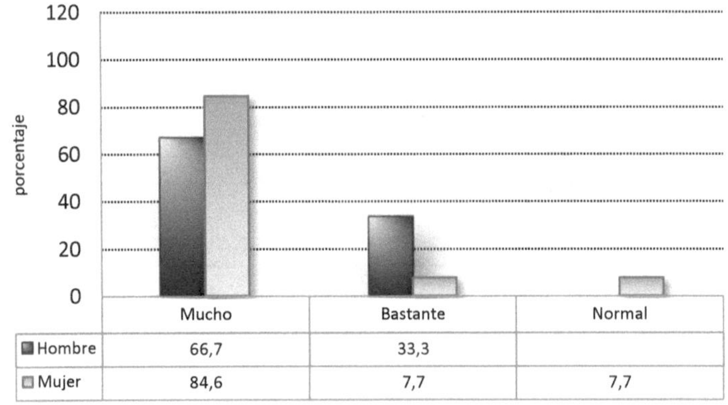

	Mucho	Bastante	Normal
Hombre	66,7	33,3	
Mujer	84,6	7,7	7,7

Fuente: elaboración propia

Teniendo en cuenta que es el primer año que trabajan con la PDI en el área de música, es un dato más a tener en cuenta para valorar la integración de dicha herramienta en el ámbito escolar.

Pero además, para cotejar los datos que arrojaban estas preguntas, nos interesaba saber si utilizaban la PDI, durante el curso 2010/2011, en otras asignaturas.

Gráfica V.8. Utilización de la PDI en otras clases que no sean la de música

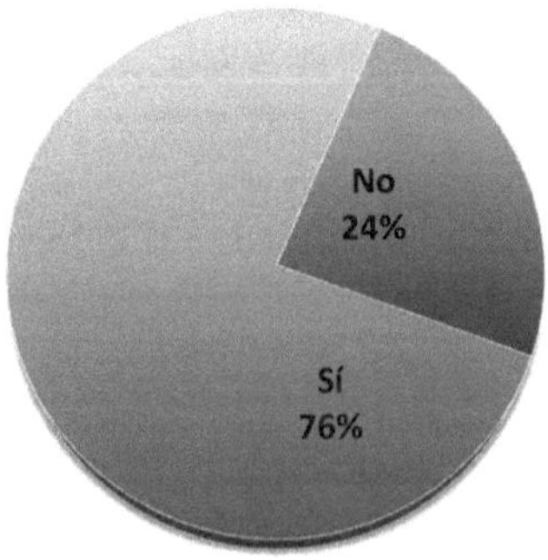

Fuente: elaboración propia

Del gráfico se desprende que dos tercios de la clase utiliza la PDI en otras materias, en concreto, en conocimiento del medio, en inglés, en matemáticas y en lengua castellana. Por tanto, les puede resultar novedoso ver cómo se imparten los contenidos en el área de música, pero no la herramienta tecno educativa en sí.

Entrando de lleno en la competencia digital del alumno, abrimos con la siguiente cita que nos parece representativa y a tener en cuenta como docentes que vivimos en una sociedad altamente tecnológica, "para vivir, aprender y trabajar con éxito en una sociedad cada vez más compleja, rica en información y basada en el conocimiento, los estudiantes deben utilizar la tecnología digital con eficacia", (UNESCO, 2008, p.1).

Dado que era el primer año que estos alumnos utilizaban con el profesor de música la PDI, le hicimos las siguientes preguntas al respecto, que reflejamos a continuación, fruto de la transcripción de la primera entrevista:

"Investigadora: ¿Cómo fue la iniciación?

Informante principal: En las primeras sesiones les enseñé cómo funcionaban los cuatro botones del lápiz, de la fecha... pero han ido aprendiendo sobre la marcha. Según yo iba poniendo actividades en la pizarra, ellos iban aprendiendo. El otro día, subí al aula donde está la PDI a unos alumnos de 2º de primaria que no la habían tocado nunca... y en un minuto salieron dos chicos y ya sabían usarla. Saben salir a la PDI, tocar y no sé qué; es tan intuitiva y están tan cerca de los ordenadores hoy en día...

Investigadora: ¿Destacarías a algún alumno en especial en tu clase de 4º de primaria que tenga una soltura con la PDI que vaya más allá y que le puedas considerar que tenga un nivel de competencia digital más elevado que el resto de alumnos?

Informante principal: No me atrevo a decir a nadie. Es cierto que a los niños que tienen dificultades económicas, se les nota en clase, pues no traen el material escolar, no tienen ordenador en casa, ni Internet....

Investigadora: El grado de competencia digital en el caso de los alumnos es importante para que se integren en la sociedad. ¿Hay algún profesor que considere que no es importante para los alumnos que adquieran dicha competencia?

Informante principal: Nadie lo piensa, pero sí que he escuchado comentarios de que les cuesta mucho a los docentes ponerse al día con las TIC".

(EM 28.2 P16 – 21)

Esta transcripción refleja que no ha seguido unas pautas para conseguir que adquieran de una manera más o menos equilibrada la competencia digital de nivel básico que aparece recogida en el anexo, por tanto, lo que ha ocurrido es que ha habido alumnos que no han salido nunca o casi nunca a la PDI, como se demuestra en las grabaciones de las sesiones y en las respuestas de los alumnos dentro del cuestionario, en su fase de preguntas abiertas ante la pregunta:

¿Te gusta salir a trabajar con la Pizarra digital? ¿Por qué? ¿Con qué frecuencia?

A esta triple preguntan contestan todos, pero no a cada una de las subpreguntas. En relación a si les gusta salir a trabajar con la PDI, responden afirmativamente con unanimidad. La mayoría contesta que le gusta realizar actividades y que sea táctil. En relación a la frecuencia, hay 12 alumnos de 25 que responden que con poca frecuencia, y 9 responden que con mucha asiduidad. Si cotejamos con los datos obtenidos de la observación participante, podemos concluir que siempre son los mismos alumnos a los que saca voluntarios:

A4P3, A4P14, A4P21, A4P18, A4P13, A4P16, A4P17, A4P10.

En la observación participante se demuestra que hay alumnos que nunca han salido a realizar actividades con la PDI, alumnos que, por no ser de los más activos de la clase, ni más participativos, no han tenido la ocasión de mostrar sus destrezas ante la herramienta ni de interactuar con ella.

Nos interesaba conocer las actuaciones que eran capaces de hacer ellos con la PDI. Los resultados han sido los que aparecen en el siguiente gráfico.

Gráfica V.9. Actuaciones que los alumnos son capaces de hacer con la PDI

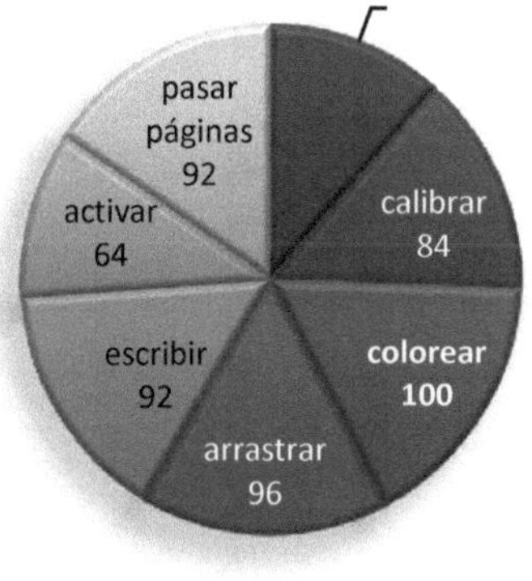

Fuente: elaboración propia

Algunas de las actuaciones mostradas no han sido vistas en el aula; puede que sepan calibrar, pero no han tenido que hacerlo nunca porque el profesor era el encargado de dicha misión.

Sin embargo, sí manifiestan que lo que menos les gusta de la PDI es precisamente eso, que se "descuadra", tal y como escriben literalmente ellos en el cuestionario y, en segundo lugar, destacan como negativo que cuando un alumno se pone delante de la luz que proyecta el proyector, no se ve bien la pantalla.

Con respecto a la última pregunta, relativa a si los alumnos son capaces de elaborar presentaciones de trabajos y las muestran en la PDI, no se ha trabajado nada relativo a este aspecto en todo el curso académico.

Dado que ha habido un tercio de alumnos que apenas ha salido a la PDI, y que los que han salido se han limitado a pasar páginas, escribir y colorear, pero no a realizar ninguna actividad creativa desde el punto de vista del alumno, es decir, ninguna actividad elaborada por ellos, no se ha podido apreciar el nivel de competencial digital adquirido por los alumnos.

CAPÍTULO VI.- CONCLUSIONES

En el presente capítulo pretendemos reflejar una visión global del estudio de casos y ver el grado en el que se han conseguido los objetivos propuestos en un inicio. Para la presentación de las conclusiones de la investigación, seguiremos como eje estructurador el problema objeto de estudio, para conocer el uso y la integración curricular de la PDI en el aula de música de primari,a analizando un caso concreto. De manera coherente con el objeto de estudio, partimos de los objetivos enunciados y de las ocho macrocategorías – que se abordan dentro de los objetivos- por las que nos hemos guiado a la hora de analizar el uso de la PDI en el área de música.

VI. 1. Conclusiones

La elaboración de este estudio de casos nos ha permitido conocer la realidad del uso e integración de la PDI en un aula de música de primaria de un centro rural, y ello ha posibilitado reflexionar sobre los usos que se hacen de dicha herramienta y sobre su utilización como recurso didáctico. El conocimiento de la práctica docente utilizando las TIC en el área de música, ha guiado todo el proceso que ha resultado enriquecedor para la investigadora.

El proceso de investigación ha permitido valorar la eficacia de la metodología utilizada, así como considerar futuros proyectos de investigación encaminados a analizar la integración curricular de la PDI en otros ámbitos, universitarios y no universitarios, y reflexionar sobre el uso de la misma en diferentes materias.

En los primeros capítulos de la tesis, se pudo evidenciar la importancia de saber integrar correctamente las TIC, y en concreto la PDI, en el aula. Somos conscientes de que el pilar de la integración reside en la formación permanente, y ésta, a tenor del análisis de datos llevado a cabo para la elaboración del presente trabajo, no está teniendo los frutos deseados. No consideramos que se deba culpabilizar a la Administración Educativa del hecho de no convocar actividades relacionadas con las TIC, porque hemos comprobado que la oferta formativa en dicha temática es amplia; lo que sí se debe achacar y criticar a la Administración, es, por un lado, el hecho de que algunas actividades no potencian la capacidad del profesor reflexivo ante una integración curricular de las herramientas tecnológicas y, por otro, que no se aborde decididamente la dimensión metodológica y didáctica que posibilita el tan esperado cambio metodológico en los centros educativos.

La formación debería tener, como primera aspiración, la capacidad de conseguir que los docentes adquieran la competencia digital en todas sus dimensiones, que ellos sean capaces de seleccionar recursos didácticos adaptados a su grupo clase, y que sean competentes para generar, con las herramientas que posean en el aula, recursos didácticos que ayuden a cambiar la metodología de enseñanza y la evaluación de los aprendizajes de los alumnos.

Pero tras la revisión bibliográfica, consideramos que no sólo la formación es importante, también lo es, de manera determinante a nuestro entender, la mentalidad del profesor, su carácter flexible y su capacidad para implementar la cultura de riesgo en el aula. Encontramos docentes anclados en lo que podríamos denominar escuela 1.0, que no tienen intención de integrar, curricularmente, ninguna herramienta tecnológica en su aula, aunque también encontramos entusiastas de las TIC, como el informante principal de nuestro estudio de casos, al que le interesa todo lo relacionado con las TIC y la educación, como se comprueba en el estudio de investigación.

En el caso específico de los docentes especialistas en el área de música y el grado de incidencia de la formación permanente en TIC en Segovia, y en concreto en la PDI, hemos comprobado[63] que ha sido un fracaso, el grado de incidencia es ínfimo y ello se justifica, fundamentalmente, por el limitado compromiso del profesorado de música por llevar a cabo una formación específica en PDI. Del itinerario creado a tal efecto, no se han cumplido los objetivos, y los usos que hacen de la PDI distan mucho de lo que entendemos por integración curricular de la misma en el aula de música. Se hace necesaria, en este sentido, una reflexión crítica del colectivo de maestros de música de la provincia de Segovia, sobre la utilización de la herramienta y sobre la necesidad de formación específica para poder integrar la herramienta de manera eficaz. La motivación, el interés y el sacrificio del profesorado,

[63] Dado que la que suscribe, es la actual asesora de formación del área de Música, Educación Física y Educación Artística del CFIE y por tanto la encargada de orientar a los docentes de música a realizar y diseñar actividades relativas, entre otras, a la integración curricular de las TIC en el aula de música.

deben prevalecer para que sean capaces de utilizar la PDI como recurso didáctico viable y que ésta responda a las expectativas del alumnado.

A continuación, se recogen las conclusiones sobre los objetivos establecidos en la investigación, para lo cual seguiremos, prácticamente, la misma estructura que en el capítulo V de la tesis.

1.- Clima del aula cuando se utiliza la PDI y grado de motivación e interés del alumnado ante la materia.

Tras observar y estudiar las conductas relativas al clima que se genera en el aula, y con respecto a los encuestados (los alumnos), en relación a si mostraban interés y estaban motivados por las explicaciones gracias a la utilización de la PDI, evidencian que, en relación al clima de trabajo y convivencia, se trata de un clima positivo generado al margen del uso de la PDI, dado que el profesor, por su carácter y entrega docente, genera unas dinámicas en el aula que hacen que los alumnos presten más atención. Demuestran, en general, un gran interés por la asignatura, que se refrenda, sobre todo, por las observaciones realizadas en las fases previas a los exámenes y a las correcciones de los mismos, y por el silencio y el respeto que profesan al grupo clase y al profesor.

Por tanto, en cuanto al clima del aula, y si el hecho de usar la PDI favorece un mejor clima, **el estudio determina que el clima es prácticamente igual, con o sin uso de PDI; que no es el instrumento tecnológico el que marca el clima, sino el profesor y la actitud positiva de los alumnos ante nuevos aprendizajes.** Ahora bien, analizando el clima del aula, por un lado, a través de las observaciones sistemáticas relativas a situaciones relacionadas con el clima del aula si el profesor utiliza la PDI, o el clima de aula, por otro, si es el alumno el que utiliza la herramienta, comprobamos que el clima varía cuando sale un alumno a realizar una actividad a la PDI a cuando sale el profesor a explicar sobre la PDI. Es definitorio y concluyente que, en las situaciones en la que son los alumnos los que salen voluntarios para realizar alguna actividad con la PDI, todo el alumnado atiende y está pendiente de todas las actuaciones que lleva éste a cabo. Cuando sale el profesor sucede lo mismo, pero no en el mismo grado de intensidad.

Podemos concluir, a tenor de todos los datos analizados procedentes de diferentes vías, afirmando que el clima dentro del aula es francamente bueno, no sólo en relación con los contenidos de la asignatura, sino a nivel general. El clima dentro del aula es fruto de la actitud de los alumnos ante el profesor y de la comunicación que desarrolla éste con sus alumnos, que es siempre respetuoso con las actitudes de los otros y nunca hace comentarios despreciativos ante opiniones de los alumnos.

En relación a que el grado de motivación y el interés de los contenidos pueda ser mayor haciendo uso de la PDI, señalamos que, a tenor de los datos, la respuesta es concluyente: prácticamente no generan más interés las actividades relacionadas con la PDI, dado que si analizamos los gráficos del cuestionario cumplimentado por los alumnos, vemos que al 84% de los alumnos les gusta salir voluntarios a realizar actividades en las que se utilice la PDI, pero al 80% de los alumnos les gusta también salir a realizar actividades que no estén relacionadas con ésta. La diferencia entre ambas cifras es insignificante a nuestro parecer, y no corrobora la tesis de que el interés de los contenidos pueda ser mayor por el uso de la PDI. De hecho, encontramos contenidos que el profesor nunca trabaja con PDI, como los relativos a la percusión corporal, y los alumnos se muestran muy motivados ante ellos.

Para concluir el punto relativo al interés del alumno por los contenidos tratados cuando se usa la PDI, debemos apuntar que sí muestran interés por los mismos, pero no constituye un dato destacable puesto que, como hemos apuntado anteriormente, también muestran interés por las actividades que no tienen nada que ver con la PDI. Lo cierto es que los alumnos están motivados con o sin el uso de la PDI, y a nuestro entender, influyen más factores. Tras el análisis de los datos, apuntaríamos más al carácter individual y grupal de los alumnos y a la actitud y personalidad del profesor, que genera, continuadamente, un clima y un interés creciente por la asignatura.

En relación al objetivo referido a detectar el grado de adquisición de la competencia digital del profesor de música de un CEIP rural, los datos son concluyentes: el profesor tiene adquirido el grado de competencia digital avanzado, lo que podríamos llamar, *grado de competencia digital excelente,* como se refleja en las entrevistas semiestructuradas, en la impartición de sus ponencias y, parcialmente, en los materiales didácticos generados. El profesor ha recibido formación en PDI, ha impartido ponencias como experto en tecnología educativa de PDI, tanto a especialistas de música de primaria como a otros colectivos, y ha sido capaz de utilizar la PDI como recurso didáctico, generando material de trabajo interactivo. El punto negativo lo encontramos en que, a pesar de que él tenga desarrollada la competencia digital, no ha llevado a cabo, de manera efectiva, la integración curricular deseada, ni se ha producido en su aula un cambio metodológico que evite seguir encontrando al profesor frente a veintisiete alumnos. Las pruebas denotan que la dimensión actitudinal y metodológica no queda reflejada en las actuaciones que lleva a cabo en el aula.

El objetivo relativo a conocer el uso y grado de integración curricular de la PDI en el aula, ha sido, sin ninguna duda, el eje vertebrador de nuestro estudio. Como hemos podido apreciar en el análisis de los datos del capítulo V, se ha llevado a cabo un estudio pormenorizado de cómo utiliza el profesor la PDI en todos los contenidos relativos al bloque 3: Escucha y 4: Interpretación y creación musical. Por ello, las conclusiones se derivarán del modo en que se integra la PDI en cada bloque, destacando en qué contenidos ha hecho especial incidencia con la PDI.

Comenzando con el análisis de la programación de aula, **comprobamos que no está integrada la herramienta como parte ordinaria del proceso de desarrollo curricular;** la mención que hace a las TIC es ínfima, como se puede comprobar en los puntos 5 y 6; no aparece mapa procesual ni otro tipo de estructura que determine cómo se va a llevar a cabo la integración para que ésta sea eficaz y efectiva dentro del proceso de aprendizaje del alumno.

Para cada bloque, queremos responder a las preguntas categoriales, expuestas en el apartado II.3.2., relativas al grado de utilización de la PDI como herramienta principal, a cuántas y cuáles son las actividades en las que se utiliza de manera más integradora y cuál es el modo en el que el profesor lleva a cabo dicha integración.

Comprobamos que no se consigue uno de los principios metodológicos que se exponen en el Decreto 40/2007, relativo a facilitar el desarrollo de una educación esencialmente activa que suponga la mutua implicación de profesores y alumnos en los procesos de aula: **continuamos en la metodología conductista, pero con uso de las TIC.**

Dentro de los diez contenidos que se reflejan en la programación de aula relativos al bloque Escucha, el contenido donde ha tenido más presencia la PDI ha sido el primero, **relativo a las cualidades de los sonidos:** discriminación auditiva, denominación y representación gráfica. En éste, consideramos que se hace un uso incorrecto de la herramienta, puesto que con ella, se hace lo mismo que si se hubiera integrado la pizarra convencional con un ordenador en el que se reprodujeran los audios que él potencia con la PDI. También la utiliza de manera no interactiva, simplemente como pantalla en la que aparecen partituras sobre las que desarrolla la clase. En este sentido, no podemos entender el concepto de integración curricular, cuando utiliza la herramienta como proyector de imagen o cuando la utiliza como reproductor de audio.

Sin embargo, sí encontramos actividades que han sido elaboradas utilizando la PDI como recurso didáctico interactivo. Son actividades más atractivas para los alumnos, pero no son creativas porque no permiten la modificación por parte del alumno.

En el contenido tercero, referido a la organología, hemos comprobado que es donde realmente integra curricularmente la herramienta, con actividades interactivas elaboradas por el profesor y actividades que vienen derivadas del material adicional que entrega la editorial al profesor – caso concreto de la historia musical "Pedro y el Lobo" de S. Prokoviev.

En el contenido quinto, relativo a la frase musical, sí utiliza la PDI como herramienta que posibilita la creación de actividades relativas a adivinar las estructuras formales de las obras que trabajan. Sin embargo, consideramos que, aunque hace uso de la herramienta, actualmente existen programas que ayudan a que el alumnado pueda trabajar la forma musical de manera interactiva y exploratoria con la PDI, es decir, que el alumno cobre presencia en su propio aprendizaje y que la herramienta no sólo sirva como pantalla de muestra de contenidos, sino que desde la aplicación, los alumnos sean capaces de discriminar auditivamente la melodía de cada sección. Sólo una vez, en el caso de la explicación del canon, utilizó la herramienta para trabajar la discriminación melódica, aunque la integra de manera parcial porque no pasa de asociar audición a objeto, sin mostrar un musicograma más atractivo e interactivo.

En el contenido sexto, relativo a la partitura, utiliza la PDI como pantalla donde se muestran las partituras a analizar, pero no ha utilizado ningún programa que posibilite que pulsando una nota se escuche exclusivamente esa nota y no toda la partitura.

Como conclusiones finales del bloque tercero relativo a la Escucha, debemos apuntar que sí se ha hecho un uso bastante continuado de la herramienta, de hecho, en todas las sesiones que hemos presenciado se ha utilizado la PDI para abordar algún contenido de dicho bloque. Somos críticos con el uso que se ha hecho de la misma, porque en ocasiones se ha utilizado como pantalla sobre la que se reflejan documentos, exactamente lo mismo que se pudiera haber hecho con un ordenador, un cañón de proyección y una pantalla. También se ha utilizado como reproductor de audio, aunque podría haberse suplido con un simple equipo de música con lector de CD. En estos dos usos, nos preguntamos que la inicial I que posee de interactiva sobre en el título de la herramienta, sobra. Se usa poco, de hecho, se utiliza en contenidos muy específicos, en otros, el profesor tiene la dinámica de uso interiorizada y siempre sigue el mismo patrón con o sin utilizar la PDI.

Sin embargo, el uso que se da como herramienta interactiva es más que mejorable si lo que pretendemos es que el alumno se implique en su propio aprendizaje y se consiga una dinámica de grupo facilitando trabajos grupales y que los alumnos, por ejemplo, expongan trabajos utilizando la PDI, pero nada de esto ha sido posible comprobar en este curso académico.

En lo que respecta a la integración curricular de la herramienta como recurso didáctico y a tenor del análisis de los datos, podemos afirmar que se ha intentado llevar a cabo dicha integración, pero que no ha sido efectiva por falta de elaboración de material interactivo adecuado para la PDI, que provocara en los alumnos un mayor desarrollo de su creatividad en relación a la educación musical.

En cuanto al bloque cuarto, relativo a la interpretación y creación musical, hay que apuntar que coinciden los dieciocho contenidos que aparecen en el Decreto 40/2007, con los contemplados en la programación de música del profesor para 4° de primaria. En este bloque tampoco se evidencia un plan establecido que utilice la PDI como recurso didáctico desde dentro de una metodología constructivista.

Como apuntamos en el capítulo V, en los dos apartados de los que consta el bloque cuarto, se ha dado un peso totalmente descompensado del uso de la herramienta; esta descompensación se demuestra con el sub bloque relativo a la creación musical, en el que queda de manifiesto y son constatables, las reducidas ocasiones en las que el profesor ha abordado actividades relativas a desarrollar la creatividad de una manera autónoma por parte de los alumnos. Tan sólo un 10% del total se ha podido comprobar que se han hecho con PDI, con el objetivo de desarrollar la creatividad del alumno.

En las conclusiones, nos centraremos, fundamentalmente, en el uso e integración que se hace de la PDI en los contenidos relativos a la voz e instrumentos, los repertorios de canciones, la partitura y el acompañamiento para canciones y piezas instrumentales.

Con respecto al contenido segundo, relativo a la voz y a los instrumentos, se evidencia, a través de la observación participante, que no integra la PDI curricularmente ni como herramienta facilitadora de obtención de información en la Red, ni como recurso didáctico. Con respecto al tercer contenido, relativo al repertorio de canciones, en ninguna de las nueve canciones interpretadas se utiliza la PDI como recurso didáctico interactivo, sólo como reproductor de audio y como pantalla en la que se proyectan texto, partitura o ambas cosas.

En lo que respecta al repertorio de composiciones instrumentales, (las cuatro composiciones trabajadas que aparecen en la tabla V.5.), se evidencia la nula integración de la PDI con respecto a dichas composiciones, no es un elemento facilitador del aprendizaje y el proceso no genera ninguna innovación.

En cuanto al contenido séptimo, relativo a la partitura y las grafías, el uso de la PDI ha quedado limitado a una especie de pantalla de proyección sobre la que se mostraba la partitura y sobre la que se podía escribir: no hay signos evidentes de integración efectiva de la herramienta.

En lo que se refiere al contenido décimo, relativo al acompañamiento de canciones y piezas instrumentales con bases pregrabadas, el profesor utiliza la PDI como reproductor de audio para escuchar las bases musicales que él mismo ha creado, pero no como recurso interactivo que facilite la innovación y deje a los alumnos ser copartícipes de dichas creaciones.

Para concluir con el bloque cuarto, y a modo de reflexión, podemos decir que el uso que se hace de la PDI como herramienta, no es adecuado a la potencialidad de la misma, y no por el hecho de que el profesor tenga carencias formativa, sino porque no ha dedicado suficiente tiempo a indagar sobre posibles materiales que hubieran sido más facilitadores y adecuados para abordar los contenidos de dicho bloque. A tenor de los datos analizados, no ha utilizado programas que permitan al profesor y al alumnado trabajar conjuntamente, aunque para el alumnado hubiera sido un signo más de motivación hacia el aprendizaje.

Consideramos que no se está haciendo un uso correcto de la PDI, ni como herramienta ni como recurso didáctico. Las posibilidades que ofrece la PDI son amplias y el profesor debe desarrollar inquietud y cultura de riesgo, dado que tiene adquirida la competencia digital y es capaz de elaborar material adaptado a los alumnos para que ellos mismos sean creadores de su propio aprendizaje. El profesor mismo, en las entrevistas, manifiesta que no le ha sacado todo el rendimiento posible a la herramienta.

Con respecto a las ventajas e inconvenientes del uso de la PDI en el área de música de primaria, en estas conclusiones vemos que la ventajas, de manera objetiva, no son tantas, dado que muchas de las actuaciones que han sido llevadas a cabo con la PDI se podían haber suplido con un radio casette con lector de CD o con un ordenador, cañón y pantalla de proyección. Otras, un porcentaje mayor, estaban integradas perfectamente con la PDI, eran interactivas, y han sido las relativas a los contenidos referidos a la organología, elementos del lenguaje musical. Consideramos que ventajas como las que apunta Gervilla (2010) podían haber sido suplidas por otras herramientas, excepto una de ellas, la relativa a que la PDI hace las clases más interactivas y facilita que el alumno se implique más y participe más. Efectivamente, con los medios que contaba el profesor, sólo ésta podía realizarse exclusivamente con la PDI, así que **como ventaja notable apuntamos la interactividad, el resto de ventajas que refleja Gervilla pueden ser asumidas por otros dispositivos.**

En relación a las desventajas o inconvenientes, tanto los alumnos en los cuestionarios como el profesor en las entrevistas semiestructuradas, apuntan que una de las principales desventajas es la sombra que proyecta el alumno cuando sale a la PDI. Nosotros, además, apuntamos otras desventajas, como posibles fallos en la conexión a Internet (aunque en la observación no ha ocurrido), la necesidad de un mayor tiempo para elaborar unidades didácticas y así poder integrar curricularmente la herramienta de manera eficiente, problemas de funcionamiento del software de la PDI y el elevado coste para el centro educativo del mantenimiento de equipos y lámpara del cañón de proyección.

En relación al objetivo relativo a transitar desde el proceso metodológico conductista al constructivista, integrando la PDI en cada sesión, debemos apuntar que no se ha llevado a cabo dicho cambio y consideramos que se tardará tiempo hasta la metodología que adopte el profesor esté más próxima a conseguir que el alumnos realice aprendizajes autónomos. Se ha reflejado, en el caso concreto de nuestro informante principal, que no tiene una mentalización real de la necesidad de dicho cambio. Para comprobar si se cumplía este objetivo o no, estuvimos observando su docencia en un curso donde no utilizaba la PDI ,y la metodología era prácticamente la misma, sólo difería en las actividades con un mayor componente interactivo. Como ejemplo en este sentido, no consideramos que cambie la metodología porque un alumno sepa unir dos palabras con la PDI, eso también lo puede lograr con la pizarra tradicional.

El estudio ha evidenciado que el profesor no contempla trabajo en equipo que potencie la creación de nuevos aprendizajes y, por tanto, no les potencia la creatividad, no cambia la manera de evaluar dado que sigue evaluando como si no utilizara aparatos tecnológicos, como si no fuese evidente que los niños actuales tiene una manera distinta de aprender. Por este motivo, concluimos afirmando **que el docente sigue utilizando la misma metodología conductista con el apoyo de las TIC.**

En relación al último objetivo planteado en el estudio, **relativo a conocer el grado de competencia digital de los alumnos y su grado de implicación ante la utilización de la PDI,** las conclusiones que arroja el estudio, determinan que un 79,2 % de los alumnos utiliza con frecuencia el ordenador, es decir, más de tres cuartos del total usan las tecnologías en su ámbito cotidiano. Además un porcentaje muy alto, un 96%, posee ordenador, eso determina que casi la totalidad de los alumnos tenga intención de conocer las posibilidades de aprendizaje de la PDI; sin embargo, el profesor no ha abierto la PDI al alumnado, es decir, no ha dejado explorar su creatividad de una manera autónoma y se ha limitado a dejar a los alumnos realizar las actividades, no a participar en proyectos de creación musical sencillos u otro tipo de proyectos que requieran la participación mayoritaria del alumnado.

En lo que respecta a la competencia digital, en la observación participante sólo hemos podido comprobar dicha competencia en los siguientes alumnos: A4P3, A4P14, A4P21, A4P18, A4P13, A4P16, A4P17, A4P10: son los alumnos que salían con cierta asiduidad a resolver las cuestiones relativas a actividades hechas con PDI; sin embargo, casi dos terceras partes sabe calibrar, encender, colorear, arrastrar, escribir, activar y pasar páginas en la PDI. Lo que arroja la observación participante de una manera evidente, es que saben colorear, arrastrar, escribir y pasar páginas; el resto no ha sido demostrado en el análisis de datos. No se ha podido comprobar científicamente la competencia digital de los alumnos, ya que no todos ellos han salido a realizar actividades con la PDI, y a pesar de que han manifestado que saben realizar una serie de actuaciones con ella, no ha sido demostrable empíricamente.

Para finalizar, y en relación a la pregunta principal objeto de estudio, debemos afirmar que sí se ha hecho uso de la PDI en el aula, como herramienta y recurso en todas las sesiones, pero no el uso acorde a un proceso de cambio metodológico; desde nuestro punto de vista, no se ha realizado una integración curricular coherente y eficiente de la PDI como recurso didáctico. Esto puede ser debido, por un lado a la falta de creatividad del profesor, y por otro, por la falta de tiempo para generar recursos didácticos adaptados a las necesidades reales de un grupo clase de veintisiete alumnos.

VI.2. Limitaciones del estudio y propuestas de futuro

Antes de abordar las propuestas de futuro y las distintas líneas de investigación que abre el estudio que hemos presentado, nos gustaría, brevemente hacer referencia a las limitaciones que somos conscientes que nuestro trabajo tiene:

1.- Limitaciones referidas a la singularidad y especificidad del estudio de casos único. Previsiblemente, existirán otros profesores de música que aborden el uso y la integración curricular de la PDI de una manera parecida a como lo hace nuestro informante principal, pero nosotros nos hemos decantado por abordar un estudio único, para entender su complejidad en profundidad y aprender del mismo.

2.- Limitaciones relativas a la falta de literatura específica en relación a fuentes secundarias, que aborden estudios de investigación sobre la praxis educativa del profesor de música utilizando la PDI en su aula.

3.- La tercera limitación viene derivada de la cronología del estudio: el acceso al campo tuvo lugar en el curso 2010/ 2011, ahora, en el curso 2012/ 2013, las circunstancias han cambiado y las prácticas docentes en relación al uso de la PDI suponemos que también.

En lo relativo a las propuestas de futuro, consideramos que es un estudio abierto, quedan cuestiones por abordar que abren nuevas líneas de investigación futuras. En este sentido, señalamos algunas de ellas:

1.- Consideramos de gran interés que los profesores de música, no sólo del ámbito no universitario, sino también del universitario, reflexionaran sobre su práctica docente, sobre la incorporación de las TIC en el aula y sobre cómo afrontar el cambio metodológico tan necesario para adecuarnos a la SI, y que esas reflexiones se plasmaran en trabajos de investigación que pudieran compartir con otros especialistas de música para aprender de su propia práctica docente y de la de otros compañeros.

2.- Es necesario un estudio serio, profundo y globalizado sobre el uso y la integración de la PDI en el área de música, y por ende, en otras áreas, para reflexionar sobre la práctica docente y dar los pasos necesarios ante una nueva práctica adaptada al concepto de "escuela nueva".

3.- Investigaciones que estudien en profundidad la PDI como recurso didáctico, no sólo como herramienta, sino como recurso en las diferentes áreas curriculares.

4.- Es necesario un estudio minucioso donde se analice el aprendizaje informal del alumno usuario y consumidor de música a través de las TIC con el aprendizaje formal, para llegar a un nexo común que potencie ambos aprendizajes en pro de un desarrollo integral del alumno.

5.- Es fundamental buscar otros dispositivos tecnológicos, tales como las tablets, que poseen la pantalla multitáctil que permite acceder a contenidos e interactuar con el dispositivo, potenciando, en tiempo real, el acceso a contenidos multimedia y facilitando la creación de contenidos multilenguaje, y analizar su viabilidad y eficacia en el proceso de aprendizaje de los alumnos.

6.- Realizar estudios de casos en otras provincias de la Comunidad Autónoma de Castilla y León, para analizar cuál es el uso que se da a la herramienta y cómo es llevada a cabo su integración curricular dentro del área de música.

En definitiva, esta investigación ha intentado dar respuesta a nuestra preocupación profesional, como docentes, por conocer los usos que se están haciendo en la escuela de herramientas tecnológicas, tales como la PDI, en el ámbito de la educación musical, con la única pretensión de contribuir modestamente al debate abierto en la educación española sobre si dicha herramienta contribuye o no a conseguir el cambio metodológico hacia el constructivismo, que reduzca la brecha entre la escuela y la sociedad cambiante y digital en que vivimos.

REFERENCIAS BIBLIOGRÁFICAS

Alonso, A. (2011). La competencia digital en el currículum de educación infantil y primaria en Galicia. En Aparici, R; García, A. y Gutiérrez, A. (Coords.) *Educación Mediática & competencia digital. La cultura de la participación*. Segovia: E.U. de Magisterio de Segovia (UVA). Recuperado de http://www.educacionmediatica.es/comunicaciones/Eje%201/Almudena%20 Alonso%20Ferreiro.pdf

Alonso, C., Alconada, C., Gallego, D. y Dulac, J. (2009). *La pizarra digital. Interactividad en el aula.* Madrid: Cultiva Comunicación S.L.

Angulo, F. y Vázquez, R. (2003). Los estudios de Caso. Una aproximación teórica, en R. Vázquez y F. Angulo (Coord.) *Introducción a los Estudios de Casos. Los primeros contactos con la investigación etnográfica* (pp. 15 – 51). Archidona: Aljibe.

Area, M. (2001). *Educar en la Sociedad de la Información.* Bilbao: Desclée.

Area, M. (2004). Sociedad de la Información, tecnologías digitales y Educación: luces y sombras de una relación problemática. En Bautista, A. (Ed.). *Las nuevas tecnologías en la enseñanza,* (pp. 183 – 221). Madrid: Akal.

Area, M. (2005). *De la escritura a las máquinas digitales. La educación en el laberinto tecnológico.* Barcelona: Octaedro.

Area, M. (coord.) (2008a). La docencia virtual en las universidades presenciales. RIED. *Revista Iberoamericana de Educación a Distancia.* 2, 10 (2). Recuperado de http://www.utpl.edu.ec/ried/

Area, M. (2008b). Innovación pedagógica con TIC y el desarrollo de las competencias informacionales y digitales. *Investigación en la escuela,* 64, 5 – 18.

Area, M.; Gutiérrez, A., y Vidal, F. (2012). *Alfabetización digital y competencias informacionales.* Barcelona: Ariel.

Arnal, J., Rincón, D. y Latorre, A. (1994). *Investigación educativa. Fundamentos y metodología.* Barcelona: Labor.

Aznar, I., Cáceres, M.P. e Hinojo, F.J. (2007). Estudio de la violencia y conflictividad escolar en las aulas de educación primaria a través de un cuestionario de clima de clase. El caso de las provincias de Córdoba y Granada. *Revista electrónica Iberoamericana sobre calidad y cambio en educación.* 5 (1), 164 – 177.
Recuperado de
http://www.rinace.net/arts/vol5num1/art9.htm

Bacallao, L. (2005). Comunicación alternativa en Internet: resistencias, revisiones y correlaciones. *Revista Anthropos. Huellas de conocimiento* 209, 41 - 52.

Ballesta, J. (2009). Formar hoy con los medios de comunicación. En Pablos, J. (coord.), *Tecnología educativa. La formación del profesorado en la era de Internet* (pp. 447 – 524). Málaga: Aljibe.

Ballesteros, B. y Lara, E. (1997). *Métodos de investigación en educación social.* Madrid: UNED.

Barba, J.J. (2010). *El desarrollo profesional de un maestro novel en la escuela rural desde una perspectiva crítica.* (Tesis doctoral). Universidad de Valladolid.
Recuperado
https://www.educacion.gob.es/teseo/imprimirFicheroTesis.do?fichero=22356

Bartolomé, A. y Grané, M. (2009). Herramientas digitales en una web ampliada. En Pablos, J. (coord.). *Tecnología educativa. La formación del profesorado en la era de Internet,* (pp. 351 – 389). Málaga: Aljibe.

Bautista, A. y Pastor, A. C. (1997): ¿Qué es tecnología educativa? Autores y significados. *Revista Píxel-Bit.* 9, 1 – 7.

Bautista, J. y Hernández, S. (2011). Música y nuevas tecnologías: lenguajes educadores. En Aparici, R; García, A. y Gutiérrez, A. (Coords.) *Educación Mediática & competencia digital. La cultura de la participación*. Segovia: E.U. de Magisterio de Segovia (UVA). Recuperado de: http://www.educacionmediatica.es/comunicaciones/Eje%202/Juan%20Bautista%20Romero%20Carmona%20-%20Sorelio%20Hernandez%20Rodr%C3%ADguez.pdf

Bell, J. (1987). *Doing your research project.* Maidenhead: Open University Press.

Beauchamp, G. y Parkinson, J. (2005). Beyond the wow factor: developing interactivity with the interactive whiteboard. *School Science Review* (pp. 97 – 104), 86 (316). Recuperado de http://www.tlrp.org/dspace/retrieve/1168/beyond+the+wow+factor.pdf

Bernal, C. (2009). Integración curricular de los medios digitales en la formación docente. En Pablos, J. (Ed.). *Tecnología educativa. La formación de profesorado en la era de Internet* (pp. 249 – 270). Málaga: Aljibe.

Bernal, J. y Clavo, M.L. (2004). *Didáctica de la música. La voz y sus recursos. Repertorio de canciones y melodías para la escuela.* Málaga: Aljibe.

Bisquerra, R. (coord.) (2004). *Metodología de la investigación educativa.* Madrid: La Muralla.

Blanco, R.; Rodríguez, P. y Segovia, B. (2011). Aprendizaje comunitario en la escuela TIC 2.0: Nuevos modelos de organización del aula. En Aparici, R; García, A. y Gutiérrez, A. (coord.) *Educación Mediática & competencia digital. La cultura de la participación.* Segovia: E.U. de Magisterio de Segovia (UVA). Recuperado de http://www.educacionmediatica.es/comunicaciones/Eje%202/Blas%20Segovia%20-%20Rosa%20Blanco%20-%20Pilar%20Rodríguez.pdf

British Educational Communications and Technology Agency (2004). *Use of interactive whiteboards in music.*(1-26) Recuperado de: http://publications.education.gov.uk/eOrderingDownload/DfES-0812-2004_Music.pdf

Buendía, L., Colás, P. y Hernández, F. (1998). *Métodos de investigación en psicopedagogía.* Madrid: McGraw Hill.

Burbules, N. y Torres, C. (2000). *Globalización y Educación. Nuevas perspectivas.* Routledge. Recuperado de http://www.doredin.mec.es/documentos/008200230426.pdf

Burbules, N. (2001). ¿Constituye Internet una comunidad educativa global? *Revista de educación,* 169 – 190.

Cabero, J. (1999). *Tecnología educativa.* Madrid: Síntesis.

Cacheiro, M.L. (2011). La formación de los docentes: aprendizaje con TIC. En Dulac, J. y Alconada, C. (coord.) *II Congreso de Pizarra digital. Publicación de Comunicaciones* (pp. 105 – 109). Madrid: Pizarratic.

Callejo, J. (2002). Observación, entrevista y grupo de discusión: el silencio de tres prácticas de investigación. *Revista Española de Salud Pública,* 409 – 422.

Campos, F. (2008). Las redes sociales trastocan los modelos de los medios de comunicación tradicionales. *Revista latina de comunicación social.* 63. Recuperado de http://www.ull.es/publicaciones/latina/_2008/23_34_Santiago/Francisco_Campos.html

Caramés, L. (2012). La formación del profesorado en la optimización de la PDI en el aula. En Dulac, J. y Alconada, C. (coord.) *III Congreso de Pizarra digital. Publicación de Comunicaciones* (143 – 150). Madrid: Pizarratic.

Carmera, G. y Regidor, J. G. (1984). *La escuela en el medio rural.* Madrid: Ministerio de Educación y Ciencia.

Carreira, M. (2011). Cinco buenas razones para no utilizar en ningún caso contenidos digitales. En Dulac, J. y Alconada, C. (coord.) *II Congreso de Pizarra digital. Publicación de Comunicaciones* (pp.33 – 45). Madrid: Pizarratic.

Carr, W. y Kemmis, S. (1988). *Teoría crítica de la enseñanza.* Barcelona: Martínez Roca.

Cassany, D. y Ayala, G. (2008). Nativos e inmigrantes digitales en la escuela. *Participación educativa,* 9, 53 – 71.

Castaño, C; Maíz, I., Palacio, G. y Domingo, J. (2008). *Prácticas educativas en entornos web 2.0.* Madrid: Síntesis.

Castells, M. (2009). La apropiación de las tecnologías. Cultura digital en la era digital. *Cuadernos de comunicación e innovación, Telos,* 81, 111-113.

Comisión de las Comunidades Europeas (2005). Propuesta de recomendación del parlamento europeo y del consejo sobre las competencias clave para el aprendizaje permanente. Bruselas. Recuperado de http://ec.europa.eu/prelex/detail_dossier_real.cfm?CL=es&DosId=193505

Cohen, L. y Manion, L. (1990). *Métodos de investigación educativa.* Madrid: La Muralla.

Coll, C. (1999). La concepción constructivista como instrumento de análisis de las prácticas educativas escolares. En Coll, C. (Ed.) *Psicología de la instrucción: la enseñanza y el aprendizaje en la Educación Secundaria.* (pp.16 – 44). Barcelona: ICE/Horsori.

Coll, C., Mauri, T. y Onrubia, J. (2009). Hacia una modernización del proceso de enseñanza – aprendizaje mediado por las TIC. Algunas teorías y enfoques centrados en la actividad constructiva del alumnado. En Pablos, J. (coord.) *Tecnología educativa. La formación de profesorado en la era de Internet* (115 – 132). Málaga: Aljibe.

Consejería de Educación (2011). RED XXI Educacyl digital: Integración de las TIC en el aula. *Junta de Castilla y León.*

Cook, T. y Reichardt, C. (1986). *Métodos cualitativos y cuantitativos en investigación evaluativa.* Madrid: Morata.

Cortón, M.O. (2012). *Orientación profesional de maestros especialistas en educación musical en la Escuela Universitaria de Magisterio de Segovia.* (Tesis doctoral inédita). Universidad de Valladolid.

Decreto 40/2007, de 3 de mayo, BOCYL 9 de mayo de 2007 por el que se establece el currículo de la Educación Primaria en la Comunidad de Castilla y León.

Del Rincón, D. (1995). *Técnicas de investigación en Ciencias Sociales.* Madrid: Dykinson.

Delgado, A. y Pérez, A. (2011). Análisis comparativo de diversas propuestas sobre el desarrollo de la alfabetización mediática. En Aparici, R; García, A. y Gutiérrez, A. (coord.) *Educación Mediática & competencia digital. La cultura de la participación*. Segovia: E.U. de Magisterio de Segovia (UVA). Recuperado de http://www.educacionmediatica.es/comunicaciones/Eje%204/%C3%81gueda%20Delgado%20Ponce%20-%20M%C2%AA%20Amor%20P%C3%A9rez%20Rodr%C3%ADguez.pdf

Denny, T. (1978). *Storytelling and educational understanding, address delibered at national meeting of international Reading Association*. Houston, Texas.

Díaz, G. (2007). La audición musical con recursos informáticos. *Revista Eufonía: Didáctica de la música,* 39, 17 – 26.

Doyle, W. (1983). Academic work. *Review or Educational Research,* 53 (2), 159 – 199.

Echevarría, J. (2000). Educación y tecnologías telemáticas. *Revista Iberoamericana. Monográfico,* 9, 17 – 36.

Echevarría, J . (2001). Educación y nuevas tecnologías. El plan europeo E-learning. *Revista de Educación*. 101 – 110.

Echevarría, J. (2004). Política y gobierno en la Sociedad de la Información. En Bautista, A. (coord.). *Las nuevas tecnologías en la enseñanza* (pp. 175 – 190). Madrid: Akal.

Elliot, J. (1986). *La investigación acción en el aula.* Valencia: Generalitat Valenciana.

Elliot, J. (1990). *La investigación acción en educación.* Madrid: Morata.

Escudero, J.M. (2004). La educación, puerta de entrada o de exclusión a la sociedad del conocimiento. En Martínez, F. y Prendes, M. P. (coord.) *Nuevas tecnologías y educación* (pp. 25 – 57). Madrid: Pearson Educación.

Escudero, D.; López, I.; Migueláñez, M.P.; López, J.R. y Herrero, M. L. (1991). *Estudio analítico – descriptivo de Carbonero el Mayor.* Segovia: Diputación Provincial de Segovia.

Feito, R. (2001). Educación, nuevas tecnologías y globalización. *Revista de Educación.*191 – 199.

Fernández, R. (2007). Experiencias de aprendizaje colaborativo en la formación de futuros maestros a través de entornos virtuales. *Revista Latinoamericana de tecnología educativa*, 6 (2), 77 – 90.

Gallego, D., Cacheiro, M. y Dulac, J. (2009). La pizarra digital interactiva como recurso docente. *Revista Electrónica Teoría de la Educación. Educación y Cultura en la Sociedad de la Información.* 10, 2, 127 – 145.

Gallego, D. y Gatica, N. (coord.) (2010). *La pizarra digital. Una ventana al mundo desde las aulas.* Sevilla: MAD.

García, A. (2005). ¿Qué debería ser hoy la alfabetización en medios? (por una visión interdisciplinar, transversal, integrada, global…y también política, de la alfabetización audiovisual y multimedia) *Revista Anthropos. Huellas de conocimiento*, 209, 71 – 82.

García, A. y Tejedor, J. (2009). Evaluación de medios didácticos y proyectos TIC. En Pablos, J. (coord.). *Tecnología educativa. La formación de profesorado en la era de Internet* (pp. 271 – 301). Málaga: Aljibe.

García, J. (2007). Las formas de la alfabetización cultural en la sociedad de la información. *Revista electrónica Organización y gestión educativa.* Recuperado de: www.oge.net/ www.feae.es

García, J. (2008). E- learning en la empresa: ¿hay sitio para el aprendizaje informal? *Quaderns Digitals.* 51. Recuperado de http://www.quadernsdigitals.net/index.php?accionMenu=hemeroteca.VisualizaArticuloIU.visualiza&articulo_id=10431

Gértrudix-Barrio, M. y Gértrudix-Barrio, F. (2010). La utilidad de los formatos de interacción músico-visual en la enseñanza. *Comunicar 34*, 99-107.

Gervilla, C. (2010). La pizarra digital interactiva en el aula. En Dulac, J. y Alconada, C. (Coords.) *I Congreso de Pizarra digital. Publicación de Comunicaciones* (pp. 109 – 124). Madrid: Pizarratic.

Gil – Delgado, M. J. y Sobrino, A. (2009). Una experiencia valorando el autoconcepto, la motivación y la conducta prosocial cuando utilizamos la pizarra digital interactiva. *Revista DIM: Didáctica, Innovación y Multimedia.* 13, 1-8.

Giráldez, A. (2003). La educación musical a las puertas del s. XXI. *Revista Eufonía: Didáctica de la música*, 27, 69 – 75.

Giráldez, A. (2005). *Internet y educación musical.* Barcelona: Graó.

Giráldez, A. (2007). La educación musical en un mundo digital. *Revista Eufonía: Didáctica de la música*, 39, 8 – 16.

Giráldez, A. (2010). ¿Qué "saben" de música los alumnos y alumnas de la ESO?. Desafíos y oportunidades del aprendizaje musical informal. *Revista Eufonía: Didáctica de la música*, 50, 79 - 87.

Giráldez, A. (2012). Motivación, práctica y estrategias para el autoaprendizaje musical. *Revista Eufonía: Didáctica de la música,* 54, 56 - 61. Barcelona: Graó

Glover, D., Miller, D. y Averis, D., (2004). Panacea or prop: the role of the interactive whiteboard in teaching effectiveness. *Tenth International Congress of Mathematics Education*. Copenhagen.

Goetz, J.P. y Lecompte, M.D. (1988). *Etnografía y diseño cualitativo en investigación educativa.* Madrid: Morata.

Granados-Romero, J. M. (2007). Los programas multimedia en los procesos de integración curricular de las tecnologías digitales. *Revista Interuniversitaria de Formación del Profesorado*, 21 (1), 127-143.

Gross, B. (2000). *El ordenador invisible. Hacia la apropiación del ordenador en la enseñanza.* Barcelona: Gedisa.

Guba, E. (1989). Criterios de credibilidad en la investigación naturalista. En Gimeno Sacristán, J y Pérez Gómez, A. (coord.) *La enseñanza: su teoría y su práctica, (*pp. 148 – 165). Madrid: Akal / Universitaria.

Guerra, S. (2010). Las aulas, los nuevos docentes. En Dulac, J. y Alconada, C. (Coords.) *I Congreso de Pizarra digital. Publicación de Comunicaciones,* pp. 25 - 37. Madrid: Pizarratic.

Gutiérrez, A. (2003). *Alfabetización digital. Algo más que ratones y teclas*. Barcelona: Gedisa.

Gutiérrez, A. (2007). Integración curricular de las TIC y educación para los medios en la sociedad del conocimiento. *Revista Iberoamericana de Educación,* 45, 141 – 156.

Gutiérrez, A. y Tyner, K. (2012). Alfabetización mediática en contextos múltiples. *Comunicar,* 38, 11 – 13.

Gutiérrez, A., Hottman, A. y Hawran, F. (2011). La educación mediática en el desarrollo de la creatividad, la comunicación intercultural y la ciudadanía crítica. En Aparici, R; García, A. y Gutiérrez, A. (Coords.) *Educación Mediática & competencia digital. La cultura de la participación.* Segovia: E.U. de Magisterio de Segovia (UVA). Recuperado de http://www.educacionmediatica.es/comunicaciones/Eje%201/Alfonso%20Gutì%C3%A9rrezHottmannHawran.pdf

Hammersley, M. y Atkinson, P. (1994). *Etnografía. Métodos de investigación.* Barcelona: Paidós.

Hargreaves, A., Earl, L., Moore, S. y Manning, S. (2001). *Aprender a cambiar.* Barcelona: Octaedro.

Henao, O. y Adriana, D. (2008). Un modelo de alfabetización que incorpora el uso de tecnologías de información y comunicación. *Revista Educación y Pedagogía*, XX, 51, 225 – 239.

Hopkins, D. (1989). *Investigación en el aula: guía del profesor.* Barcelona: PPU.

Iding, M. (2000). Is seeing believing? Features of effective multimedia for learning sciencie. *International Journal of Instructive Media* 27 (4), 403 – 416.

Imbernón, F. (coord.) (2002). *La investigación educativa como herramienta de formación del profesorado. Reflexión y experiencia de investigación educativa.* Barcelona: Graó.

Kellner, D. M. (2004). Revolución tecnológica, alfabetismos múltiples y la reestructuración de la educación. En Snyder, I. (coord.) *Alfabetismos digitales. Comunicación, innovación y educación en la era electrónica* (pp. 227 – 250). Granada.

Klinger, C. y Vadillo, G. (1999). *Psicología Cognitiva.* México: Mc Graw Hill.

Lankshear, C. y Knobel, M. (2008). *Nuevos alfabetismos. Su práctica cotidiana y el aprendizaje en el aula.* Madrid: MEPSYD y Morata.

Latane, B. (2002). Focused interactive learning: a tool for active class discussion. *Teaching of Psychology* 29 (1), 10 – 16.

Latorre, A. y González, R. (1987). *El maestro investigador. La investigación en el aula.* Barcelona: Graó.

Latorre, A., Rincón, D., y Arnal, J. (1996). *Bases metodológicas de la investigación educativa.* Barcelona:GR92.

Lau, J. y Cortés, J. (2009). Habilidades informativas: convergencia entre ciencias de información y comunicación. *Comunicar* 32, 21 – 30.

Leal, P. (2007). *El ámbito científico y tecnológico de los programas de diversificación curricular. Análisis crítico de los materiales elaborados y estudio de casos en la provincia de Segovia.* (Tesis Doctoral inédita). Universidad de Valladolid

Levy, P. (2002). Interactive whiteboards in learning and teaching in two Sheffield Schools: a developmental study. *University of Sheffield.* Recuperado de http://dis.shef.ac.uk/eirg/proyect/wboards.htm.

Ley Orgánica 2/2006, de 3 de mayo, de Educación (BOE de 4 de mayo).

López Pastor, V. M. (2002). Recursos, experiencias y posibilidades para el desarrollo de la Educación Física en la escuela rural. *Tándem: Didáctica de la Educación Física*, 9, 72 – 90.

López Pastor, V. M. (2006). La escuela rural como contexto específico para la enseñanza de la Educación Física. En López Pastor, V. (coord.) *La educación Física en la escuela rural. Características, problemáticas y posibilidades: Presentación de experiencias prácticas de diferentes grupos de trabajo,* (pp. 29 – 53). Buenos Aires: Miño y Dávila.

Machado, J. y Pohl, A. (2004) Los dilemas del reconocimiento del aprendizaje informal. *Estudios de juventud.* 65, 83 – 98.

Manzano, V. (2006). Ética de la investigación. *IV Jornadas de Jóvenes Investigadores.* Universidad Politécnica de Madrid. Recuperado de http://www.personal.us.es/manzano/eticainv/index.htm

Marín, M. y Loscertales, F. (2001). Educación, medios de comunicación y formación . En Fernández, T y García, A. (Coords.) *Medios de comunicación, sociedad y educación* (p.35). Cuenca: Universidad de Castilla la Mancha.

Marquès, P. y Casals, P. (2002). La pizarra digital en el aula de clase, una de las tres bases tecnológicas de la escuela del futuro. *Revista de la Facultad de Ciencias de la Comunicación.* 4, 53 – 62.

Marquès, P., Casal, P. y Blesa, J.A. (2002). La pizarra digital en el aula: una investigación en marcha. *Comunicación y pedagogía: nuevas tecnologías y recursos didácticos,* 185, 23 – 30.

Marquès, P. (2000). Las TIC y sus aportaciones a la sociedad. *Didáctica, innovación y Multimedia (DIM).* 16, UAB.

Marquès, P. (2004). 7 preguntas sobre la pizarra digital. *Comunicación y pedagogía: nuevas tecnologías y recursos didácticos*, 196, 15 – 20.

Marquès, P. (2006). *Pizarra digital en el aula de clase.* Barcelona: Edebé.

Marquès, P. (2009). La pizarra digital interactiva. Recuperado de <http://dewey.uab.es/pmarques/pdigital/es/pizinteractiva.htm>.5/04/2009

Marquès, P. (2010). ¿Por qué las TIC en la educación?. En Peña (coord.) *Nuevas tecnologías en el aula* (pp. 18 – 34).Tarragona: Altaria.

Marrero, J.J. (2011). Las tecnologías de la información y de la comunicación en los centros educativos para mejorar la comunicación y promover aprendizajes excelentes. En Aparici, R; García, A.; Gutiérrez, A. (Coords.) *Educación Mediática & competencia digital. La cultura de la participación.* Segovia: E.U. de Magisterio de Segovia (UVA). Recuperado de http://www.educacionmediatica.es/comunicaciones/Eje%201/Juan%20Jose%20Marrero.pdf

Martín, J. L. y Rodríguez, N. (2010). La necesidad del uso de la Pizarra digital interactiva low cost en las aulas de audición y lenguaje. En Dulac, J. y Alconada, C. (coords.) *I Congreso de Pizarra digital. Publicación de Comunicaciones (*pp. 93 – 103). Madrid: Pizarratic.

Martínez, J. B. (1990). *Hacia un enfoque interpretativo de la enseñanza.* Granada: Servicio de Publicaciones de la Universidad.

Mellado, A.; Espinosa, F. y Gallardo, J. (2010). Proyectos de formación en PDI. En Dulac, J. y Alconada, C. (Coords.) *I Congreso de Pizarra digital. Publicación de Comunicaciones* (pp. 184 – 193). Madrid: Pizarratic.

Merrian, S.B. (1988). *Case Study Research in Education.* San Francisco, CA: Jossey Bass.

Mestre, J.M. y Guil, M.R. (2004). Violencia escolar: su relación con las actividades sociales del alumnado y el clima social del aula. *Revista electrónica Iberoamericana de Psicología Social (REIPS)* 2. 1.

Miller, D. & Glover, D. (2001a). Missioners, tentative and luddites: leadership challenges for school and classroom posed by the introduction of interactive whiteboards into schools in the UK. *BEMAS Conference Newport Pagnell.*

Miller, D. & Glover, D. (2001b). Running with technology: the pedagogic impact of the large scale introduction of interactive whiteboards in one secondary school. *Journal of Information Technology for Teacher Education* 10, 257-275.

Miller, D. & Glover, D. (2002). The interactive whiteboard as a force for pedagogic change: the experience of five elementary schools in an English education authority. *Information Technology in Childhood Education,* 1: AACE Digital Library.

Miller, D., Glover, D. & Averis, D. (2005). Motivaction: The contribution of interactive whiteboards to teaching and learning in Mathematics. *Universidad de Keele.*

Miller, D., Averis, D. & Glover, D. (2003a). The introduction of interactive whiteboard technology to secondary school mathematics teachers in training. European Research in Mathematics Education III. *Third Conference of the European society for Research in Mathematics Education.*

Miller, D., Averis, D. & Glover, D. (2003b). The impact of interactive whiteboards on classroom practice: examples drawn from the teaching of mathematics in secondary schools in England. *International Conference of Mathematics Education.* Czech Republic.

Miller, D., Averis, D. & Glover, D . (2004). Panacea or prop: the role of the interactive whiteboard in teaching effectiveness. *Tenth International Congress of Mathematics Education.* Copenhagen, Denmark.

Miller, D., Averis, D. & Glover, D. (2005). Presentation and pedagogy: the effective use of the interactive whiteboards in mathematics lessons. *Sixth British Congress of Mathematics Education* (pp. 105 – 112). University of Warwick.

Moeller, S. (2009). Fomentar la libertad de expresión con la alfabetización mediática mundial. *Comunicar,* 32, 65 – 72.

Molina, C. y Domingo, M. (2005). *El aprendizaje dialógico y cooperativo. Una práctica alternativa para abordar la experiencia educativa del aula.* Buenos Aires: Magisterio del Río de la Plata.

Monereo, C. (2009). Aprender a encontrar y seleccionar información: de Google a la toma de apuntes. En Pozo, J. y Puy, M. (Coords.) *Psicología del aprendizaje universitario: la formación en competencias* (pp. 89 – 105). Madrid: Morata.

Monreal, I. (2011a). La formación permanente en pizarra digital. Caso de profesorado de música de Segovia. En Dulac, J. y Alconada, C. (coord.) *II Congreso de Pizarra Digital. Publicación de Comunicaciones* (pp. 123 – 137). Madrid: Pizarratic.

Monreal, I. (2011b). Uso y la integración curricular de la pizarra digital interactiva entre el profesorado de música de la provincia de Segovia. En Alonso, C. y Gallego, D. (Coords.) *XVI Congreso Internacional de Tecnologías para la Educación y el Conocimiento: Tecnologías emergentes.* UNED: Madrid.

Monreal, I. (2012). El papel de la PDI para el cambio en el paradigma educativo. En Alonso, C. y Gallego, D. (Coords.) *XVII Congreso Internacional de Tecnologías para la Educación y el Conocimiento: Tecnologías emergentes.* UNED: Madrid.

Morcillo, F. (2010). Las nuevas metodologías en el aula. Pizarra digital. En Dulac, J. y Alconada, C. (Coords.) *I Congreso Pizarra Digital. Publicación de comunicaciones* (pp. 125- 126). Madrid: Pizarratic.

Morduchowicz, R. (2009). Cuando la educación en medios es política de Estado. *Comunicar*, 32, 131 – 138.

Nola, K. (2008). SMARTer Music Teaching: Interactive Whiteboard Use in Music Classrooms. *General Music Today. Sage.* Recuperado de: <http://gmt.sagepub.com/cgi/content/abstract/22/2/3>

Oblinger, D. y Oblinger, J. (Eds). (2005). *Educating the Net Generation*. Educause.

Organización para la Cooperación y Desarrollo Económico (2003). Informe PISA 2003. Aprende para el mundo de mañana. Recuperado de http://www.oecd.org/pisa/39732493.pdf

Ovelar, R., Benito, M. y Romo, J. (2009). Nativos musicales y aprendizaje. *Icono 14*. 12.

Pablos, J. (1996). *Tecnología y Educación*. Barcelona: Cedecs Editorial.

Pablos, J.(2009). *Tecnología educativa. La formación de profesorado en la era de Internet*. Málaga:Aljibe.

Patton, M. Q. (1980) *Qualitative Evaluation Methods*. Beberly Hills, Cal:Sage.

Pantzar, E. (2000). *Knowledge and wisdom in the information Age*. Foresight/the Journal of Future Studies, Strategic Thinking and Policy.

Peña, R. (coord.) (2011). *Nuevas tecnologías en el aula*. Altaria: Tarragona.

Pérez, G. (1994a). *Investigación cualitativa. Retos e interrogantes*. Madrid. La Muralla.

Pérez, G. (1994b). *Investigación cualitativa. Retos e interrogantes. II. Técnicas y análisis de datos*. Muralla: Madrid.

Pérez, A., Ramos, G. y López, E. (2009). Diseño y análisis de una escala para la valoración de la variable clima social aula en alumnos de Educación Primaria y Educación Secundaria. *Revista de Educación*. 350. 221 – 251.

Piscitelli, A. (2006). Nativos e inmigrantes digitales: ¿brecha generacional, brecha cognitiva, o las dos juntas y más aún? *Revista mexicana de investigación educativa*. 179-185.

Ponce, C. (2010). La música en mis manos. En Dulac, J. y Alconada, C. (coord.) *I Congreso de Pizarra digital. Publicación de Comunicaciones* (p.52 – 61). Madrid: Pizarratic.

Popkewitz, T. (1988). *Paradigma e ideología en investigación educativa.* Madrid: Mondadori.

Prensky, M. (2001). Digital natives, digital inmigrants. *MCB University Press.* 9 (5). Recuperado de:
http://www.marcprensky.com/writing/prensky%20-%20digital%20natives,%20digital%20immigrants%20-%20part1.pdf

Punch, K. (2003). *Introduction to Social Research: Quantitative and Qualitative Approaches*. London: Sage.

Quiroz, T. (2011). La comunicación y la educación dentro y fuera de la escuela. En Aparici, R; García, A.; Gutiérrez, A. (Coords.). *Educación Mediática & competencia digital. La cultura de la participación*. Segovia: E.U. de Magisterio de Segovia (UVA). Recuperado de
http://www.educacionmediatica.es/comunicaciones/Eje%204/Teresa%20Quiroz%20Velasco.pdf

Rabajoli, G e Ibarra, M. (2008). *Recursos educativos digitales: cómo reconocerlos*. Recuperado de<http://www.scribd.com/doc/3802012/recursos-digitales>

Radcliff, T. (2010). Great music teaching resources to use with interactive whiteboards. Recuperado de<http://ezinearticles.com/?Great-Music-Teaching-Resources-to-Use-With-Interactive-White-Boards&id=4276893>.

Rando, M. (1999). Educación y sociedad de la información. La virtualidad educativa de las TIC. *Economía Industrial.* 325. 21 – 28.

Real Decreto 1513/2006, de 7 de diciembre, BOE 8 de diciembre de 2006. Número 293, por el que se establecen las enseñanzas mínimas de la educación primaria..

Red de Formación del profesorado (2012). Materiales y recursos en educación: investigación etnográfica (1-36). *Consejería de Educación. Junta de Castilla y León.* Recuperado de
http://csfp.centros.educa.jcyl.es/sitio/index.cgi?wAccion=news&wid_news=116

Red.es (2006). La pizarra interactiva como recurso en el aula, 1-29. *Ministerio de Industria, Turismo y Comercio.*
Recuperado de
http://dim.pangea.org/docs/Redes_InformePizarrasInteractivas_250506.pdf

Reig, R. (2005) El largo camino hacia una comunicación alternativa. Pseudodemocracia, comunicación y receptores. Una visión teórico – práctica desde bases complejas. *Revista anthropos: huellas del conocimiento.*11 – 25.

Reparaz, C; Sobrino, A. y Mir, J. (2000). *Integración curricular de las nuevas tecnologías.* Barcelona: Ariel.

Rheingold, H. (2000). *The Virtual Community: Homesteading on the Electronic Frontier.* Revised Edition. Cambridge: MIT Press.

Rodríguez, G., Gil, J. y García, E. (1996). *Metodología de la investigación cualitativa.* Granada: Aljibe.

Rodríguez, J. L. y Sáenz, O. (coord.) (1995). *Tecnología educativa. Nuevas tecnologías aplicadas a la educación.* Alcoy: Marfil.

Rosal del, I. (2010). Eficiencia TIC ante un nuevo panorama educativo. En Dulac, J. y Alconada, C. (coord.) *I Congreso Pizarra Digital. Publicación de comunicaciones.* (pp. 62 – 71*).* Madrid: Pizarratic.

Romero, G. y Caballero, A. (2008). Convivencia, clima de aula y filosofía para niños. *Revista Electrónica Interuniversitaria de Formación del Profesorado* 27, 11 (3).

Ruiz, J. I. (2003). *Metodología de la investigación cualitativa.* Bilbao: Universidad de Deusto.

Ruiz, J. M. (2011). La pizarra interactiva como estrategia metodológica. En Dulac, J. y Alconada, C. (Coords.) *II Congreso de Pizarra digital. Publicación de Comunicaciones,* (pp. 169 – 182). Madrid: Pizarratic.

Ruiz Omeñaca, J. V. (2004). *Pedagogía de los valores en Educación Física.* Madrid: CCS.

Sáez, J.M. (2011). Valoración por parte de docentes del uso y aplicación de la pizarra digital en educación primaria. En Dulac, J. y Alconada, C. (coord.) *II Congreso Pizarra Digital. Publicación de comunicaciones*, (pp. 303 – 315). Madrid: Pizarratic.

San Martín, A. (2004). La innovación educativa, a merced de los medios. En Bautista, A. (Coord.), *Las nuevas tecnologías en la enseñanza* (pp.133 – 152). Madrid: Akal.

Sánchez, J.M. (2007). ¿Qué pizarra digital interactiva necesito en mi aula? Tipos según su tecnología de posicionamiento" *Ensayos 22*. 263 – 277.

Sancho, J.M. (2001a). Repensando el significado y metas de la educación en la sociedad de la información. El efecto fractal. En Area, M. (Coord.) *Educar en la Sociedad de la información* (pp. 37 – 80). Bilbao: Desclée.

Sancho, J.M. (2001b). La educación y la sociedad de la información: cuestiones de contexto y bases para un diálogo necesario. En Blázquez, F. (Coord.) *Sociedad de la Información y Educación* (pp. 140 – 158). Madrid: Consejería de Educación, Ciencia y Tecnología.

Santos, M. A. (1990). *Hacer visible lo cotidiano (teoría y práctica de la evaluación cualitativa de los centros escolares).* Madrid. Akal.

Sanz, M. (dir.) (2009). Contenidos, metodologías y herramientas de la Red para la escuela. En Actas del *IV Congreso Internacional de Educared* (pp. 1 – 70). Barcelona: Fundación Telefónica.

Schatzman, L. y Strauss, A. L. (1973). *Field Research: Strategies for a Natural Sociology*. Englewood Cliffs, N. J.:Prentice-Hall.

Selltiz, C.; Wrightsman, L.S. y Cook, S.W. (1980). *Métodos de investigación en las relaciones sociales.* Madrid: Ediciones Rialp. S.A.

Segovia, J.P. y Casas, L.M. (2011). Utilización de la pizarra digital interactiva en el aula de música. *Revista Eufonía*, 53, 97 – 104.

Segovia, J.P.; Casas, L.M. y Luengo, R. (2010). Creando música con la pizarra digital. En *II Congreso DIM – Aulatic* (pp. 1 – 6).

Sigalés, C.; Mominó, J.; Meneses, J. y Bacia, A. (2008). La integración de Internet en la educación escolar española: Situación actual y perspectivas de futuro. Informe de investigación (pp. 1 – 802). Universitat Oberta de Catalunya.

Stake, B. (1998). *Investigación con estudio de casos.* Madrid: Morata.

Stenhouse, L. (1984). La investigación como base de la enseñanza. Madrid: Morata.

Stenhouse, L. (1990). Conducción, análisis y presentación del estudio de casos en la investigación educacional y evaluación. En Martínez, J.B., *Hacia un enfoque interpretativo de la enseñanza* (pp. 69 – 85). Granada: Universidad de Granada.

Taylor, S.J. y Bogdan, R. (1986). *Introducción a los métodos cualitativos de investigación.* Barcelona: Paidós.

Terceiro, J. B. (1996). *Socied@d digit@l. Del homo sapiens al homo videns.* Madrid: Alianza.

Tickton, S.G. (1970). *To improve learning: an evaluation of instructional technology.* New York: Bowker.

Torre de la, A. (2009). Nuevos perfiles en el alumnado: la creatividad en nativos digitales competentes y expertos rutinarios. *Revista de Universidad y sociedad del Conocimiento.*6, 7 – 14.

Torres, L. (2010a). Utilización y posibilidades de la Pizarra Digital en la Educación Musical de la etapa de primaria desde la red tecnológica de profesores Musytic.com. En Dulac, J. y Alconada, C. (Coords.) *I Congreso de Pizarra digital. Publicación de Comunicaciones,* (pp. 227 – 242). Madrid: Pizarratic.

Torres, L. (2010b). *Las TIC en el aula de educación musical. Bases metodológicas y posibilidades prácticas.* MAD: Sevilla.

Torres, L. (2011a). La pizarra digital en el tercer ciclo de educación Primaria a través de blogger, youtube y la web 2.0. En Dulac, J. y Alconada, C. (Coords.) *II Congreso de Pizarra digital. Publicación de Comunicaciones* (pp. 139 – 152). Madrid: Pizarratic.

Torres, L. (2011 b). Aplicación de las TIC en el aula de educación musical de la educación primaria. *Revista Eufonía*, 52, 63 – 70.

Touriñán, J. M. (2001). Tecnología digital y sistema educativo: el reto de la globalización. *Revista de Educación.* 217 – 230.

UNESCO (1984) Glossary of Educational technology Terms. Unesco. París.

UNESCO (2002). La UNESCO y la Cumbre Mundial sobre la Sociedad de la Información. 12. UNESCO: París.

UNESCO (2005). *Hacia las sociedades del conocimiento.* París.

UNESCO (2008a) Teacher Training Curricular for Media and information Literacy. Report of the International Expert Group Meeting. Paris. Recuperado de http://portal.unesco.org/ci/fr/files/27508/12212271723Teacher-Training%2BCurriculum%2Bfor%2B-%2BMIL%2Bfinal%2Bfinal%2Breport.doc.

UNESCO (2008b). Informe Estándares de competencia en TIC para docentes. París: Unesco. Recuperado de http://cst.unesco---ci.org/sites/projets/cst/default.aspx.

Vadillo, M. y Marta, C. (2010). La pizarra digital como herramienta de aprendizaje. *Quaderns digitals: Revista de Nuevas Tecnologías y Sociedad*. 61. Recuperado de http://www.quadernsdigitals.net/index.php?accionMenu=hemeroteca.VisualizaArticuloIU.visualiza&articulo_id=10920

Valcárcel, A. y Tejedor, F. J. (2009). Evaluación de medios didácticos y proyectos TIC. En Pablos, J. (coord.) *Tecnología educativa. La formación de profesorado en la era de Internet* (pp. 271 – 302). Málaga: Aljibe.

Valverde, J. (2009). Organización educativa de los medios y recursos tecnológicos. En Pablos, J. (coord.). *Tecnología educativa. La formación de profesorado en la era de Internet* (pp. 217 – 248). Málaga: Aljibe.

Vázquez, R. y Angulo, F. (2003). *Introducción a los estudios de casos*. Málaga: Aljibe.

Vivancos, J. (2008). *Tratamiento de la información y competencia digital*. Madrid: Alianza Editorial.

Wilson, C. y Duncan, B. (2009). La implementación de programas de educación en medios: el caso Ontario. *Comunicar* 32, 97 – 107.

Wilson, C; Grizzle, A.; Tuazon, R.; Akyempong, K. y Cheung, C.K. (2011). *Alfabetización mediática e informacional. Currículum para profesores*. UNESCO.

Walker, R. (1989). *Métodos de investigación para el profesorado*. Madrid: Morata.

Wolton, D. (2000). *Sobrevivir a Internet. Conversaciones con Oliver Jay*. Barcelona: Gedisa.

Woolfolk, A.E. (2006). *Psicología educativa* (9ª ed.). México: Prentice – Hall Hispanoamericana.

Woods, P. (1997). *Experiencias críticas en la enseñanza y aprendizaje.* Barcelona: Paidós.

FSC
www.fsc.org
MIX
Papier | Fördert gute Waldnutzung
FSC® C083411

Kolibri 360 GmbH
Ferdinand-Jühlke-Straße 7
99095 Erfurt, Deutschland
produktsicherheit@kolibri360.de

Druck:
CPI Druckdienstleistungen GmbH
im Auftrag der
Kolibri 360 GmbH
Ferdinand-Jühlke-Str. 7
99095 Erfurt